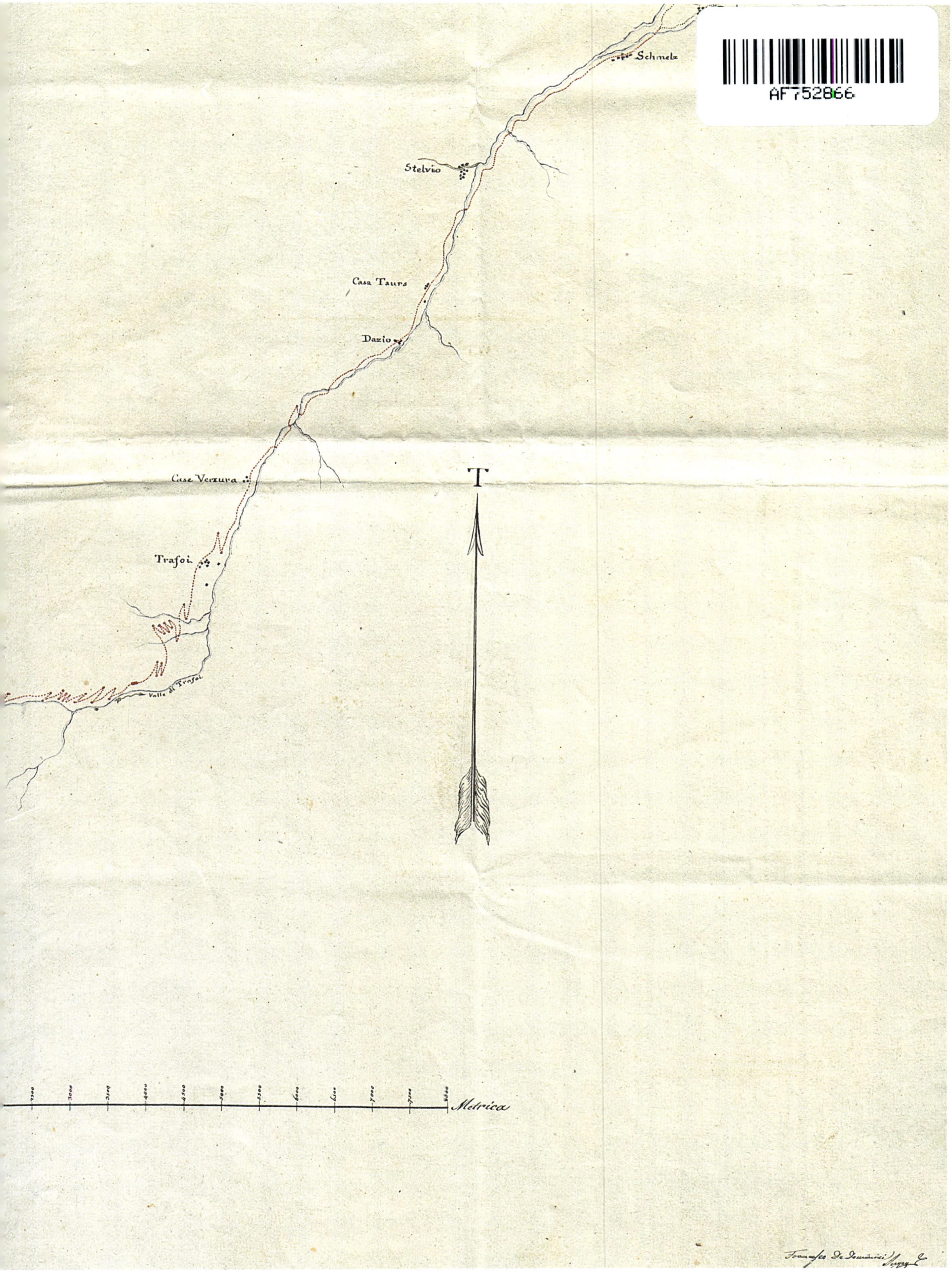
Schmelz
Stelvio
Casa Taurs
Dazio
Case Verzura
Trafoi
Valle di Trafoi
T
Metrica

Das Stilfser Joch im 20. Jahrhundert

ARTHUR GFREI

DAS STILFSER JOCH

im 20. Jahrhundert

Die Geschichte eines spektakulären Alpenpasses

ATHESIA VERLAG

AUTONOME PROVINZ BOZEN SÜDTIROL
PROVINCIA AUTONOMA DI BOLZANO ALTO ADIGE
Deutsche Kultur

Bezirksgemeinschaft Vinschgau
Comunità Comprensoriale Val Venosta

Raiffeisen
Raiffeisenkasse Prad-Taufers

Ortler
Vinschgau · Val Venosta

Prad am Stilfserjoch
Vinschgau

LEITNER®

Die Drucklegung dieses Buches wurde ermöglicht durch
die Südtiroler Landesregierung / Abteilung Deutsche Kultur,
die Gemeinden Prad am Stilfserjoch und Stilfs,
die Bezirksgemeinschaft Vinschgau,
die Raiffeisenkasse Prad-Taufers,
durch die Tourismusvereine Ortlergebiet und Prad am Stilfserjoch
und die Firma Leitner AG.

Inhalt

Bilder vom Stilfser Joch. Originalzeichnung von G. Heine. (S. 43)

EINLEITUNG

Ich hatte in meinem Buch „Die Stilfser-Joch-Straße – wie das Technikwunder in den 1820er-Jahren in Rekordzeit gebaut wurde“, herausgegeben im Jahr 2023, ebenfalls bei Athesia, Bozen, in erster Linie die Geschichte des Straßenbaues geschildert. Dieses handelte von den frühen Übergängen und den Bau- und Planungsphasen unter den Franzosen und Habsburgern und endete mit der Abtrennung der Lombardei vom Habsburger Reich um 1869. Hier versuche ich, eine Zusammenfassung der Ereignisse rund um diesen einmaligen Hochgebirgsübergang bis ans Ende des 20. Jahrhunderts zu erstellen. Ich beziehe mich dabei weniger auf den Straßenbau als vielmehr auf die Entwicklung, die er für das Tal und den Pass gebracht hat.

Von einem Kriminalfall, der die Straße im englischen und französischen Teil Europas bekannt gemacht hat, bis zum Beginn des motorisierten Verkehrs handelt der erste Teil der Schilderung. Die Ereignisse im Ersten Weltkrieg, welche das Gebiet schwer getroffen haben, werden im Zusammenhang mit der Geschichte der Hotels erwähnt. Ein eigenes Kapitel dafür wäre viel zu umfangreich gewesen und hätte den Rahmen des Buches gesprengt. Dazu gibt es auch schon mehrere Veröffentlichungen, die aber eine umfangreiche Recherche mit Einbeziehung der italienischen Schilderungen der Ereignisse dringend benötigten.

Der Neuanfang am Joch unter der faschistischen Regierung Italiens und seine Auswirkungen, der motorisierte Verkehr und der Versuch, diesen unter den Berg zu verlegen, bilden einen weiteren Abschnitt.

Vor allem der Einfluss, welchen der große Gletscher auf die Entwicklung der Hotellerie, den Skilauf und die Mechanisierung hatte, wird in einem weiteren Kapitel geschildert. Dabei habe ich mich in erster Linie nur auf die ersten am Pass errichteten Hotels beschränkt, weil das Buch zu umfangreich geworden wäre. Meine damaligen Nachbarn werden mir dies verzeihen.

Seit ich zwei Jahre alt war, lebte ich während der gesamten Sommersaison ständig am Pass, mit Ausnahme der Schulzeit im Herbst und Frühjahr. Es waren manchmal strenge Sommer, daher bin ich im Oktober auch gerne zur Schule – zuerst nach Schluderns und später nach Bozen – gezogen. Freunde, welche meine Sammlung an Dokumenten kannten und die mein erstes Buch gelesen haben, haben mich zu dieser Veröffentlichung angespornt. Ich habe das von meinen Eltern geerbte Hotel 1997 verkauft und das Joch verlassen. Seit diesem Datum hat sich auf dem Joch viel getan. Es wird die Aufgabe anderer sein, dies zu Papier zu bringen.

Für die Unterstützung und Geduld bedanke ich mich bei meiner Frau Hannelore und den Kindern. Bedanken möchte ich mich bei meinen alten Freunden vom Joch und deren Familien: Mario Dei Cas, Andrea und Beppe Confortola, Giorgio Cresseri, Stefano Zazzi, Günther Werth und Karl Thöni. Ein besonderer Dank für die vielen Unterlagen gilt Rodolfo Ondertoller.

Ein Dankeschön geht auch an die Sponsoren, ohne deren Unterstützung es mir nicht möglich gewesen wäre, das Werk zu veröffentlichen.

Dem Stilfser Joch und den dort Tätigen wünsche ich viel Erfolg für die zukünftigen Jahre, welche große Umwälzungen bringen werden.

◀ Reisende am Joch

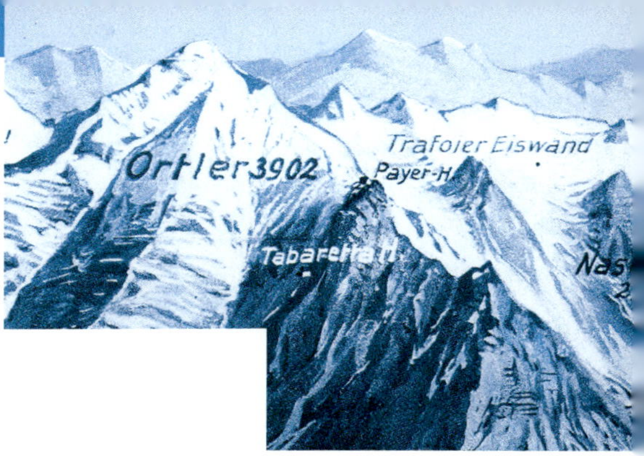

DAS STILI JOCH

im 20. Jahr

Sonnenaufgang

Ein mutiges Projekt

DIE ÜBERGÄNGE VOR DEM STRASSENBAU

Seit Jahrtausenden überqueren Menschen die majestätischen Alpenpässe, die als lebenswichtige Verbindung für den Warentransport zwischen den Tälern dienten und dienen. Der obere Vinschgau und das Veltlin waren jedoch durch die schroffen Gipfel der Ortlergruppe und der Rätischen Alpen lange Zeit weitgehend voneinander getrennt. Große Gletscher und steile Bergflanken machten die meisten Durchquerungen nahezu unmöglich. Dennoch bestanden im Val Müstair und im Trafoital Wege und Saumpfade, die eine wertvolle Verbindung zum Veltlin herstellten.

Einer der bedeutendsten dieser Wege verlief von Santa Maria Müstair über das Val Mora, das Val Vau und das Cancanotal, überquerte die spektakulären, aus Holz gebauten Hangbrücken der Scale di Fraele, führte weiter ins Val di Dentro und schließlich nach Bormio. Dieser Pfad, als die Via Lunga oder Via Imperiale bekannt, war im Mittelalter und noch früher zu Fuß, mit Saumtieren und zeitweise sogar mit Karren befahrbar. Die Wanderung über diesen historischen Weg nimmt acht Stunden in Anspruch, sein höchster Übergang, der Döss Radond, erreicht eine Höhe von 2234 m. Ein ganzjährig geöffnetes Hospiz auf halber Strecke bot den Reisenden seit dem frühen Mittelalter Zuflucht.

Ein weiterer Pfad, die Via Corta oder der Kurze Weg, startete ebenfalls in Santa Maria Müstair, überquerte den anspruchsvollen Umbrailpass auf 2503 m und führte durch das schroffe Braulio-Tal nach Bormio. Diese Route war nur zu Fuß oder mit Saumtieren und unter erheblichen Schwierigkeiten zu bewältigen. Ein Hospiz auf der Braulio-Ebene bot Sommerreisenden eine dürftige Unterkunft. Der Umbrailpass trug auf der Tiroler Seite den deutschen Namen Wormser Joch, benannt nach der Ortschaft Bormio im Veltlin. Auf der Veltliner Seite wurde er als Passo di Santa Maria bezeichnet und nach dem Bau der Straße war er als Quarta Cantoniera bekannt, benannt nach dem dort im Jahr 1825 errichteten Straßenwärter- und Zollhaus. Ein etwas längerer, aber weniger gefährlicher Weg zweigte vom Umbrailpass in nordwestlicher Richtung über den Forcolapass ins Cancanotal ab.

Der am seltensten genutzte Übergang führte von der Prader Schmelz ins Trafoi-Tal und weiter zum Stilfser Joch auf 2757 m. Frühe Aufzeichnungen nannten es das Trafuier Joch, von dem aus man zum Umbrailpass abstieg und dem Pfad aus dem Val Müstair folgte. Der Name Stilfser Joch oder Giogo dello Stelvio wurde dem Hochgebirgspass erst nach dem Straßenbau von den Italienern verliehen, die wie üblich den Namen der nächstgelegenen größeren Ortschaft wählten. Alte Beschreibungen und Dokumente zeigen häufige Verwechslungen dieser Ortsnamen.

Seit dem frühen Mittelalter sind Aufzeichnungen über diese Überquerungen vorhanden. Es wird angenommen, dass bereits Kaiser Karl der Große diese Routen nutzte – er soll auch das Kloster St. Johann in Müstair gegründet haben. Bekannt sind auch große Heereszüge und Überquerungen durch Fürsten und Kaiser, darunter ausführliche Unterlagen über die Reisen von Kaiser Maximilian I. und seiner zweiten Frau Bianca Maria Sforza. Zur Hochzeit im Jahr 1493 reiste Bianca Maria mit einer beeindruckenden Mitgift über den Umbrailpass nach Innsbruck. In den folgenden Jahren durchquerten Maximilian I. und Ludovico Sforza mehrmals den Umbrailpass. In dieser Zeit wurde auch der erste Taxis'sche Postdienst von Augsburg bis Mailand über die Berge eingeführt. Die Wahl der Route hing jeweils von den

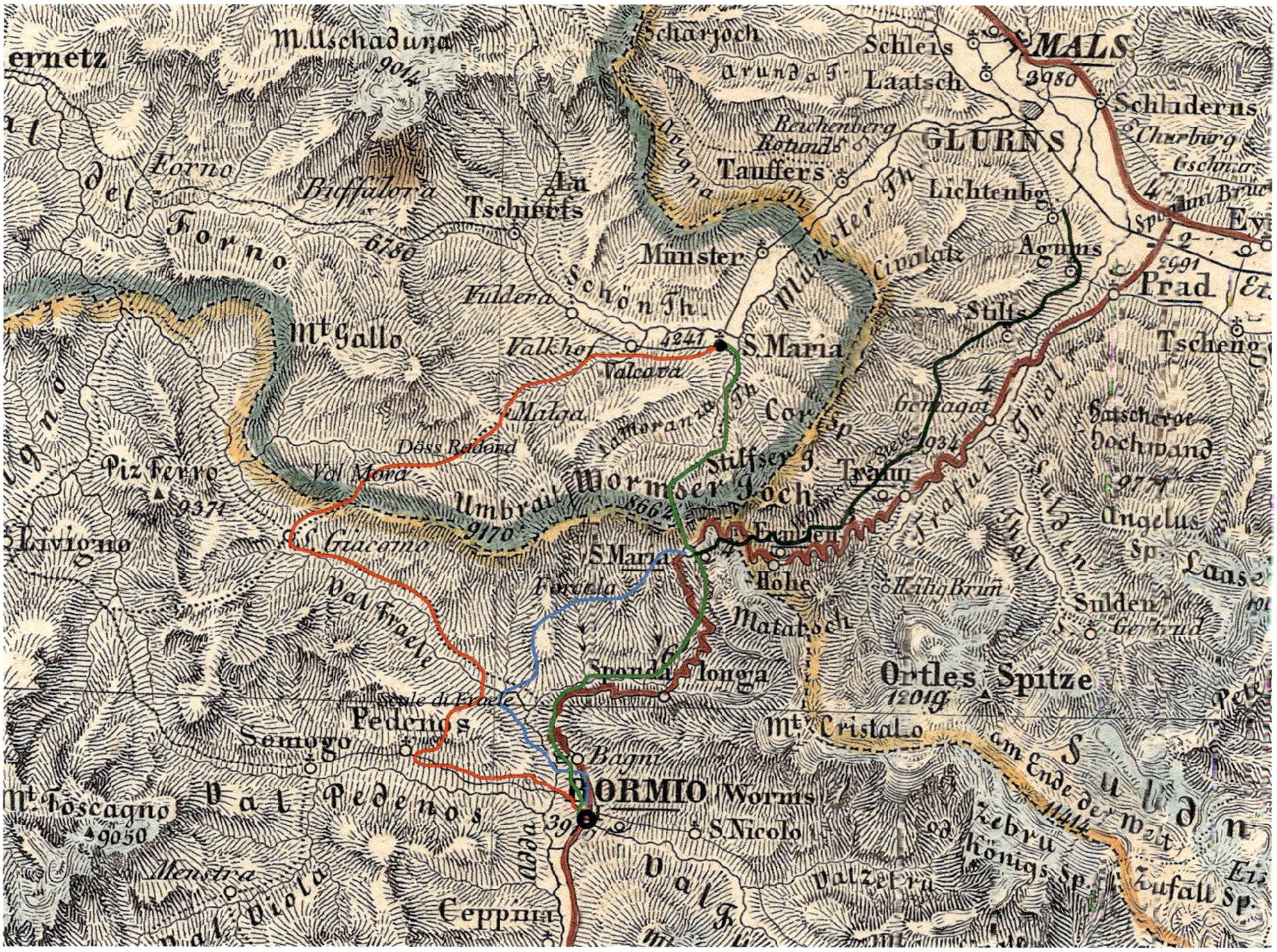

Frühe Übergänge: rot der lange Weg oder Kaiserweg, grün der kurze Weg über den Umbrailpass, blau der Weg über die Forcola, dunkelgrün vom Joch nach Prad

politischen Verhältnissen ab und nicht immer war der Weg über die Schweiz möglich, weshalb man über das Stilfser Joch auswich. Im Jahr 1632 zogen Soldaten samt Proviant im Auftrag des Herzogs von Feria über diesen Pfad, und ein Jahr später diente der Weg 12.000 Söldnern und 1600 Pferden als Unterstützung für Erzherzog Leopold von Österreich im Dreißigjährigen Krieg gegen die Schweden. Herzog Feria ließ sich dabei in einer Sänfte über den Umbrailpass ins Münstertal und weiter nach Glurns tragen. Die politischen Besitzverhältnisse im Veltlin waren entscheidend, da das Tal mehrmals zwischen den Graubündnern, den spanischen und österreichischen Habsburgern, den Lombarden und den Franzosen wechselte.

Um die Erhaltung der Straßen gab es Verträge zwischen der Grafschaft Bormio und den Graubündnern, die jedoch von letzteren nur teilweise eingehalten wurden, da die Graubündner den Übergängen über den Splügen- und den Malojapass größere Bedeutung beimaßen.

Der Anschluss des Veltlin an die Republik Cisalpina im Jahr 1797 unter der Führung Napoleons führte zu Überlegungen für verbesserte Verbindungswege. Ein Handelsvertrag zwischen dem Königreich der Lombardei und Bayern, zu dem auch Tirol gehörte, verpflichtete im Jahr 1806 die Parteien, neue Handelswege zu erschließen. Der erste Grenzpunkt, an dem sich die beiden Königreiche trafen, war das Stilfser Joch. Der verantwortliche Bauingenieur aus dem Veltlin, Filippo Ferranti, erhielt den Auftrag, einen Ausführungsplan für die Strecke von Bormio bis zum Joch zu erstellen, der 1812 vorgelegt wurde. Die hohen Kosten verlangten jedoch wiederholte Berechnungen und Abänderungen und verzögerten die Umsetzung.

Ing. Carlo Donegani, Wappen und Ehrung zum Ritter vom Stilfserberg, Nobile di Monte Stelvio

Der Fall Napoleons und die Übernahme der Lombardei durch das Habsburgerreich im Wiener Kongress 1814/15 beendeten endgültig das ambitionierte Vorhaben. Der Habsburger Kaiser Franz I., bedrängt durch das Militär und besorgt über eine mögliche Invasion der Franzosen in die Lombardei und durch das Veltlin nach Tirol, griff die Planung bereitwillig auf. Der neue verantwortliche Bauingenieur aus dem Veltlin, Giuseppe Cusi, konnte den hohen Anforderungen jedoch nicht gerecht werden, weshalb die Aufgabe dem Ingenieur Carlo Donegani übertragen wurde.

Vorher kam es zwischen den Talschaften des Veltlin und von Chiavenna zu einem Streit über den Verlauf der Straßenführung. Chiavenna verlangte einen Ausbau der Strecke über den Splügen Pass durch die Schweiz, Sondrio hingegen jenen durch das Veltlin in den Vinschgau. Am Ende wurden beide Talschaften zufriedengestellt, da Kaiser Franz I. fast gleichzeitig die Splügenstraße als Handelsstraße und jene über das Stilfser Joch als Militärstraße erbauen ließ.

DER STRASSENBAU

Im Herbst des Jahres 1817 wurden in Wien unter Kaiser Franz I. die Weichen für den Straßenbau gestellt. Verantwortlich für die gesamte Umsetzung war der Vizekönig der Lombardei, Erzherzog Rainer Joseph, der Bruder des Kaisers. Im Jahr 1819 erteilte er Donegani (1775–1845) den Planungsauftrag. Donegani hatte bereits zuvor den Bau der Splügen-Pass-Straße geplant und überwacht. Nach den Vorgaben des Militärs erstellte er zunächst Pläne für die Strecke vom Joch bis nach Bormio, wobei er sich auch an den Vermessungen des Ingenieurs Filippo Ferranti orientierte. Im August 1819 übertrug man ihm zudem die Planung des Tiroler Abschnitts vom Joch bis zur Prader Schmelz.

Wie die Strecke von dort weitergeführt werden sollte, über Glurns oder Spondinig, war damals noch nicht klar. Die Pläne für beide Abschnitte bestanden aus Hunderten von Zeichnungen sowie vielen Seiten mit Beschreibungen und Berechnungen. Diese wurden von Bautechnikern in Mailand und dem Militär sorgfältig geprüft, sodass im Juni 1820 in Bormio mit der ersten Bauphase begonnen werden konnte.

Die Arbeiten wurden im Juni 1820 versteigert, doch ursprünglich fand sich kein Unternehmer, der bereit gewesen wäre, diese für den angegebenen Betrag zu übernehmen. Das lag daran, dass es im Veltlin keine Lieferanten für das benötigte Holz gab und für eine Lieferung aus Tirol hohe Zölle bezahlt werden mussten. Am Ende erklärten sich die Unternehmer Pietro Poli und

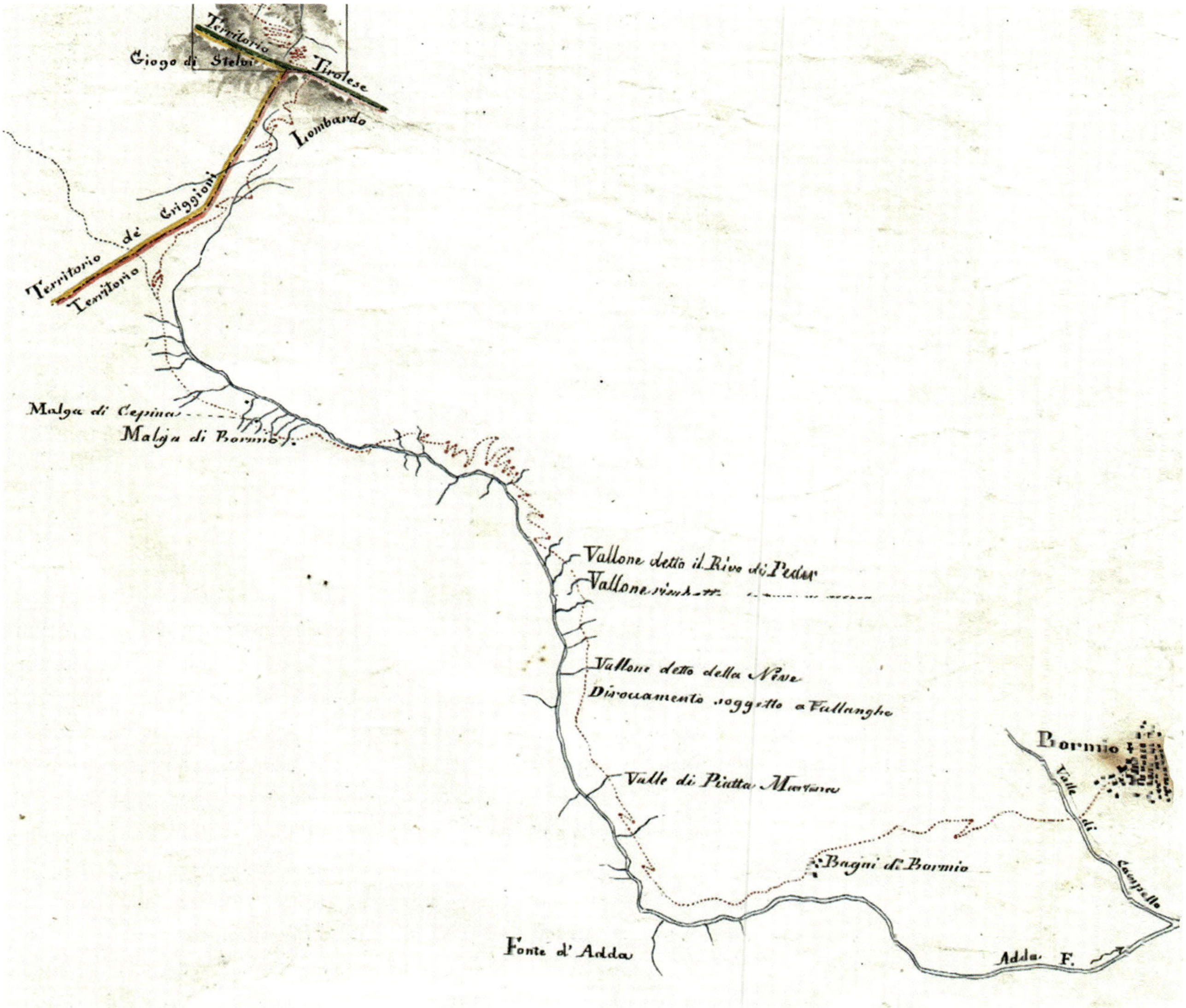

Der Veltliner Abhang

Antonio Tallachini bereit, die Arbeiten mit einem Abschlag von 1,97 Prozent zu übernehmen und innerhalb der geforderten drei Jahre auszuführen.

Die Strecke stellte den Planer vor besondere Herausforderungen, da die Straßenführung beim sogenannten Diroccamento großen Lawinen und Steinschlag ausgesetzt war. Zudem gab es steil aufragende Felsen, die Donegani in einer ersten Planung mit hölzernen Hangbrücken überwinden wollte. Es stellte sich jedoch heraus, dass diese von den Lawinen in kürzester Zeit zerstört worden wären. Daraufhin wählte er eine bis dahin nie verwirklichte Bauform: Über 700 Meter wurden Tunnel in den Felsen gehauen oder aufgemauert und weitere Hunderte Meter wurden mit Holzgalerien zum Schutz gegen Lawinen und Steinschlag abgedeckt. Der Vortrieb auf jeder Tunnelseite betrug maximal ein Meter pro Woche. Große Holzbrücken mit Spannweiten von bis zu 26 Meter überquerten die schroffen Gebirgstäler.

Mit Hilfe von über 1000 Arbeitern konnte die gesamte Strecke bis zum Pass innerhalb der geforderten Zeit fertiggestellt werden. Bereits im Sommer 1822 war die Straße von Bormio bis zum Joch befahrbar. Entlang der Straße wurden vier Cantoniere, Unterkunftshäuser für Reisende, Post und Zollbeamte, sowie zwei Casini, kleine Häuser für die Straßenarbeiter, errichtet. Die größte und wichtigste Cantoniera wurde am Übergang in die Schweiz kurz vor dem Umbrailpass erbaut. Dort hat man neben dem ersten Gebäude kurze Zeit später ein weiteres, größeres für die Zollverwaltung errichtet. Die Bauabnahme erfolgte erst 1824, da im Herbst 1823 ein sehr früher Wintereinbruch zu verzeichnen war. Ingenieur Donegani wollte die Straße nach der IV. Cantoniera, wie man dieses Gebäude nannte, bis kurz vor den Pass, der sehr großen Schneeverwehungen ausgesetzt war, mit einer 1108 m langen Holzüberdachung schützen. Am Sattel des Stilfser Joches hatte er eine gemauerte, mit Lichtöffnungen versehene Galerie von 350 m Länge vorgesehen, die im Bedarfsfall auch für die Unterbringung von Militärtruppen bei der Überschreitung gedient hätte. Diese Bauten wurden jedoch nicht verwirklicht, das dafür vorgesehene Geld wurde anderweitig verwendet.

Die Strecke vom Joch bis in die Ebene bei Prad wurde am 15. Oktober 1822 in Mailand versteigert. Dazu wurden 400 Exemplare der Ankündigung nach Innsbruck geschickt, um sie an allen öffentlichen Stellen zu veröffentlichen. Kein Unternehmer aus Tirol beteiligte sich an der Ausschreibung, da man dort überzeugt war, dass die Straße auf der vorgegebenen Trasse nicht umsetzbar wäre. Dieses Mal war die Ausschreibung allerdings erfolgreicher: Nach nur drei Tagen und bei einem Abschlag von 20,72 Prozent wurden die Arbeiten an die zwei bereits beteiligten Unternehmer auf der Veltliner Seite mit einem weiteren Partner, Antonio Noli, übergeben.

Auf der Strecke nach Bormio war es die schroffe Klamm am Diroccamento, während auf der Tiroler Seite der steile Abhang bis zur Franzenshöhe mit seiner vollständig den Lawinen ausgesetzten Flanke die Planung erschwerte. Donegani überwand die Schwierigkeiten mit einer großen Anzahl von Spitzkehren (Tourniquets oder Tornanti), die besonders im obersten Abschnitt wie die Stufen einer Treppe aufeinander folgten. Ursprünglich waren 61 Kehren im Plan eingezeichnet, aber das poröse, schieferhaltige Gestein erlaubte den Bauunternehmern nicht, die notwendigen hohen Stützmauern zu errichten. Daher wurden die Straßenstücke verlängert und gleichzeitig die Kehren verringert, was dazu führte, dass die Straße auf der

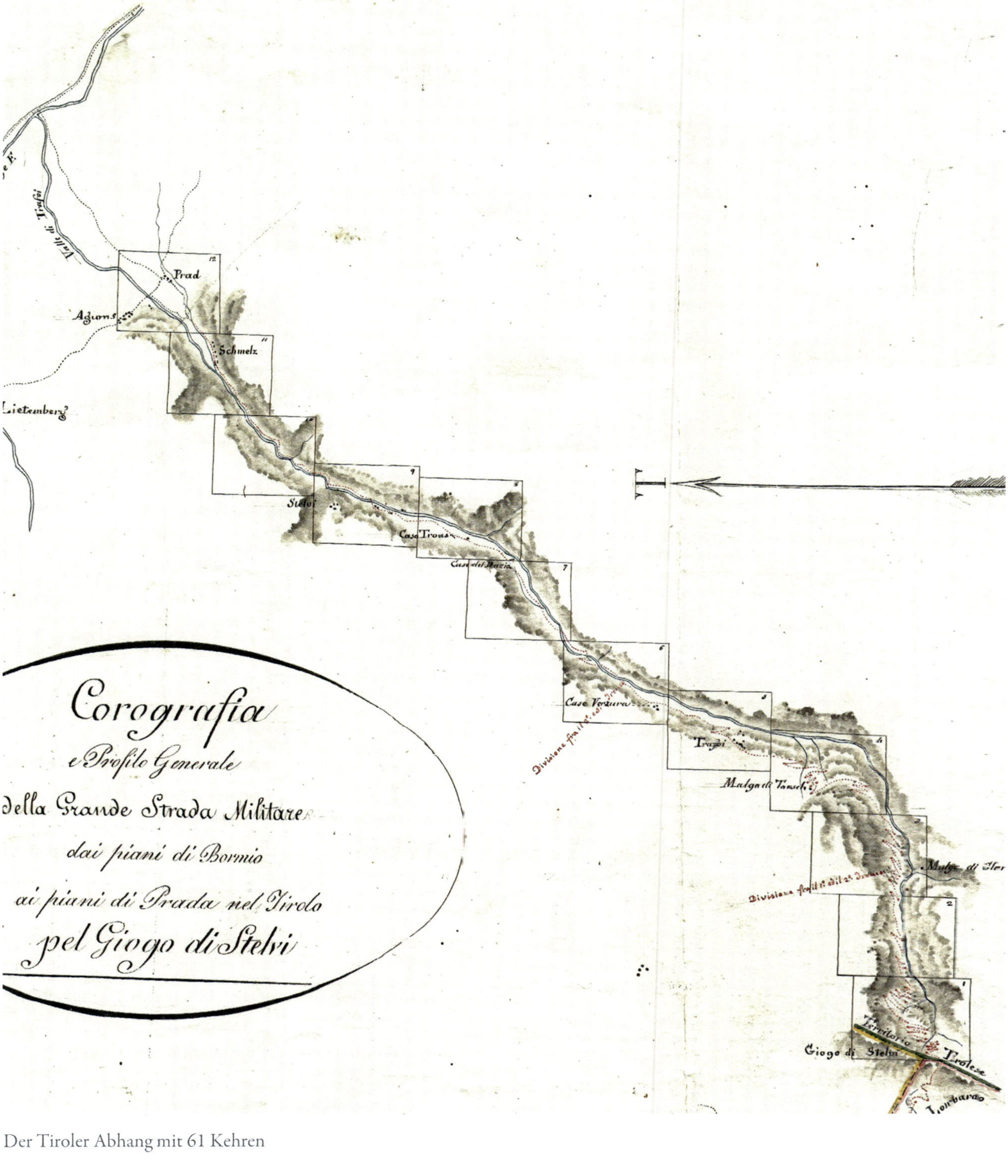

Der Tiroler Abhang mit 61 Kehren

gesamten Strecke den Lawinenabgängen vom darüberliegenden Breitkamm der Dreisprachenspitze ausgesetzt war.

Nach Trafoi wurden über den Trafoibach vier große Steinbrücken mit jeweils 12 Metern Spannweite, ebenfalls zur Vermeidung von Lawinenstrichen, und eine weitere unterhalb der Ortschaft Stilfs errichtet. Entlang der Strecke wurden drei Cantoniere[1] und ein Rotterhaus[2] gebaut. An einem günstigen Bauplatz für das wichtigste Haus auf Tiroler Seite, die Franzenshöhe (ehemals als Bödele bekannt), konnte Donegani sein Vorhaben anfänglich nicht verwirklichen, da dieser Platz vom Militär für eine große Marschkaserne blockiert war. Erst 1831 fand man eine einvernehmliche Lösung durch den Bau einer Cantoniera, die beiden Seiten dienen sollte. Sie erhielt nach dem ersten Besuch von Kaiser Franz I.[3] den Namen Franzenshöhe.

Der Straßenbau auf Tiroler Seite begann am Pfingstmontag, 19. Mai 1823, in der Prader Schmelz. Bis zu 1800 Arbeiter waren beschäftigt, vorwiegend aus der Lombardei und dem Piemont. Im Juni 1823 waren sogar 3000 Personen auf Arbeitssuche; der größte Teil wurde jedoch schon bald in die Heimat zurückgeschickt. Viele Jugendliche und Frauen waren darunter. Die Straße wurde in kürzester Zeit fertiggestellt. Der Baufortschritt war anfangs so zügig, dass in Wien Bedenken aufkamen, wie die Bezahlung der fertiggestellten Abschnitte erfolgen könnte, da im Vertrag die Bezahlung nach fertiggestellten Straßenstrecken vorgesehen war. Die schlechte Witterung im Herbst 1823 hatte jedoch eine Bremswirkung. Dennoch konnten bereits nach sieben Monaten effektiver Bauzeit im Juli 1824 die ersten Kutschen über das Joch fahren und die Eröffnung der Straße wurde international angekündigt. Die offizielle Abnahme erfolgte im Oktober 1825, die Baukosten lagen unter den veranschlagten.

Bereits zu Beginn gab es Probleme mit den vielen Arbeitern, sodass vom Bezirksgericht Glurns eine Kaiserjägertruppe aus Bozen zur Aufrechterhaltung der Ordnung angefordert wurde. Bei einem Zwischenfall am monatlichen Zahltag wurde ein Italiener von einer Wachperson erstochen, weitere wurden verhaftet. Die Priester entlang der Straße verlangten die „Abschaffung der Weibsleute", um der „bereits eingerissenen Unsittlichkeit Schranken zu leisten". Die Unternehmer mussten daraufhin innerhalb kürzester Zeit alle Frauen entlassen. Größere Probleme gab es vor allem bei den Grundablösungen und deren Bezahlung. Auch Todesfälle waren auf beiden Seiten zu verzeichnen, für die Verletzten wurden ein Arzt in Bormio und der Wundarzt Peter Agethle[4] aus Mals verpflichtet. Der wichtigste Vertreter der lombardischen Bauunternehmer auf Tiroler Seite war der Handelsmann Johann Flora aus Mals, dem eine weitgehende Vollmacht erteilt wurde, um sämtliche auftretenden Probleme zu lösen.

Auf Tiroler Seite wurde dem Straßenbau keine lange Lebensdauer zugestanden. Die zuständigen Ämter und Verantwortlichen taten alles, um ihn zu verhindern, insbesondere der Bauadjunkt von Innsbruck, Josef Duile (* 19. März 1876, † 3. Februar 1863), der aus Graun am Reschen stammte. Sie wollten eine Straße von Bozen über den Mendelpass in die Lombardei bauen und trauten den italienischen Ingenieuren einen Straßenbau im Hochgebirge nicht zu. Es kam zu harten Beschuldigungen, die von höchster Stelle geklärt werden mussten. Zu einem fixen Preis verpflichteten sich die Bauunternehmer, die Straße für neun Jahre zu erhalten. Dies wollten die Tiroler unter keinen Umständen akzeptieren.

1 Größere Gebäude für die Straßenwächter, die Post- und Zollverwaltung.

2 Kleineres Gebäude für die Straßenarbeiter, damals als Rotter bezeichnet.

3 28. Juni 1832.

4 * 2. Februar 1792 in Schluderns, † 19. Oktober 1834 in Mals.

5 TLA, Bau-Nr. 3474, 15. Dez. 1825.

6 TLA, Neuere Grenzakten.

Mailand stellte daraufhin klar:

In den Lombardisch-Venezianischen Provinzen ist schon seit längerer Zeit der Grundsatz aufgestellt worden, daß wer den Bau einer Straße übernimmt, auch die Einhaltung derselben auf 9 Jahre von der Zeit der Vollendung, und Collaudierung an übernehmen soll […] Würde dem Unternehmer eines Straßenbaus nicht auch mittelst eines Pachkontraktes die Unterhaltung der Straße auf eine angemessene Zeit aufgelegt werden, so könnte man nicht ohne Grund befürchten, daß sein Baugewerk dabey, anstatt auf die wirkliche Festigkeit, worinn der Haupt-Vorzug von derley Bauführungen besteht, auf eine nur anscheinende Solidität gerichtet werden möchte, wodurch zwar der Zweck des Unternehmers, daß nemlich dessen Bau collaudiert werde, nicht aber auch jener der Staats-Verwaltung, daß derselbe dauerhaft sey, erreicht werden dürfte […].[5]

Während des Baus wurden viele Änderungen an den Plänen vorgenommen. Bis dahin hatte noch niemand gewagt, in einem so schwierigen Gebiet eine Militärstraße bis auf eine Höhe von 2757 m mit ihren außerordentlichen Herausforderungen zu bauen: Straßenbreite mindestens fünf Meter, maximale Steigung neun Prozent, Kehren mit einem Durchmesser von 16 Metern und vor allem eine sichere Befahrbarkeit auch im Winter. Es stellte sich heraus, dass besonders eine sichere Fahrt im Winter viele zusätzliche Eingriffe erfordern würde. Über drei Kilometer der Strecke auf Tiroler Seite wurden mit Lawinenschutzgalerien versehen. Auf etlichen Abschnitten dies- und jenseits des Passes wurden weitere Lawinenverbauungen vorgenommen. Die Straßenbegrenzungen (Wehrzäune und -pfosten) wurden so gefertigt, dass sie im Winter entfernt werden konnten. Für die Überfahrt bei schneebedeckter Fahrbahn waren besondere Schlitten mit einheitlicher Kufenbreite vorgeschrieben. Selbst ein Scheiteltunnel wurde von Vizekönig Rainer in Planung gegeben. Doch als sich herausstellte, dass dieser im schlimmsten Fall erst nach 16 oder sogar 32 Jahren fertiggestellt werden könnte, wurde das Vorhaben verworfen.

Etliche der entlang der Straße errichteten Unterkunftshäuser für die Straßenaufseher und Arbeiter (Rotter), für Poststellen und Zollbeamte wurden von Lawinen beschädigt oder zerstört, einige davon auch während der italienischen Befreiungskriege von 1848 und 1866. Die ursprünglich groß geplanten Marschkasernen in Bormio bei den Bädern und auf der Franzenshöhe fielen Sparmaßnahmen zum Opfer, dafür mussten die Cantoniere und Rotterhäuser herhalten.

Die Vernachlässigung der Straße auf Tiroler Seite

K.K. Statthalterei für Tirol und Vorarlberg
An das k. k. Kreisamt in Brixen

In Erledigung des Berichtes vom 18. d.mts. Z. 249, und unter Rückschluß der Beilage wird dem k. k. Kreisamte eröffnet, daß das h. k. k. Ministerium des Inneren laut Erlaß vom 6 d. mts. Z. 31481 einverständlich mit dem Finanz Ministerium und mit dem k. k. Armee-Ober-Commando beschloßen hat, den in Tirol gelegenen Theil der Strasse über das Wormser oder Stilfser Joch als öffentlichen Verkehrsweg zwischen Tirol und der Lombardie aufzulassen, und aus der Aerar Conservation auszuscheiden, und daß es sich ferners nach Andeutung des Armee Ober Commando nebst der Absperrung dieser Strasse noch um deren etwaige Zerstörung auf der Tiroler Seite handelt, welche Frage, und deren Lösung jedoch der Landes-Militär-Behörde überlassen bleibt. Bei dieser hohen Anordnung kann von einer weitern Verhandlung über das Offert des Alois Wallnöfer zu Prad zur Übernahme der Einhaltung dieser Strasse keine Rede sein.

Innsbruck am 23. Jänner 1860

Mit h. Erlasse vom 28. v. Mts. Z. 13588 hat das hohe k. k. Ministerium des Inneren nach gepflogener Rücksprache mit dem k. k. Armee Oberkommando der k. k. Statthalterei auf die mit Bericht vom 7. März 1860 N. 5627 gestellte Anfrage eröffnet, daß sich die Auflassung der Stilfser-Jochstrasse aus militärischer Rücksichten nur auf die Strecke vom Joche bis Trafoi beziehen könne und daß zwar die Strassenstrecke von der Spondin g-Brücke bis Gomagoi nach ihrem dermaligen Charakter als Chausèe, dagegen jene von Gomagoi bis Trafoi nur in der Weise gut bereisbar zu erhalten ist, damit sie stets zur anstandslosen Benützung durch Geschütze und Landesfuhren geeignet sei.[6]

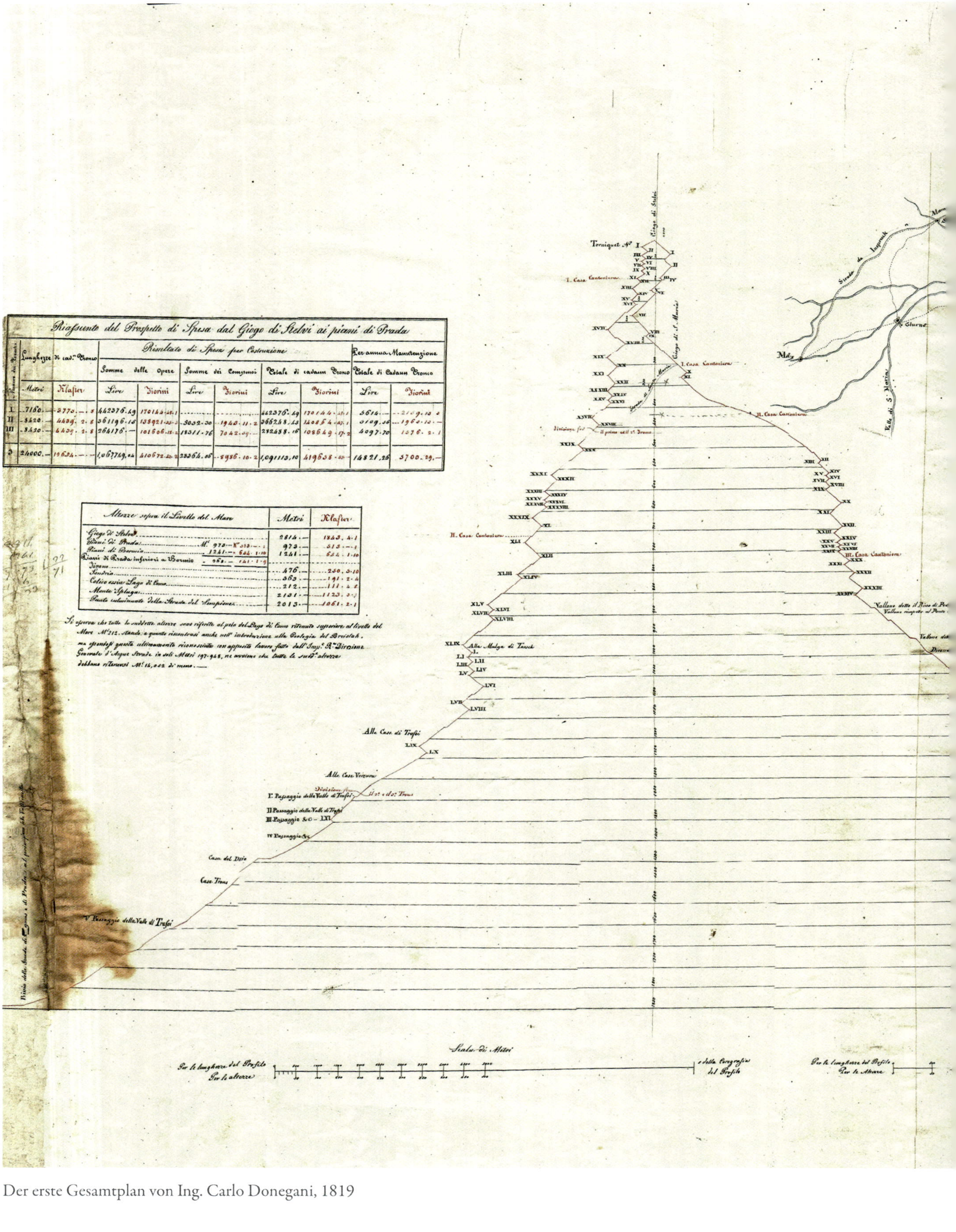

Der erste Gesamtplan von Ing. Carlo Donegani, 1819

Corografia
e Profilo Generale
della Grande Strada Militare
dai piani di Bormio
ai piani di Prada nel Tirolo
pel Giogo di Stelvi
Prad
Schmelz
Trafoi
Giogo di Stelvi
Tirolese
Lombardo
Malga di Bormio
Valle di Piatta Martina
Bagni di Bormio
Bormio
Fonte d'Adda
Scala di Klafter

Die Stilfser Brücke vor der Rekonstruktion, 1890

Der Alpenübergang vom Vinschgau über das Stilfser Joch nach Italien wurde im Jahr 1859 aus strategischen Gründen aufgegeben. Der Anblick der verfallenen, aber immer noch spektakulären „Königin der Alpenstraßen" und der zu Ruinen gewordenen Cantoniere erfüllte nicht nur die Touristen mit Bedauern, sondern führte auch zu berechtigten Klagen in der Bevölkerung. Jahr für Jahr wandte sich der Fremdenverkehr zunehmend von den österreichischen Gebirgsteilen ab, die einst wegen der Naturschönheiten des Vinschgaus und der imposanten Gletscher der Ortlergruppe berühmt waren. Stattdessen zog es die Reisenden in die angrenzenden Gebirgskantone in Italien und der Schweiz. In einer Zeit, in der moderne Kommunikations- und Verkehrswege unverzichtbar wurden, fanden Touristen diese nur noch im Ausland.

Dieser Zustand war besonders bedauerlich, da die Straße über das Stilfser Joch den einzigen Übergang aus dem Vinschgau nach Italien darstellte. Die lokalen Mittel der Gemeinden und besonders der Beherbergungs- und Postbetreiber reichten jedoch längst nicht aus, um diese Passstraße zu rekonstruieren und in einem für den Verkehr angemessenen Zustand zu halten.

Die Bevölkerung von Trafoi, Stilfs, Prad und Eyrs hoffte ab 1870 auf eine positive Wende. Dem Handelsminister, der diese Region besuchte, war es gelungen, die

Vernachlässigte Trockenmauern von 1830 mit den Einschublöchern der Holzbohlen für die Lawinenschutzgalerien

Hindernisse zu beseitigen, die der Wiederherstellung und Erhaltung dieses wichtigen Alpenübergangs im Weg standen. Der Statthalter von Tirol wurde über die Absicht der Regierung informiert und beauftragt, die notwendigen Mittel für das Projekt zu sichern.

In Zusammenarbeit mit den betroffenen Gemeinden sollte eine Lösung für die Finanzierung gefunden werden. Die Gemeinden waren dazu aber nicht in der Lage, da von den verarmten Gastwirten und Bauern nichts mehr zu erwarten war. Nur die Zollamtsexpositur zweiter Klasse, mit Funktion eines Grenzpolizeiamtes, wurde ab 1871, beginnend mit dem 1. Mai, in Trafoi eingerichtet. Die Straße übers Joch hatte daraufhin als Zollstraße zu gelten. Anfang August 1872 zerstörte ein heftiges Unwetter die Straße an verschiedenen Stellen. Auch Ende April 1876 kam es zu großen Mur- und Lawinenabgängen, weshalb die Straße erst am 7. Juli für den Verkehr freigegeben wurde.

Die Zahl der Touristen nahm aber schon bald erheblich zu. Den größten Aufschwung erlebte das Tal dann nach einem beeindruckenden Kriminalfall, nach dem Gattenmord von Henry Tourville. Dazu später.

1878 berichten die Zeitungen über Verminungen auf der italienischen Seite der Straße. Daraufhin wurde auf der Franzenshöhe eine Baracke für ein Kaiserjägerbataillon errichtet. 1884 erfolgten auf Veltliner Seite besondere Sperrmaßnahmen, um zu verhindern, dass sich die Cholera ausbreiten konnte. Reisende wurde nach Tirol zurückgewiesen, jene, welche von der Schweiz über den Umbrail einreisten, mussten in der IV. Cantoniera fünf Tage in Quarantäne bleiben.

Ende der 1880er-Jahre befand sich die Straße auf der Trafoier Seite immer noch in einem beklagenswerten Zustand. Nur ein gewaltiger Aufwand an finanziellen Mitteln, nahezu vergleichbar mit den Baukosten, konnte sie noch retten.

Öffnung der Stilfser-Joch-Straße für den Fuhrverkehr auf Tiroler und Veltliner Seite

1866 Mai Kämpfe	**1867** 17. Juni	**1868** 11. Juni	**1869** *	**1870** 27. Mai	**1871** 19. Juni	**1872** 26. Juni	**1873** *	**1874** 12. Juni	**1875** 13. Juni
1876 7. Juli	**1877** 24. Juni	**1878** 15. Juni	**1879** 5. Juli	**1880** 10. Juni	**1881** 1. Juni	**1882** 6. Juni	**1883** 25. Juni	**1884** 14. Juli	**1885** 15. Juni
1886 15. Juni	**1887** 21. Juni	**1888** 26. Juni	**1889** 6. Juni	**1890** 3. Juni	**1891** 13. Juni	**1892** 27. Juni	**1893** 29. Mai	**1894** 23. Juni	**1895** 17. Juni
1896 16. Juni	**1897** 25. Juni	**1898** 24. Juni	**1899** 18. Juni	**1900** 09. Juni	**1901** 13. Juni	**1902** 26. Juni	**1903** 17. Juni	**1904** 16. Juni	**1905** 27. Juni
1906 20. Juni	**1907** 15. Juni	**1908** 14. Juni	**1909** 14. Juni	**1910** 23. Juni	**1911** 30. Juni	**1912** 2. Juni	**1913** 15. Juni	**1914** 23. Juni	**1915** I WK

* nicht gefunden

Die vernachlässigte Straße aus Veltliner Sicht

Nicht nur auf Vinschgauer Seite wurde über den schlechten Zustand der Straße geklagt, auch im Veltlin versuchte man, über die Regierung in Rom Druck auf das österreichische Kaiserreich auszuüben. In einer Anfrage von Senator Antonio Giovanola an den Minister für öffentliche Bauten am 25. Februar 1869 wurde von diesem im Parlament die aktuelle Situation ausführlich geschildert und um eine Intervention in Wien gebeten.

Berichterstattung des italienischen Parlaments über die Straße von Tirol und Deutschland über das Stilfser Joch in die Lombardei, 25. Februar 1869 (Übersetzung, Ausschnitt aus der Debatte):

Das Thema dieses Gesetzes ruft [...] eine andere alpine Passage in den Sinn, die nördlichste und höchste aller für unsere internationalen Kommunikationen dienende, die aufgrund fehlender notwendiger Reparaturen verfällt, ich meine die Straße des Stilfser Jochs.

Viele von Ihnen, meine Herren, kennen diese wichtige Passage, deren Bau ein Denkmal für das Talent unserer italienischen Ingenieure ist, wie es auch viel italienisches Geld kostet.

Ich werde das Wohlwollen des Senats nicht missbrauchen, um die Geschichte und Beschreibung dieser Straße zu erzählen. Ich möchte nur daran erinnern, wie Österreich sie aus politischem Kalkül baute, nämlich um seine Vorherrschaft in der Lombardei besser zu sichern; und wie nach den glücklichen Ereignissen von 1859, als das Ziel des Baus nicht erreicht wurde und die Grenze des Reiches genau auf den Gipfel des Stilfser Jochs gelegt wurde, sich die kaiserliche Regierung nicht mehr darum kümmerte, diesen Teil der Straße in ihrem eigenen Gebiet in einem befahrbaren Zustand zu halten.

Dies weckte die berechtigten Bedenken der Länder, die der Passage des Stilfser Jochs am nächsten liegen, und es mangelte nicht an Bitten, dass unsere Regierung von Österreich die Erhaltung des ihr zustehenden Straßenabschnitts verlangen solle. Aber in der Zeit zwischen 1859 und 1867, als es keine regelmäßigen Beziehungen zwischen Österreich und dem neuen Königreich Italien gab, war es zu schwierig, zu erreichen, dass Österreich diese Beschwerden ernsthaft in Betracht zog. Erst nach dem Krieg von 1866, als regelmäßige und freundschaftliche Beziehungen zwischen dem Königreich Italien und dem österreichischen Kaiserreich hergestellt wurden, wandte sich einer der Abgeordneten aus dem Veltlin an den Minister für öffentliche Arbeiten und forderte ihn auf, Büros beim benachbarten Staat einzurichten, um seine Absichten in Bezug auf die Straße des Stilfser Jochs zu untersuchen und ihn so weit wie möglich zur Erhaltung derselben zu ermutigen.

Die Büros wurden ungefähr zwischen Mai und August 1867 eingerichtet, und die Antwort Österreichs lautete, dass die kaiserliche Regierung, weit entfernt davon, die Straße aufzugeben, wie ihr vorheriges Verhalten befürchten ließ, beabsichtige, sie angemessen wiederherzustellen und diesbezüglich Anweisungen zu geben.

Ein Jahr später, im August des letzten Jahres, hatte ich Gelegenheit, diese Berge zu besuchen, und fand heraus, dass tatsächlich mit großer Energie und nicht geringen Kosten an der soliden Wiederherstellung der Straße im unteren Teil des Tals bis zum Dorf Gomagoi gearbeitet wurde, wo Österreich eine kleine, kürzlich erbaute Festung mit Zoll- und Polizeibüros unterhält; aber oberhalb dieser offiziellen Grenze, entlang des steilen Berges, wo die Straße in zahlreichen Serpentinen fast 1650 Meter bis zum höchsten Punkt von 2814 [sic]. 2758] Metern ansteigt, wurde keine Arbeit ausgeführt; daher war die Straße dem unvermeidlichen und baldigen Zerfall überlassen; denn neben den Elementen in diesen steilen

Gemauerte und hölzerne Lawinenschutzgalerie am Diroccamento

Regionen trägt auch die Natur des äußerst rutschigen und beweglichen Bodens dieser alpinen Hänge zur Zerstörung bei. Ich habe dann erfahren, dass, wenn man immer noch über das Joch gelangt, wenn auch nicht ohne Gefahr, dies den freiwilligen Beiträgen der Hoteliers aus den benachbarten Tälern zu verdanken ist, die jedes Jahr etwas Geld ausgeben, um einen gerade noch möglichen Durchgang offen zu halten.

Wenn die Straße des Stilfser Jochs noch nicht gebaut wäre, könnte man über die Zweckmäßigkeit ihres Baus streiten; jetzt, da die Straße existiert, wäre es eine vandalische Handlung, unwürdig für zivile und liberale Regierungen wie unsere und die Österreichs, sie dem Verfall zu überlassen.

Die I. Cantoniera, einst und jetzt

Die Schließung der Straße von Bormio zum Joch

Die ersten Hinweise auf eine mögliche Schließung auf Veltliner Seite gab es bereits im Jahr 1862, als die lokale Zeitung „La Valtellina" den Mangel an Wartung durch die Regierung anprangerte und aus einer Debatte in der Kammer zitierte. Im Jahr 1865 sprach sich der Abgeordnete Emilio Visconti Venosta in einer weiteren Interpellation für die Offenhaltung des Stilfser Jochs aus: Es handle sich um

> eine Straße, die sicherlich nicht in Vergessenheit geraten dürfe!

In der gleichen Zeit appellierten die Tiroler an den Kaiser in Wien, den Verfall ihrer Strecke zu verhindern. Im Jahr 1897 verbreitete der „Corriere della Valtellina"[7] das hartnäckige Gerücht, dass die Regierung aus Sparsamkeitsgründen im Winter die Straßenwärter aus den Cantoniere entlang der Stilfser-Joch-Straße entfernen wolle; er prangerte auch die geringe Aufmerksamkeit der Regierung für das abgeschiedene Tal an. Das Thema wurde im März des folgenden Jahres mit neuerlichen Informationen wieder aufgenommen

> ([I]m nächsten Winter will der Staat die Straßenwärter und den Zoll entfernen und sich nur auf die Öffnung für die Sommersaison beschränken […][8]).

Nach langem Hin und Her wurde die Straße im Dezember 1899 geschlossen,[9] was eine heftige Reaktion der Provinzvertretung auslöste, die sich um eine sofortige Wiedereröffnung bemühte. Dies geschah jedoch nicht – trotz der beharrlichen Forderungen der Transportunternehmer aus dem Val Müstair, die dort mit großen Mengen Wein und Lebensmitteln festsaßen.[10] Die Zeitungen reagierten sofort gegen die Entscheidung, die als eine krasse Fehlentscheidung erschien. „La Valtellina" bemerkte spöttisch, dass in anderen Ländern Berge durchbohrt und neue Verbindungen geöffnet würden, während man hier die Straßenwärter und Cantonieri abziehen würde. Letztere wurden völlig überrascht von der Nachricht. Sie hatten in den Jahren zuvor bewiesen, wie zuverlässig sie waren. Ein Beispiel hierfür war Pietro Salvadori, der im April 1866 zwei Personen lebend aus einer Lawine rettete, die auf die Straße abgegangen war, während der Straßenwärter Giuseppe Lumina zusammen mit dem Aufseher der IV. Cantoniera, Primo Gobbi, im April 1895 zwei junge Mädchen aus Valdidentro vor dem sicheren Erfrieren gerettet hatte. Ebenso überrascht waren die Händler, die bereits Import-Export-Vereinbarungen getroffen hatten.[11] Der „Corriere della Valtellina" ging sogar so weit, der Regierung teilweise die Schuld am Tod von Gelmina Pianta Gobbi[12], der Frau des Straßenwärters der IV. Cantoniera, zuzuschreiben, die zur IV. Cantoniera hochgestiegen war, um nach dem Rechten zu sehen. Das Haus war den ganzen Winter über verlassen und von Vandalen und Schmugglern heimgesucht worden. Die Regierung verteidigte sich mit dem Hinweis, dass die Tiroler Seite seit Jahren geschlossen sei und daher der Zoll keinen Sinn mehr habe, da die Straße nur unter großen Gefahren befahrbar sei. Der „Lavoratore Valtellinese" berichtete am 8. September 1900 empört,

> […] dass die Straße zum Joch im Dezember des letzten Jahres nach mehr als 30 Jahren ohne Vorwarnung plötzlich geschlossen wurde. Dies mit einem Telegramm, das nicht an den Bürgermeister, sondern an einen Straßenarbeiter gerichtet war, während dort große Mengen Wein und landwirtschaftlicher Produkte auf Schlitten nach S. Maria ins Val Müstair transportiert werden sollten. Seit Menschengedenken hatte diese Straße

7 Il Corriere, 24. September 1897.
8 Il Corriere, 24. März 1898 (Übersetzung).
9 Beschluss „Tosco" vom 18. Dezember 1899.
10 Il Corriere, 26. Januar 1900.
11 La Valtellina, 23. Dezember 1899.
12 † 26. April 1900.
13 Corriere della Valtellina, 30. November 1900.
14 La Valtellina, 24. November 1900.

Der obere Teil des Diroccamento mit der Brücke über das Vitelli-Tal und die Reste der II. Cantoniera – zerstört von den Österreichern am 2. Juli 1859

> im Winter stets nützliche Dienste geleistet; man beschloss, sie zu schließen, und das auf eine so beleidigende Weise gegenüber den privaten Interessen, gerade jetzt, wo die Schweizer mit beträchtlichen Ausgaben die Saumpfade und Schlittenwege im Val Muranza in befahrbare Straßen umwandeln, die an unsere nationale Straße anschließen.

Die gleiche Geschichte wiederholte sich im folgenden Jahr: Tatsächlich behauptete der „Corriere della Valtellina",

> dass eine Mitteilung an den Capo Cantoniere und die Finanzbehörde die Schließung beim ersten Schneefall ankündigte, was sehr bald geschah und zur Verlegung des Zolls nach Bormio und zur Aufgabe der Straßenwärterhäuser (mit Ausnahme des ersten) führte.[13]

Abgesehen von den wirtschaftlichen Gründen, der Unterbrechung des Handels mit Tirol und der Schweiz, beklagte die Zeitung, dass die vielen Grenzgänger, die aus dem Val Müstair zu ihren Familien zurückkehren wollten, ohne jegliche Hilfe den Unbilden des Wetters ausgesetzt und ohne Unterkunft oder Unterstützung seien. Gleich sieben Straßenwärter würden hingegen im Winter entlang eines sehr kurzen Abschnitts von etwas weniger als acht Kilometer bis zur I. Cantoniera aufgeteilt. Der Bevölkerung kamen sie – laut Zeitung – vor,

> wie englische Touristen, die durch das Dorf schlendern und auf das Monatsende warten, um ihr Gehalt zu kassieren.[14]

Angesichts dieser Entwicklung wurde die Schließung in den folgenden Jahrzehnten kurzfristig je nach Wetter beschlossen. Dies geschah auch später mit einem Beschluss vom 30. November 1924, trotz wiederholter Anfragen der Bürger von Bormio sowie vom Fremdenverkehrsamt, welches damals „Pro Bormio Climatica" hieß.

DER SEELSORGER AUF DER HOCHALPE (TRAFOI, 1870)

In welch desolatem Zustand sich Trafoi und die übrigen Orte entlang der Stilfser-Joch-Straße nach der Loslösung der Lombardei und der Vernachlässigung durch die österreichische Straßenverwaltung befanden, ersehen wir aus einer Erzählung vom Maler und Landvermesser Adolf Obermüllner[15]. Diese erschien in der „Gartenlaube" von 1870 und wird hier verkürzt wiedergegeben.

Nach überraschenden Wendungen des wild in die Tiefe tosenden Gletscherbaches, welcher alljährlich mit unglaublichen Anstrengungen durch Dammarbeiten und Ableitungen ect. wieder und wieder gezähmt werden muss, eröffnet sich dem Blick eine der schönsten Hochgebirgsidyllen. Rund umgeben von den Gletschern von Ortler und Madatsch, überragt von den schneeweißen Spitzen der ganzen Gruppe, liegt in der Höhe von knapp zwei tausend Fuß das aus wenigen Häusern bestehende Alpendorf Trafoi. Dieses stille, abgeschiedene Nestchen entstand vor vielen Jahren, als das Wunderwerk, die neuntausend Fuß über die Meeresfläche führende Kunststraße, erbaut und vollendet wurde; Das Posthaus, die Vorspanns-Hauptstation und die Wohnungen der vielen Arbeiter bildeten hier den Zentralpunkt, von wo aus alle den Verkehr betreffenden Verfügungen eingeleitet und in Ausführung gebracht werden. Als frühere Reichs- und einzige Verbindungsstrasse Oestreichs mit der Lombardei, wurde dieses kühne Bauwerk auch während des Winters mit namenlosen Kosten und dem Aufgebot vieler Menschenkräfte für die wöchentlich zweimal verkehrende Post offen gehalten, und damals stand Trafoi in seiner Blüthe, es erbaute sich ein Kirchlein, stellte dem Geistlichen durch freiwillige Robot ein kleines Wohnhaus her, und da die Gemeinde in ihrer weiten Ausdehnung nach Hunderten zählte, gelang es der Mühe des Pfarrers, eine Schul-Filiale zu begründen, so dass auch für den vorhandenen reichen Kindersegen gesorgt war.

Diese glückliche Zeit ist nun für Trafoi entschwunden, seit Oestreich dem italienischen Besitze entsagte und die Brennerbahn den ganzen Verkehr nach dem Süden an sich gezogen hat. Die Straße wird von der Regierung nur noch von der Feste Gomagoi am Eingang in das Suldental abwärts notdürftig in Stand gesetzt; Von da aufwärts aber, wo die schwierigen Herstellungsarbeiten beginnen, wo allein bis Trafoi fünf gewölbte Brücken die Gletscherbäche übersetzen und weiter die mit Millionen errichteten Gebäude, Cantoniere, Dämme und massiven Schutzgalerien eine Reihe jetzt noch von allen Reisenden angestaunter Objekte bilden, ist alles dem Verfalle preisgegeben, was nicht schon bei wiederholten Kriegszeiten niedergebrannt oder gewaltsam zerstört wurde.

Die Gasthofbesitzer von Spondinig, Prad, Trafoi, St. Maria und Bormio ermöglichen zwar im Hochsommer noch immer den Vergnügungsreisenden, dass die Straße nicht unbenützt bleibt, so zwingt die Noth die armen Bergbewohner, oft sehr weit entfernt von ihren Ansiedlungen, um Taglohn oder mit Holzarbeit ihr Brot zu verdienen. Selten gewahrt daher der Wanderer abseits der Straße ein menschliches Wesen, und so überwältigend schön auch die Landschaft von Trafoi ist, ebenso melancholisch stimmt

15 Adolf Obermüllner (* 3. September 1833 in Wels, Oberösterreich, † 29. Oktober 1898 in Wien) war Maler, machte 1861 Vermessungen und Bestandsaufnahmen mittels Fotografien und Zeichnungen für den Österreichischen Alpenverein. Er unternahm eine ausgedehnte Studienreise durch Italien, Holland und Frankreich.

16 Am Pfingstmontag.

17 Am letzten Sonntag im September.

18 Der Priester in Trafoi hieß Johann Giamara (1847–1873). Er wurde 1805 in Tarasp (Graubünden) geboren und 1830 zum Priester geweiht. Von 1837 bis 1847 war er Kurat in Sulden. Giamara hat sich nicht um die Stelle in Trafoi beworben, sondern wurde behördlich dorthin versetzt, da er auch Italienisch sprach, was um diese Zeit an der Stilfser-Joch-Straße wegen der vielen Reisenden notwendig war. Neben den religiösen Verpflichtungen musste er auch die Kinder von Trafoi unterrichten, gleichzeitig sammelte er Geld für den Neubau einer Kirche.

der Anblick der zerfallenen Hütten des Dorfes, welche von ihren Bewohnern verlassen und aufgegeben zu sein scheinen. Nur bei dem kleinen Pfarrhaus, nächst der Kirche, begrüßt den Ankommenden das Gekläffe eines lahmen, vor der niedrigen Eingangstür postierten Spitzes, und wenn der Reisende, unbekümmert um diesen streitlustigen Wächter, nähertritt, kann er in dem kleinen Hausgarten die gebückte Gestalt des Pfarrers emsig arbeitend sehen, der einen freundlichen Gruß artig, aber kurz erwidert und, ohne weiter Notiz von seiner Anwesenheit zu nehmen, die ganze Aufmerksamkeit den kümmerlich gedeihenden Gemüsepflanzen zuwendet. In seltenen Fällen stört den, wie es scheint, menschenscheuen Einsiedler eine weitere Frage, und die meisten vergessen wohl bald die Begegnung mit einem Manne, der nicht die geringste Lust zeigte, ein Gespräch anzuknüpfen. Und dennoch wäre dieser Mann eine kleine Ausdauer wert gewesen, der, vergessen von den mit reichen Pfründen bedachten Mitpriestern, treu ausharrend bei seiner nur noch sechsundachtzig Seelen zählenden Gemeinde geblieben ist, im Kriege mutig mit seinen Tiroler Schützen die Höhen verteidigte, und in der Zeit des Friedens, ferne von jedem unduldsamen Fanatismus, als echter Priester auf diesem verschollenen Posten wirkt.

Sein Einkommen ist mit dem Verfalle seines Kirchsprengels so geschmälert, dass viele Tage des Jahres Brot und Kartoffeln die einzige Nahrung im Pfarrhaus bilden, aber dennoch findet jeder Arme ein Almosen bereit, und kein Unglücklicher verlässt ohne lindernden Trost die Schwelle. Ausgenommen den Verkehr mit seinen Pfarrkindern, liebt der Pfarrer die Einsamkeit und ist zur Sommerreisezeit fast nie zu bewegen, den Gasthof, mit dessen Besitzern er auf freundschaftlichstem Fuße steht, aufzusuchen; Er verbirgt sich vor der Außenwelt, weil er es verschmäht, zu klagen, und mit seiner unbeschreiblichen Armut nicht prunken mag. Wenn die Schule Ferien hält, die Krankenbesuche gemacht sind und der kleine Acker besorgt ist, wandert er am liebsten noch tiefer in die Berge und meist jenem eng umschlossenen Felsenkessel zu, wo versteckt unter Tannen und Kiefern die Wallfahrtskapelle steht, neben welcher die reich produzierenden Quellen der Heiligen drei Brunnen entspringen. Diese kleine Kirche, auf den vorgeschobenen Moränen des Trafoi- und Madatsch-Gletschers erbaut, hat für die Umgebung eine große Bedeutung. Zweimal im Jahr strömen von weit und breit große Schaaren Andächtiger hin, um der feierlichen Prozession des Gnadenbildes beizuwohnen, welches im Frühjahr[16], wenn Schnee und Eis geschmolzen sind, dahin gebracht und im Spätherbst[17] von seiner abgeschiedenen Sommerresidenz wieder in die Kirche von Trafoi zurückgetragen wird.

Zeichnung von A. Obermüller, Die Gartenlaube

Während meines Aufenthaltes wurden eben zu letzterer Festlichkeit die Vorbereitungen getroffen, und ich konnte von meinem nächst den drei Quellen gelegenen Studienplatze beobachten, mit welcher Sorgfalt der alte Pfarrer[18] bemüht war, die in der feuchten Kapelle befindlichen verblassten Bilder und Schmuckgegenstände zu reinigen, wie er dann heimkehrte, um nach wenigen Stunden, beladen mit dem ganzen geringen Reichtum der Paramente und Gefäße seiner Kirche, über den schmalen, schwankenden Steg wiederzukehren. Über die Achsel an seinem Rocke hängend, trug er vorsichtig das einzige sonntägliche Messkleid von undefinierbarer Farbe, an dessen Verbrämung die einstigen Spuren eines Goldbrokates schwer erkennbar waren; Die kleine Monstranz mit einigen lebhaft glänzenden böhmischen Edelsteinen, den Kelch und das schwere Messbuch hielt er in beiden Händen, während die kleineren Utensilien in einem blauen Tuche zusammengebunden an

Prozession zu den Drei Brunnen

seinem Gürtel befestigt waren. Der Anblick des Greises mit den armseligen Kirchenschätzen und die damit verbundene milde Resignation rührender Einfachheit waren weit ergreifender als aller Pomp kirchlicher Pracht, und obwohl ich bis jetzt nur wenige Worte mit dem Manne gesprochen hatte, konnte ich mich nicht enthalten, ihm entgegenzugehen und meinen Beistand anzubieten. Er nahm die Hilfe sichtlich erfreut an, und als wir bei der Kapelle angekommen waren, breiteten wir die Sachen sorgfältig auf einem Felsblock aus. Während dieser Beschäftigung verhehlte ich nicht mein Erstaunen, wie es komme, dass sich Niemand in Trafoi gefunden habe, die schwere Bürde hierherzubringen. „Lieber Herr“, antwortete der Priester, indem er sich ermüdet auf einem Stein niederließ. „Meine Bergler müssen die Stunden des Tages ausnützen, um sich ihr sauer erworbenes Brot zu erringen, und ich bin froh für uns alle, wenn keiner freie Zeit übrighat, mir zu helfen.“

Bei dem regen Interesse, welches mir der schlichte Priester schon längst eingeflößt hatte, wollte ich das Gespräch nicht so rasch abbrechen, und nach einigen allgemeinen Phrasen fragte ich mit aufrichtigem Interesse, ob er denn nicht um ein einträglicheres Benefizium nachsuchen könnte. Nach kurzer Pause antwortete er treuherzig: „Wohl-wohl ist's hart, auf der Hochalpe das Amt des Seelsorgers echt und recht zu üben, noch härter ist's, so vieler Kümmernis hilflos gegenüberzustehen und tatenlos zusehen zu müssen, wie jedes Jahr trübseliger wird für die arme Gemeinde. Aber sehen Sie, mein ganzes Wirken ist so innig verwebt mit den Dorfleuten; Ich habe sie fast alle getauft, in der Schule erzogen, getraut und leider schon so viele begraben,

19 Die Post kam nur mehr drei Mal in der Woche aus Bormio.

Panorama von A. Obermüller

dass ich ausharren will, bis auch ich mein müdes Haupt zur Ruhe lege. Leider geht es mit meiner Kraft scharf bergab und sie zerbröckelt gerade so rasch wie der Straßenbau da oben“, fügte er sinnend bei, als eben einige losgerissene Steine über das senkrecht abfallende Gerölle in die Tiefe kollerten. „Einmal war dies anders mit mir“, fuhr er lächelnd fort, „alle diese Gebirge, welche Sie hier herum sehen, habe ich bei Tag und Nacht rüstig überschritten, als Tröster der Kranken, in den Almen Hütten einsprechend, zur Kriegszeit mit den Scharfschützen die Grenzwacht gegen die Wälschen hütend, und als noch zur Winterzeit die Post hinauf verkehrte, da gab's manch harten Strauß am Stilfserjoch mit den Elementen auszukämpfen. Selbst Sie als Maler können sich mit der lebhaftesten Fantasie keine Vorstellung davon machen, was es heißt, Winterstürme auf diesen Höhen zu bestehen – das heult und stürmt durch die Luft, während der Wirbelwind die Schneemassen auf und nieder peitscht, dem kräftigten Manne friert das Fett in den Knochen und der Atem scheint den Dienst auf immer zu versagen. Aber mit beispielloser Ausdauer haben die Trafoier jederzeit ihre Pflicht erfüllt: Gar mancher hat sein Leben und viele haben ihre Gesundheit eingebüßt, und kurze Zeit, bevor man die Straße veröden ließ, erlebte ich selbst ein Ereignis, welches niemals aus meinem Gedächtnis entschwinden wird.“

Daraufhin erfuhr ich was damals geschah. Es war im November, als ein solches Unwetter hereinbrach; Schon vor dem Tage, an welchem man die italienische Post[19] erwartete, wuchsen die Schneewehen an manchen Straßenwendungen turmhoch an. Die Vorspannpferde waren glücklicherweise bereits einige Tage früher auf der Franzenshöhe eingestellt, und so hatten die Arbeiter nur sich selbst einen Weg hinaufzubahnen. Sie zogen, der Postmeister an der Spitze, dreißig Mann stark mit den Werkzeugen versehen, zeitig morgens aus. Auch der Pfarrer schloss sich, mit allen Vorräten seiner kleinen Hausapotheke für Unfälle versehen, der gefährlichen Expedition aus freien Antrieben an. Der erste Abschnitt ging leichter als sie sich gedacht hatten, und die mitgenommenen Kienfackeln erwiesen ihre Dienste; Doch je höher sie kamen, desto schwieriger wurde es, und trotz der Schneereifen sanken sie immer wieder in den neuen Schnee ein.
Was waren aber die Qualen dieses sechsstündigen Marsches gegen die Ereignisse, welche sie noch erleben sollten. Die Franzenshöhe war erreicht. Sie fanden die gut erwärmte allgemeine Stube des Stationsgebäudes leer, denn seine Bewohner waren wohl längst ausgezogen, die Post von der höchstgelegenen Cantoniera herunter zu begleiten.

Nachdem alle eine kräftige Weinsuppe genossen hatten, versuchten sich die meisten Burschen kurz auszuruhen. Der Postmeister sah nach den Pferden, ob man für sie ausreichend gesorgt hatte. Das Wetter wurde immer ungestümer, und endlich, nach einer langen, erwartungsvollen Stunde, entdeckten sie in weiter Entfernung den Postwagen, welcher, von zahlreicher Hilfseskorte umgeben, langsam abwärts kam. Endlich hatte er die letzte Straßenwendung gewonnen, und der Priester alarmierte die Leute, die sofort bereit waren, die Ablösung der Ankommenden zu übernehmen.

Wallfahrtsort zu den Drei Brunnen

Der schwere Wagen, von einem Theile der Vorschaufler gestützt und vorwärts geschoben, konnte nur Schritt für Schritt weiterbewegt werden. Die Pferde, ermattet, in Schweiß gebadet und von den die Haut zerschneidenden kristallisierten Eisflocken zu Tode gepeinigt, wurden vom Postillion mit Gewalt gezogen, und der einzige Passagier, ein Italiener, welcher tags zuvor bei warmem Sonnenschein von Como leicht bekleidet abgereist war, hatte, trotz des Pelzes, den der menschenfreundliche Kondukteur ihm gegeben, bei der Ankunft auf der Franzenshöhe das Bewusstsein bereits verloren. Sie öffneten gewaltsam die zugefrorene Wagentür und trugen den erstarrten Körper in die Vorhalle, und nach langen Versuchen gelang es ihnen, den Mann wieder zum Bewusstsein zu bringen. Der Arme fühlte sich in dem warmen Zimmerraum, wohin

20 Dürfte am 18. Februar 1855 geschehen sein, einer der Toten war der Zuständige für die Cantoniera del Bosco, Beraldini Giacomo aus Tirano, 26 Jahre alt.

er später gebracht wurde, recht leidlich wohl, sodass man die Weiterreise antreten konnte. Das Firmament verdüsterte sich mehr und mehr, der Sturm pfiff gellend über die eisumhüllte Landschaft, und die Gefahr, dass bei einbrechender Nacht keine menschliche Kraft im Stande wäre, den Kampf mit den wild empörten Elementen siegreich durchzuführen, drängte zum unverweilten Aufbruche. Sie standen ratlos dem bleichen Kranken gegenüber, der nochmals in die erstarrende Winterkälte gebracht werden sollte. Entschlossen, bei ihm auszuharren, schlug der Priester vor, ihn hier zu pflegen, bis die nächsten Tage besseres Wetter bringen würden, doch er bat und flehte, lieber während der Reise sterben zu wollen, als in dieser schauerlichen Einöde lebendig begraben zu werden.

Da Letzteres in dieser Höhe und bei rings einstürmenden Schneemassen nur zu leicht wahr werden konnte, so wurde denn rasch gehandelt: die Pferde vorgespannt, der Wagen im Innern mit Heu vollgestopft, und der Reisende, in Pelz und Tüchern gehüllt, bis zum Halse hineingesteckt. Der unheimliche Zug setzte sich langsam in Bewegung. Voraus eine Doppelreihe von kräftigen Schneeschauflern, die Pferde geführt von dem oft erprobten Trafoier Postmeister und dicht am Wagen der Pfarrer. Sie waren nicht weit gekommen, als eine der vielen Lawinen wie ein schäumender Wasserfall vor ihnen niederging und die zwei ersten Vorauseilenden in die unabsehbare Tiefe schleuderte.[20] Einem Momente erschütternden Stillstandes folgte ein kurzes Stoßgebet für die unrettbar Verlorenen. Aber es gab nur eine Losung „schnellstens ins Tal“, wenn sie nicht das gleiche Schicksal treffen sollte. Mit übermenschlicher Anstrengung erreichten sie endlich Trafoi. Der Reisende kam scheinbar recht wohl nach Trafoi, doch als er in Meran anlangte, war er nicht mehr bei Bewusstsein, und später hörte man von seinem bald darauf erfolgten Tode.

Nach einer langen Pause sprach der würdige Mann mit unbeschreiblicher Milde: „Jetzt braust zur Winterszeit der Sturmwind da oben über die verlassene Straße ohne Gefahr für uns, aber wir sitzen ohne Arbeit, abgeschnitten von der Welt, arm und hungrig in unseren elenden Hütten, rücken noch näher als sonst zusammen, erzählen uns von den trüben und heiteren Tagen der Vergangenheit, vergessen darüber die Gegenwart, und wenn die neunte Abendstunde vorüber ist, sagen wir ‚Gute Nacht‘, um bald darauf im Traum eine bessere Zukunft zu sehen. Er war bei diesen Worten aufgestanden und sagte mir, nachdem er die mitgebrachten Gegenstände in der kleinen Sakristei verschlossen hatte, herzlich Lebewohl.“

Diese Begegnung übte einen unauslöschlichen Eindruck auf mich aus; Als ich nach einigen Tagen die Gegend verlassen wollte, vergaß ich nicht, den alten Pfarrer aufzusuchen, um Abschied von ihm zu nehmen. Er begleitete mich eine kurze Strecke, und an der Wegscheide angelangt, legte er seine Hand auf meine Achsel, indem er treuherzig sagte: „Wenn Ihre Reise wieder einmal nach Trafoi geht, so dürfen Sie am Pfarrhause nicht vorübergehen, ohne einzusprechen; Sollte die Thür aber verschlossen sein, dann werden Sie wohl zu dem Friedhof von Stilfs hinaufsteigen müssen, um mir den letzten Besuch abstatten zu können.“

Ich schied mit wahrer Wehmut von dem seltenen Manne, und der Gedanke an ihn begleitete mich nach Bozen und über den Brenner. In Brixen, der vielthürmigen Bischofsstadt, musste mein Wagen am Eingang in die Stadt lange Zeit halten, um eine mit märchenhafter Pracht in Scene gesetzte Bitt-Prozession nicht zu stören. Die Glocken hallten harmonisch zusammen, und die gläubige Heerde wurde von einer Armee geistlicher Ordenspriester aller Grade über blumenbestreute Wege geführt. Ich verglich die mit niedergeschlagenen Augen dahinschleichenden Mönchsgestalten, den farbenschillernden Firlefanz, mit dem Bilde des würdigen Priesters, der mit seinen armseligen Kirchengeräten über den schwankenden Steg zu dem heiligen Brunnen geschritten kam. Wie unendlich erhebender stand die Erinnerung an diesen Moment vor meiner Seele!

DER KRIMINALFALL VON 1876

Ich lasse einen fiktiven Reisenden wohl eines der einschneidendsten Ereignisse an der Straße erzählen.

August 1889. Wir waren pünktlich um 6.30 Uhr vor dem Hotel Bagni Nuovi in Bormio bereit. Das Wetter war herrlich und es kündigte sich ein unvergesslicher Tag an. Gespannt warteten wir, dass man uns die Plätze anweisen würde. Ich hatte eine teurere Karte für die obersten Sitzplätze gekauft. Jetzt war aber die Kutsche voll, und ich stand daneben. Im Fond, in der Mitte der Mail Coach, saßen sechs Personen, darüber auf den begehrtesten Plätzen, je drei hinten und drei vorne, auf dem Kutschersitz der Postillion und sein Gehilfe. Da stand ich nun neben der Kutsche, hatte die Karte bereits am Vortag bestellt und jetzt ergab es sich, dass kein Platz mehr frei war. Eine Lösung musste gefunden werden. Der Direktor des Hotels schritt ein. Und so kam es, dass ich auf dem Kutscherbock meinen Platz bekam. Der beste Platz im Wagen, der normalerweise nur für das Personal reserviert war. Bei Abgabe desselben

21 * 23. März 1834 in Trafoi, † 22. April 1890 in Bormio, Heirat mit Crescenz Ortler am 2. Juni 1863.

Die Sponda Lunga und der Diroccamento mit den Tunnels

an Reisende riskierte der Posthalter bei Zuwiderhandlungen eine hohe Strafe oder verlor sogar seine Lizenz. Der Gehilfe musste hinten am Wagen beim Gepäck Platz finden. Voran warteten fünf starke Pferde im Geschirr auf den Ruf des Posthorns und den Peitschenknall. Dann ging es los. Die Mitreisenden waren gemischt: fünf Engländer, zwei Franzosen, zwei Schweizer und drei Sachsen.

Ich stellte mich dem Postillon vor, gab ihm einige kleine Münzen und bat ihn, mir entlang der Straße etwas über die Geschichte zu erzählen. Johann Thöni[21], so hieß er, alle nannten ihn Hansi, war ein hagerer, großgewachsener älterer Mann, bereits über 50 Jahre alt, und stellte in seiner schmucken, aber schon etwas abgetragenen Uniform einen Postillion dar, wie man ihn auf Bildern kannte. Wir starteten, nahmen die ersten Kehren und fuhren über eine Brücke in einen kurzen Felsentunnel. Daraufhin erfuhr ich Dinge, die ich selbst mit einem Einspänner nie erfahren hätte. Wenn man zurückblickte, sah man noch die herrliche Ebene von Bormio. Vor uns traten die Felswände immer näher zusammen und wurden gleichzeitig unheimlich steil. Dann bogen wir rechts in ein Tal ein, dessen Wände senkrecht zum Himmel ragten und wo es unmöglich schien, einen Weg zu errichten. Die ersten Kehren wurden von den Pferden mit Leichtigkeit genommen. Und bald kamen wir zu einem weiteren, in den Felsen ausgebrochenen Tunnel. Links davon zeigte Hansi in ein schauerlich tiefes Tal, in welchem man Reste eines Brückenbaus sah. „Hier gibt es die größten ‚Lahnen', Lawinen", meinte Hansi. 1836 hat es die Brücke erwischt. Daraufhin wurde die Straße in den Felsen gehauen. Gleich nach der Ausfahrt aus dem finsteren Loch kam eine zweite Brücke und dort sah man zur rechten Hand den steilen, ungeschützten Lawinenstrich, der bis ins Unendliche reichte. Daraufhin folgte ein Unterkunftshaus. Hier werden diese Cantoniera genannt. Es war die I. Cantoniera. In diesem, erzählte Hansi, wurden während der italienischen Befreiungskriege 1866 vom Borminer Alpenjäger Pietro Pedranzini fast im Alleingang 65 Landesschützen gefangen genommen. Weitere vier Kehren folgten, womit wir eine beachtliche Höhe über dem Tal erreichten, in dem man den Braulio-Bach tosen hörte. Dann trafen wir auf eine Holzüberdachung, die die Hälfte der Straße einnahm, und gleich dahinter folgten sechs in den Felsen gehauene oder gemauerte Tunnel. „Fast 700 Meter sind sie lang", sagte Hansi. „Beim Bau haben sie höchstens einen Meter Vortrieb pro Woche geschafft und etliche wurden

Grand Hotel Bagni Nuovi

dabei schwer verletzt, sodass die Baufirma in Bormio ein kleines Spital adaptieren musste." Am Ausgang eines dieser Tunnel kamen uns zwei Frauen mit einem kleinen Handkarren und einer Ziege auf der Mitte der Straße entgegen. Sie hätten links auf der Talseite ausweichen sollen, taten dies aber zum Felsen hin, worauf Hansi meinte: „Es ist immer so, die haben Angst vor dem Abgrund, obwohl dieser von einem fast zwei Meter hohen Zaun mit zwei Querlatten gesichert ist, und wir müssen schauen, wie wir mit den Pferden vorbeikommen. Zum Glück sind unsere Pferde daran gewöhnt. Ja, wir haben ganz besondere Tiere, die wissen sogar im Winter, wenn man mit dem Schlitten hochfährt, wohin sie treten müssen, dass sie nicht im Neuschnee einbrechen." Früher, als die Straße noch im Winter geöffnet war, hat man die Gäste und die Post mit Schlitten befördert. Die Kutschen der Gäste wurden ebenfalls auf einem Schlitten befestigt und ihre Pferde mussten hinterherlaufen.

Nach den Tunneln kamen wir zur II. Cantoniera, von der allerdings nur mehr Mauerreste zu sehen waren. Sie wurde im Juni 1859 von den Österreichern bei ihrem Rückzug aus dem Veltlin angezündet, aber auch früher schon von Lawinen beschädigt. Unter der Cantoniera war eine kleine Ebene, die Hansi mit „Trimplotz" bezeichnete. Es war jene Stelle, an der vor dem Straßenbau die Waren auf den Saumtieren fester gebunden oder sogar auf mehrere aufgeteilt wurden, denn gleich danach kam die Spondalunga, ein steiler, trapezförmiger Hang, welcher fast senkrecht bestiegen wurde. Heute schlängelt sich darauf die

Das Casino dei Rotteri auf der Spondalunga

Straße mit 14 Kehren und mit maximal neun Prozent Steigung, wie die Vorgabe für die gesamte Straße war, hoch. Erst von hier aus sieht man, welche Leistung der Ingenieur Carlo Donegani, so hieß der Meister des Straßenbaues, vollbracht hatte, damit diese unüberwindbar geglaubte Schlucht sicher befahren werden kann.

Während der gleichmäßigen Auffahrt gab Hansi auch etwas von seiner Familie preis. Er war der Sohn des Post Hansl vom alten Postgasthof in Trafoi. Ihn nannten sie daher den „Post Hansi". Dort hat er auch seine Frau Crescenz (Zenza) Ortler geheiratet. Mit ihr hat er drei Kinder, Lodovico, Matteo und Enrico, die alle in Bormio geboren und aufgewachsen sind. Dort haben sie italienische Namen erhalten. Sie sprachen besser Italienisch als Deutsch. Er musste Trafoi verlassen, da die Straße auf Tiroler Seite nach den Befreiungskriegen von 1848, 1859 und 1866 vom österreichischen Ärar nicht mehr im Stande gehalten wurde und er somit seine Arbeit verlor. In Bormio war er als fleißiger und vor allem Deutsch und Italienisch sprechender Postillion bekannt und fand Arbeit beim Grand Hotel Bagni Nuovi[22].

Am oberen Ende dieser Steigung stehen wieder einige zerfallene Mauern und in der darauffolgenden Kehre ein kleineres Straßenwärterhaus. Die Mauerreste stammen vom alten Rotterhaus. Die Rotter waren die Schneeschaufler und mussten bei schlechtem Wetter die Felleisenpost begleiten und Reisenden in Not zu Hilfe eilen.

22 Erbaut 1834 unter dem Architekten Giovanni Donegani.

Rotter und Kontrollvisite auf der IV. Cantoniera, 1831

Hansi erzählte, dass bereits Ende Dezember 1836 an dieser Stelle vier Rotter von einer Lawine ins Tal geschleudert wurden. Man fand sie erst Wochen später. Vor wenigen Jahren, 1886, traf es dann das Haus. Es wurde von einer Staublawine weggeblasen und mit ihm die vier Rotter Tobia, Battista, Furbasco und Romano. Zwei davon kannte er sehr gut, da sie in seiner Nähe in Bormio wohnten. Auch sie wurden erst im Frühjahr ganz unten in der Braulio-Schlucht gefunden. Daraufhin hat man das Casino dei Rotteri in der folgenden Kehre, welche durch einen Moränenhügel etwas geschützter war, neu errichtet. Die Kehren, welche über diesen Hügel führten, nennt man die Schneckenkurven. Nicht weit davon entfernt wird die Straße von einem Holzdach, welches über die gesamte Straßenbreite reicht, gegen Lawinen geschützt. Dies war der Ort, den man Bocca del Braulio, also das Maul des Braulio, nannte. Hier war gerade so viel Platz, dass der Erbauer die Straße, indem er den Felsen abgrub, neben den Braulio-Bach führen konnte. Hernach ändert sich die Landschaft völlig. Vor uns breitet sich ein breites Almtal mit saftig grünen Matten voller Blumen aus. Anschließend kamen wir an der III. Cantoniera auf der Braulio-Ebene vorbei. Rechts von der Straße lagen zwei ärmliche Alphütten. Auf den Weiden waren viele Kühe, Schafe, Ziegen und auch Pferde. Einige hundert Meter weiter steht die Kirche zu San Ranieri, dem hl. Rainer. Sie wurde vom Vizekönig der Lombardei, Rainer, dem Bruder des Kaisers Franz I., erbaut und erhielt den Namen von seinem Namenspatron aus Pisa. Sie ist die höchste ständig bewohnte Kirche in den Alpen. Bei der Vorbeifahrt wurde das Tempo gedrosselt und Hansi hat ein Kreuz auf die Stirn gezeichnet.

Nach 2,5 Kilometern und weiteren drei Kehren erreichten wir die IV. Cantoniera von Santa Maria. Es stehen zwei große Gebäude, eines für die Zöllner und den Postbetrieb, das andere dient als Unterkunft für die

Reisenden. Hier wird Halt gemacht, die Pferde werden getränkt und können vor dem letzten Aufstieg zum Joch ausruhen. Das gab allen auch Gelegenheit zu einer kleinen Stärkung, die man dabeihatte. Es war kurz nach 11 Uhr und wir waren fast fünf Stunden in der Kutsche. Der Himmel war immer noch wolkenlos. Lediglich ein kühles Lüftchen zog von den umliegenden Schnee- und Eisfeldern herab. Die Wirtschaft machte keinen besonderen Eindruck, war aber von Reisenden, die mit eigenen Kutschen oder zu Fuß auf dem Weg waren, gut besetzt. Hier ist der Übergang in das graubündnerische Val Müstair. Beim Weiterfahren erzählt Hansi, dass dies vor dem Straßenbau der wichtigste Übergang vom Vinschgau ins Veltlin war und dass viele Heereszüge darüber gezogen sind, sogar Karl der Große und Kaiser Maximilian und seine Frau sollen ihn benutzt haben. Auch die Franzosen kannten ihn und wollten ihn bei ihrer ersten Straßenplanung 1812, als sie mit Bayern einen Handelsvertrag abgeschlossen hatten, als Übergang benutzen. Dafür wollte man das Val Müstair mit Livigno tauschen. Die Eidgenossen lehnten aber ab. Das Gasthaus, meinte er, war einmal sehr bekannt, als noch der italienische Impresario Giovanni Corbetta mit seiner aus Schluderns stammenden Frau Lisa Parschalk die Geschicke geführt hatte. Nach den letzten Kriegen hat sich viel geändert. Auch die Einrichtung wurde stark ramponiert und nie mehr richtig hergestellt. Das Haus ist aber immer noch das ganze Jahr über geöffnet, da die italienische Regierung die Straße auch im Winter bis hierher mit Schlitten befahrbar hält, was auf Tiroler Seite leider seit 1848 bzw. 1859 nicht mehr der Fall ist. Der letzte Aufstieg zum Pass verläuft auf einem breiten Hang. Rechts ist der Monte Scorluzzo mit einem langen Firnfeld im Schattenhang. Links die Dreisprachenspitze, wo sich die drei Sprachen und Grenzen der Länder Österreich, Schweiz und Italien treffen. Hinter uns lag der gezackte Umbrail. Die Fahrt erlaubte auch einen kurzen Blick ins Val Müstair.

Am Pass angekommen änderte sich die Aussicht schlagartig. Vor uns stand mächtig der Ortler, rechts reichte das ewige Eis bis fast an die Straße. Hansi nannte ihn Ebenferner. „Ferner“ ist die lokale Bezeichnung für die Gletscher. Und unter uns fiel das Tal steil in die Tiefe. Auf diesem schwindelerregenden Abhang hat der Ingenieur mit 48 Rieden (Kehren) die Straße bis nach Trafoi gebaut. Am Joch selbst stand nur ein kleines Rotterhaus, welches auch Verpflegung anbot. Wir gingen aber nicht hinein und warteten nur, bis der mitreisende Franzose mit seinem Fotokasten eine Abbildung des Ortlers machte. Hansi bemerkte: „Hier will meine Verwandte Paolina Ortler, die ebenfalls in Bormio lebt und von Trafoi kommt, eine kleine Wirtschaft eröffnen, was man ihr bisher aber nicht erlaubte.“ Die Abfahrt vorne auf dem Kutschersitz war nichts für schwache Nerven: einmal nahe am Abgrund, dann wieder neben hohen Mauern, welche in regelmäßigen Abständen auf vier Meter Höhe Löcher aufwiesen. Hansi erklärte mir, dass dieser Teil einmal über vier Kilometer mit Holzgalerien überdacht war, damit die Fahrt im Winter sicher vor Lawinen war. Vorher sagte er, es hatte gleich hier unten bei der sechsten Kehre das erste gebaute Posthaus gegeben, „auf den Wendeln“ genannt. Gleich im ersten Winter wurde es mitsamt dem Postmeister und Gehilfen durch eine Lawine ins Tal geschleudert. Die Rieden waren nicht mit hölzernen Dächern abgesichert, weil dies nicht möglich war. Wir kamen kurz darauf an eine besonders ausgesetzte Stelle, die Hansi das „Jüngste Gericht“ nannte. Hier war die Lawinengefahr immens groß und es sollten schon einige schlimme Unfälle passiert sein. Kurz darauf stand ganz am Berg angelehnt ein

Ankunft der Post aus Bormio

weiß getünchtes Haus, das wie die Holzgalerien während der letzten Kämpfe von den Italienern angezündet wurde. Man hatte es vor wenigen Jahren mit den alten Balken der Lawinengalerien wieder aufgebaut. Die Straße befand sich in einem wesentlich schlechteren Zustand als auf der Veltliner Seite. Von oben bis unten fehlten alle Wehrhölzer und Zäune, und auch etliche Hangrutschungen waren zu sehen. Hansi erklärte mir daraufhin, dass es nur dem Einsatz der lokalen Postmeister zu verdanken ist, dass die Straße überhaupt befahrbar war. Die Tiroler Regierung wollte nach den Zerstörungen durch die Italiener die Straße nicht wiederherstellen, denn sie hatte nach dem Verlust der Lombardei keine strategische Bedeutung mehr. Auch für die übrigen Passagiere war diese Seite etwas Besonderes. Das laute und fröhliche Durcheinander der verschiedenen Sprachen wich plötzlich einer Totenstille, die bei jeder Kehre durch einige Seufzer unterbrochen wurde.

Ein Mordfall rückt die Straße ins europäische Rampenlicht

Als wir den längsten Steilhang abgefahren waren, stellte ich Hansi eine Frage, die mich schon länger beschäftigte: „Ist das hier der Ort, an dem ein Franzose seine Frau in den Tod gestürzt hat, und von welchem in allen Zeitungen seit Jahren berichtet wird?“ „Nein“, sagte er, „das ist weiter unten passiert, aber ich werde Ihnen etwas davon erzählen. Mein Cousin Anton und mein Onkel Franz Thöni, der Wegmacher, und weitere gute Bekannte waren involviert, als es geschah. Sie haben mir jeden Tag, wenn ich in Trafoi und Spondinig mit der Kutsche Halt machte, das Neueste erzählt.“ Daraufhin erfuhr ich in einem langen Gespräch, das bis zu unserer Ankunft in Trafoi dauerte, diese unglaubliche Geschichte.

„Gerade hier passierte es“, sagte Hansi etwas später: „Es war der 16. Juli 1876, ein Sonntag. Auf der ‚Langen Straße‘, wo einst die ‚Casetta‘, das kleine Rotterhaus, stand, das ebenfalls vor vielen Jahren von einer Lawine zerstört wurde, ließ der Franzose Tourville seine Kutsche umkehren und zur Franzenshöhe fahren, die man dort

Der Gerichtsakt im Staatsarchiv von Bozen

unten sieht. Der Kutscher Johann Kircher wäre gerne noch bis zum Joch gefahren, Tourville aber bemerkte, dass dies zu spät werde. Um 15.15 Uhr waren sie wieder auf der Franzenshöhe angekommen, wo sie bereits bei der Hochfahrt eine kurze Rast gemacht hatten."

Nachdem vor unserer Kutsche ein Stein mitten auf der Straße lag, wurde angehalten. Der Kutschergehilfe sprang vom Kofferbock und warf ihn über den Straßenrand. Daraufhin fuhr Hansi mit seiner Erzählung fort.

Tourville gab dann die Weisung, die Pferde einzustellen und eine Stunde zu füttern, da er und seine Frau Madeline, geborene Miller, zu Fuß gehen werden. Der Kutscher Johann machte aber die Einwendung, dass er das Futter in Trafoi habe und dahin vorausfahren wolle, womit Tourville einverstanden war. Herr und Frau stiegen ab, der Wagen fuhr voraus und sie waren nun allein auf der Straße, die sich dort in starken Serpentinen bergabwärts zieht. Kircher kam mit dem Wagen gegen halb 5 Uhr abends in Trafoi an. Es war mehr als eine Stunde seit der Ankunft des Kutschers vergangen, als Tourville allein in Trafoi ankam.

In gewöhnlichen Schritten, scheinbar ganz gelassen, einen Sonnenschirm ohne Griff unter dem Arm, begegnete Tourville vor Trafoi den beiden Mägden des Posthauses, Anna Asper und Theres Platzer; diese grüßten. Tourville erwiderte den Gruß lächelnd und ging auf das Posthaus zu. Josef Theiner, der Hausknecht, und die Kellnerin Maria Pinggera standen vor dem Tor und Tourville trat mit der Äußerung heran, dass ihm sehr heiß sei. Er verlangte ein Glas Wein und fragte nach dem Kutscher, als ihm Friedrich Ortler, der Postleiter und Schwager der Wirtin, mit der Frage, wo seine Frau sei, entgegenkam. Er erwiderte, *„dass seine Frau gefallen sei"*, und deutete auf die Schläfe, *„sich hier weh getan habe."* Als auch der Kutscher kam und fragte, ob er einspannen müsse, sagte ihm Tourville, „er solle 2 bis 3 Männer mit sich nehmen und die Straße ¾ Stunden weit hinaufgehen, seine Frau zu holen, sie sei unwohl und könne nicht herunterkommen". Daraufhin begab er sich in die Gaststube und bestellte Wein und Zucker. Unterdessen war auch die Wirtin Rosa Ortler Wallnöfer in das Zimmer gekommen und dieser erzählte Tourville, *„dass seine Frau immer kapriziert sei, dass sie zu Fuß gehen wollte, sie sei zu weit über die Straße hinausgegangen, mit dem Fuß auf einen Stein gekommen und hinuntergefallen"*.

Rosa holte daraufhin vier Männer, sie sollten seiner Frau zu Hilfe kommen. Obwohl alle, die Tourvilles Äußerungen vernahmen, bei der Gleichgültigkeit, mit welcher sie vorgebracht wurden, der Meinung waren, die Frau sei nur leicht verletzt. Erst jetzt, eine halbe Stunde nach seiner Ankunft, erklärte er sich bereit, die Helfer zu begleiten. In den Wagen stiegen auch der Finanzwachtoberaufseher Johann Zoller, Hansis Cousin Anton und Jakob Asper. Während der Fahrt bemerkte Tourville, dass seine Frau bei den roten Steinen gefallen sei. Als sie dort ankamen, ließ er die Kutsche aber eine halbe Stunde weiterfahren. Dort sah er über den Straßenrand und meinte, dass er sich wohl getäuscht habe, und ließ die Kutsche wieder umkehren bis zu den roten Steinen. Dort fanden Sie etwas unter der Straße den Strohhut und den Schleier der Frau, weiter unten ein blutbeflecktes Taschentuch, den abgebrochenen Griff des Sonnenschirms und Schleifspuren bis in den Klammbach. Ganz unten lag die Leiche der Frau. Sie kehrten zurück und brachten Tourville die traurige Nachricht. Dieser war gar nicht erstaunt und bot 200 Gulden, wenn sie die Leiche sofort hochbrachten. Zoller verbot dies und gab die Anordnung, alle Effekte am Fundort zu belassen. Er hegte den bestimmten Verdacht, dass die Dame von Trouville ermordet wurde, und ebenso war es seinen Begleitern unglaublich, dass die Frau allein an jene Stelle gekommen war, wo sie als Leiche gefunden wurde.

Nach seiner Rückkehr nach Trafoi setzte sich Tourville ins Gastzimmer und weinte, während Zoller dem Postleiter mitteilte, dass der Fremde überwacht und dem Bezirksgericht vorgeführt werden müsse. Tourville verlangte nach einem Offizier und erkundigte sich nach einem Telegrafenamt, da er sofort nach Innsbruck telegrafieren müsse. Er äußerte, dass er heute nicht in Trafoi bleiben werde, weil er nach Spondinig müsse, wo sich seine Kammerfrau und sein Gepäck befanden. Zoller durchsuchte Tourville und forderte ihn auf, die Handschuhe auszuziehen. Dabei entdeckte er Blut am Zeige- und Mittelfinger der rechten Hand, was Tourville auf die Steine zurückführte. Eine genaue Untersuchung ergab jedoch, dass Tourville keine Verletzungen an der Hand hatte.

In Begleitung der Finanzwache brachte man den Franzosen nach Spondinig, wo sie um halb 12 Uhr nachts eintrafen. Dort gab er an, einmal in die Schweiz, nach Mals zum Telegrafieren oder nach Bozen zur Besorgung seiner Kleidung fahren zu wollen. In seinem Zimmer erklärte Tourville der Zofe, dass seine Frau von einem Abhang gestürzt und tot sei. Dieselbe war sehr bestürzt und glaubte den Aussagen des Herrn nicht. Später wollte er keine weiteren Aussagen mehr machen, da er wenig Deutsch sprach. Am nächsten Tag wurde daher der Dolmetscher Adolf Schmid hinzugezogen.

Am nächsten Morgen traf der Bezirksrichter von Glurns, Ferdinand Pult, ein. Dabei stellte sich heraus, dass die Finger des Verdächtigen stark angeschwollen waren. Die Kommission brach mit mehreren Sachverständigen zur Absturzstelle auf, wo an der Straße die vierte Wehrsäule stand, und verzeichnete Blutspuren über eine Strecke von 64,5 Metern, die zu einer kleinen Ebene und dann zu einem steilen Abhang in den Klammbach führten. An der Stelle, wo sich das Terrain senkte, änderten sich die Blutspuren. Die Leiche von Madeline wurde in zerrissenen und verschmutzten Kleidern mit blutbefleckten, ledernen Handschuhen gefunden. Ihr Kopf war mit einem blutbeschmutzten Haaraufsatz bedeckt, und sie trug fünf Ringe, von denen zwei Diamanten fehlten.

Der Angeklagte sagte: „Dort hat sie die Gegend bewundert, während ich einige Schritte von ihr entfernt war." Er hatte vermutet, dass unter den Füßen seiner Frau ein Stein

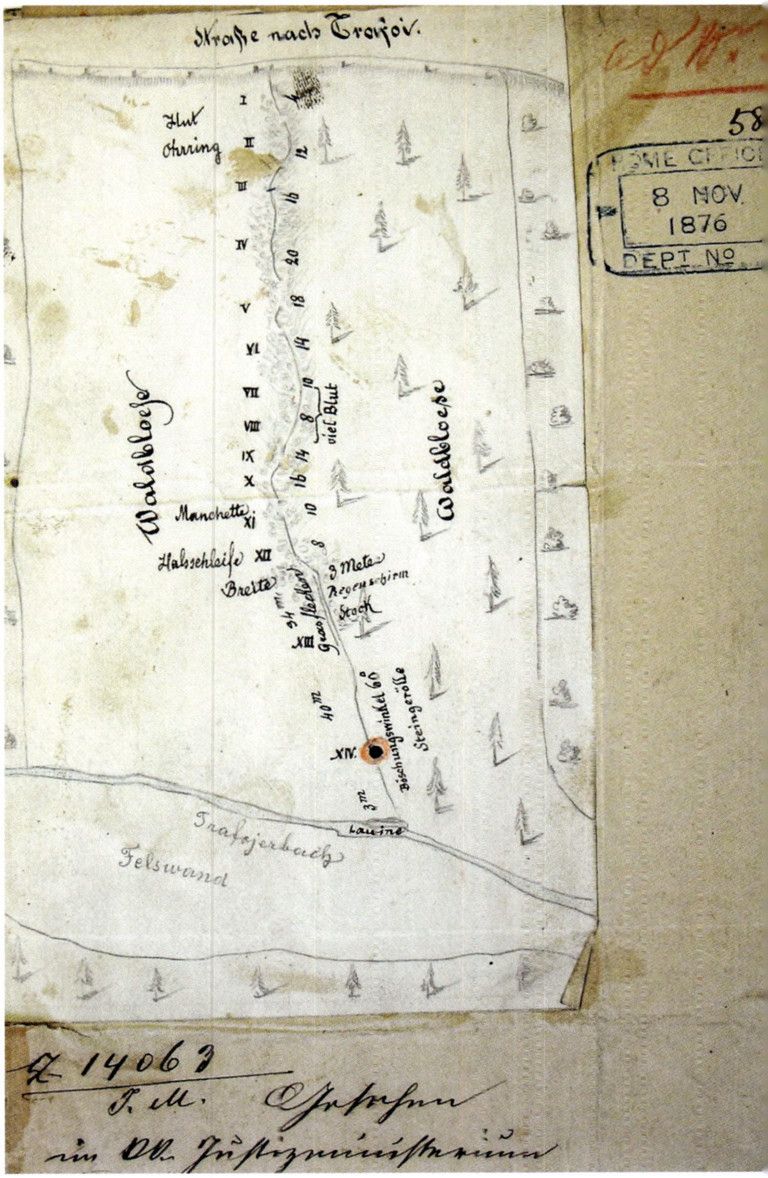

Die Absturzstelle von Madeline Tourville

gewesen sei und dass sie mit demselben über die Straße gestürzt sei. Dann bezeichnete er einen Baumstrunk, bis zu welchem seine Frau hinabgefallen sei. Er sei ihr nachgegangen und dann nach Trafoi geeilt, um den Wagen zu holen. Laut allen Sachverständigen war ein Absturz von dort bis zur Fundstelle niemals ohne Fremdeinwirkung möglich gewesen. Auch die vielen Blutspuren und aufgefundenen Gegenstände der Frau bewiesen etwas anderes. Er verwickelte sich in weitere Ungereimtheiten: dass sie schon weiter oben einmal abgestürzt sei, dass sie schon früher Selbstmordgedanken hegte, im Grunde keine gute

Die Franzenshöhe um 1890 und um 1905 mit dem neuen Alpenhotel Franzenshöhe

Person war, Ehebruch betrieben habe und sich von ihm scheiden wollte. Daraufhin beschloss die Kommission, die Leiche der Madeline zu bergen und in Trafoi beerdigen zu lassen. Tourville wurde nach Spondinig abgeführt und dort für weitere Untersuchungen unter Aufsicht gestellt. Vor der nach einigen Tagen von Bozen angereisten Gerichtskommission nannte er sich Henry De Tourville[23], gab sich als der Besitzer eines Vermögens mit einer Rente von 40.000 Gulden aus und bezeichnete ein Haus in London als sein Eigentum. Dann erzählte er dem Richter, dass er Vater eines Sohnes aus erster Ehe mit Henriette Brigham und in zweiter Ehe mit der nun

23 Sein richtiger Name war Henry Diedonnè Perreau, wie sich später herausstellte.

verunglückten Frau Madeline, geborene Miller, vermählt war. Fünf Tage nach der am 11. November 1875 erfolgten Trauung hatte er ein Testament zu Gunsten seiner Frau erstellt und dasselbe am 3. Juni des vorigen Jahres widerrufen, weil ihm seine Frau den Inhalt ihres eigenen, bei der Vermählung errichteten Testaments nicht gezeigt hatte. Er hatte daraufhin mit seiner Frau England verlassen und den Winter in Nizza zugebracht und wollte Anfang April nach England zurückkehren, als im Januar 1876 ein Brief des Kriegsbeamten Warwick Hunt aus London an seine Frau in Nizza eintraf, nach welchem die Gattin Hunts diesen auf Ehescheidung geklagt hatte und Frau Tourville mit anderen Personen beschuldigt wurde, mit Hunt „Ehebruch getrieben zu haben". Tourville kam in den Besitz dieses Briefes und benutzte diese Angaben in der Folge als Hauptargument für den Willen Madelines, Selbstmord zu begehen. Sie hatte aber gegenüber allen ihren Freundinnen immer behauptet, in dieser Sache niemals involviert gewesen zu sein und dass sie diese Anschuldigung gar nicht berührten.

Bei den folgenden Verhören erzählte er den Richtern immer wieder abweichende Vorkommnisse und dass sie beim Absturz viele wertvolle Gegenstände verloren hatte. Er wurde nochmals zur Absturzstelle geführt und dort zeigte er den Untersuchenden den Steig der Straßenabkürzung nach der oberen achten Kehre, wo sie angeblich das erste Mal abgestürzt sei. „Mein Cousin Anton", sagte Hansi, „fand dort auch die Uhr und weitere Gegenstände, aber so versteckt, dass diese ein Wanderer nicht erblicken konnte." Die Richter nahmen an, dass Tourville nach der Tat mit einigen Preziosen und der Uhr bis dorthin gegangen ist, um seine These des zweimaligen Absturzes zu verstärken und um bei einem glimpflichen Ausgang des Verfahrens diese zu einem späteren Zeitpunkt einzusammeln.

Es war 13.15 Uhr geworden und wir waren mit unserer Kutsche auf der Franzenshöhe angelangt, die erste Poststation auf Tiroler Seite. Der Platz vor der Gastwirtschaft war voll mit Kutschen und Karren. Hansi versorgte seine Pferde und wir konnten eine Stunde Mittagspause machen. Die Wirtschaft wurde vom Postmeister Wallnöfer von der Alten Post in Prad geführt. Das Haus gehörte der Straßenverwaltung Ärar, welche nicht sehr viel für die Instandhaltung tat. Im verflossenen Winter hatte eine Lawine das Haus arg beschädigt und es war noch nicht ganz hergestellt. Das Essen hatte jetzt einen Tiroler Einschlag, der Wein aber kam aus dem Veltlin. Jetzt war ein Wallnöfer dabei, neben dem Stall der Glurnser Almwirtschaft ein weiteres Gebäude aufzustellen, welches auch als Wirtschaft dienen sollte. Ich lud Hansi zu einem Glas ein, welches er mit viel Wasser verdünnte. Eigentlich durften die Postillione keinen Alkohol trinken, aber in dieser Höhe bei den oft vorherrschenden winterlichen Verhältnissen hatte jeder ein kleines Fläschchen mit Hochprozentigem dabei. Hansi erzählte mir, dass hier bis zu den Aufständen der Italiener nur Veltliner Straßenaufseher und Arbeiter gelebt hatten. Lediglich das Postamt und die Zollstation wurden von Tirolern geführt. Auch dieses Haus wurde einige Male von Lawinen getroffen. Ganz schlimm war es 1836. Zum Jahresende wurden sein Großonkel Johann und der Sohn des Straßenwärters Casnati auf dem Heimweg von der Mitternachtsmette kurz unter dem Haus von einer Lawine verschüttet. Sie konnten erst Monate später im Tal gefunden werden. Während der ersten italienischen Aufstände wurden dieses Haus und die weiter unten liegende Cantoniera del Bosco von den Freischärlern in Brand gesetzt.

Kurz vor 14 Uhr ging es wieder los. Der letzte Abschnitt bis Trafoi lag vor uns. Einige Kehren weiter unten sah man die ersten Bäume. Was aber alle bewunderten, war der links herabfließende Gletscherstrom des Madatsch. Er war so gewaltig und zerklüftet, dass er alle in seinen Bann zog. Hansi sagte, er habe sich ein bisschen zurückgezogen. Beim Straßenbau drückte er noch an den Berghang unter der Straße und verursachte dort – unterhalb der Cantoniera del Bosco, die wir weiter unten treffen – eine größere Hangrutschung. Ebenso großartig war der hintere Ortler-Gletscher, dessen unteres Ende man gar nicht erkennen konnte.

Ich machte wieder eine kleine Bemerkung zum Franzosen und Hansi setzte seine Schilderungen fort.

In den folgenden Tagen lieferte Tourville immer wieder neue, unglaubwürdige Beschreibungen des Tathergangs, und als man ihn darauf ansprach, behauptete er, dass dies nicht stimme. Man habe ihn wohl nicht verstanden.

Doch die Tiroler Untersuchungskommission war hartnäckig: Sie glaubte ihm nicht, untersuchte die Absturzstelle erneut und befragte auch alle in der Gegend um die fragliche Zeit anwesenden Gäste, Bauern und Hirten. Gäste konnten bestätigen, dass sie die beiden in der Nähe der Absturzstelle getroffen und begrüßt hatten, worauf der Gruß freundlich erwidert wurde und nichts auf das folgende tragische Ereignis hinwies.

Der Madatsch-Gletscher 1880 und 2021

Nähere Auskünfte konnte der Hirte der Madatschalpe, Anton Gutgsöll, geben. Er war der letzte Zeuge, der Frau Tourville lebend sah. Er beobachtete das Paar, als es sich auf der 9. Serpentine bei der Cantoniera näherte. Die Dame ging voran, gefolgt vom Herrn, etwa zwei Schritte hinter ihr. Gutgsöll, der keine Weiderechte auf der gegenüberliegenden Seite des Klammbachs hatte, wartete am rechtsseitigen Ufer und beobachtete die Fremden. Als sie die Straßenecke beim Kreuz „am Sitze" erreichten, war Gutgsöll bereits mit seiner Schafherde auf der Straße angekommen. Er konnte von dort aus nicht sehen, was genau hinter der folgenden Straßenbiegung passierte. Tourville behauptete später, dass sich seine Frau erschöpft und über Müdigkeit klagend an eine Wehrsäule gelehnt habe. Er habe sie vergeblich aufgefordert, sich auf die andere Seite der Straße zu setzen. Allerdings stellt Anton Gutgsölls Aussage die Unwahrheit dieser Behauptungen heraus. Gutgsöll, der weniger als 150 Meter entfernt war und nach Tourvilles ersten Angaben eine Dreiviertelstunde entfernt gewesen wäre, hätte Hilfe und einen Wagen aus Trafoi herbeibringen können. Tourvilles Darstellung der Ereignisse wird durch Gutgsölls Zeugenaussage widerlegt. Diese stützen die Argumentation gegen Tourvilles Behauptungen über die Selbstmordabsichten seiner Frau und ihre angebliche Verletzung von der ersten zur zweiten Absturzstelle.

Als wir weiter unten am sogenannten Sitz angekommen waren, verlangsamte Hansi die Fahrt. Sein Gehilfe sprang von der Gepäckablage und zog die Bremsklötze an. Alle Gäste stiegen aus und begutachteten die Absturzstelle. Neben dem Wehrpfosten stand ein kleines Kreuz. Jeder hatte etwas aus den Zeitungen erfahren und konnte sich vergewissern, dass ein tödlicher Absturz aus dieser Position niemals möglich gewesen wäre. Der Mitreisende mit dem Fotoapparat konnte auch ein Bild von der Stelle mit dem Ortler im Hintergrund machen. Bald mussten wir weiterfahren, denn auch andere Fahrzeuge wollten an dieser Stelle halten. Dann kamen wir am Weißen Knott vorbei, einem schönen Aussichtspunkt auf den Ortler-Gletscher und die Trafoier Berge. In der Ferne sah man die Ötztaler Weißkugel. Hier standen eine kleine Wirtschaft und ein Denkmal für den Erstbesteiger des Ortlers im Jahr 1804, das Pseirer Josele. Es war 1884 vom Österreichischen Alpenclub aufgestellt worden.

Was geschehen war, und alles über den weiteren Verlauf der Verhandlungen fand ich in der Folge in den vielen Zeitungen, welche aus den Prozessakten zitierten:

H. D. Perreau – Henry De Tourville

Dort wo die Reihe der Straßensäulen gegen das Kreuz „am Sitze" noch vier derselben zählt, stieß Henry Tourville seine Gattin plötzlich und unversehens von der Straße auf das Steingerölle, sprang im nächsten Momente nach, führte einen wuchtigen Schlag mit einem Steine, ein zweiter folgte – das Opfer widerstand nicht, – und rasch wiederholte er die Schläge auf die Unglückliche, welche der plötzliche Fall und der Schrecken lautlos, die Schläge aber in wenigen Sekunden bewußtlos gemacht hatten. Damals schon war die Gehirnerschütterung eingetreten und die Schläfenarterie verletzt worden, eine bedeutende und anhaltende Blutung und der Tod waren die nothwendigen Folgen des Gewaltaktes.

Der Mord wurde demnach auf eine Art und unter Umständen ausgeführt, welche Vorsicht und Vertheidigung geradezu unmöglich machten, es war ein Meuchelmord. Auf dem Terrain zwischen der Stelle, wo der Hut der Ermordeten lag, und der Straße wurde die Tat vollbracht, und nun schritt

Henry Tourville zur Verschleppung der Sterbenden. Er fasste sie an den Händen und zog sie selbst vorausgehend über das Steingerölle nach abwärts. Bald war der Körper aus der Sichtweite der Straße gebracht, dann nahm er derselben die Wertgegenstände und Effekten ab, und rasch ging es nun über das bald mehr bald weniger geneigte Terrain der Tiefe zu bis zum Abhang 113 Meter unter der Straße. Hier trennte sich Tourville von seiner Gattin, ein Stoß und sie musste über das Sandlager und den fast eben eingelagerten Felsen bei einer Neigung von 35–41 Grad von selbst dahin abfallen, wo sie als Leiche gefunden wurde. Der Verschleppung des Körpers folgte die Übertragung der Effekten und Pretiosen, die Tourville bis auf den Sonnenschirm in seinen Kleidern unauffällig verbergen konnte, auf die angebliche erste Absturzstelle, endlich die Rückkehr nach Trafoi.

Das überraschende Urteil

Die Vorlage von Briefen, in welchen Angaben über Selbstmordgedanken von Madeline gemacht wurden, sowie sein angeblich großes Vermögen und das Auffinden der Effekte der Frau an der angeblichen ersten Absturzstelle waren die Gründe, welche die Gerichtskommission zum Beschluss führten, die Verfolgung Tourvilles einzustellen, ihn in Freiheit zu setzen und die Preziosen auszuhändigen.

Am 23. Juli war er frei, fuhr zuerst nach Trafoi, wo er ersuchte, die Leiche exhumieren zu lassen, und dem untersuchenden Arzt seine Theorie des Selbstmordes aufdringen wollte. Er verteilte großzügige Trinkgelder und ließ sogar für die Gendarmen etwas zurück. Am nächsten Tag war er in Innsbruck im Tiroler Hof, von wo aus seine Reise zum Stilfser Joch vor Tagen ausgegangen war. Dort sagte die Kammerzofe Sarah Clapinson zum Hoteldirektor, dass sie überzeugt war, dass er seine Frau umgebracht habe. Er blieb dort bis zum 9. August, dem Tag, als seine Frau exhumiert wurde, und fuhr dann nach London zurück, wo er am 17. August ankam. Dort versuchte er weiterhin, die These des Selbstmordes zu verbreiten, die ihm aber keiner abnahm.

Die österreichischen Behörden hatten zwischenzeitlich die englischen Gerichte um weitere Auskünfte über den Franzosen ersucht, die auch noch im August eintrafen. Die Angaben überraschten alle. Der Angeklagte war nicht Henry De Tourville, sondern Henry Dieudonnè Perreau aus Valenciennes in Frankreich. Er hatte ein wenig studiert und lange Reisen unternommen. Auch ein kleines Vermögen von seiner Tante hatte er geerbt. In London versuchte er eine gute Partie zu heiraten, gab sich als reicher Grundbesitzer aus und fand diese in der Tochter der Witwe Elise Brigham, Henriette. Im Heiratsvertrag von 1867 ist die Mitgift seiner ersten Frau mit 30.000 Francs an Eigentum und Mobilien mit 17.000 Francs angegeben, obgleich Tourville kein Vermögen besaß. 1868, als er mit seiner ersten Frau und der Schwiegermutter von einer größeren Reise aus Europa zurückkam, war er mit Elise im Salon und reinigte seinen Revolver. Er behauptete, dass Elise ihn ersucht hatte, die Waffe zu erklären. Daraufhin legte er die Patronen ein. Dann habe ihm die Frau den Revolver aus der Hand genommen, den Hahn gespannt und die Nadel

Trafoi, rechts in der Bildmitte der Gasthof Alte Post, erbaut 1869 und 1937 durch eine Lawine zerstört, davor das ältere Gasthaus Rössl

Das Marterl

einige Male gedrückt, sodass sie tödlich an der Schläfe getroffen wurde. Es wurden Untersuchungen eingeleitet, die klar feststellten, dass sich die Frau selbst niemals diese Schussverletzungen beigebracht haben konnte. Am 30. Juni 1871 starb auch die erste Gattin Tourvilles, Henriette Brigham, sie hinterließ dem einzigen Sohn aus der Ehe mit Tourville ihr großes Vermögen.

Die Größe des Verbrechens, die kaum zu fassende Kühnheit der Ausführung, die vollendete Verstellungskunst Perreaus und hauptsächlich der Umstand, dass scheinbar jedes Motiv fehlte, weil Perreau als reicher Gutsbesitzer galt, veranlasste den Urteilsspruch der Jury auf Tod durch unglücklichen Zufall – ein Spruch, der gewiss nicht erfolgt wäre, wenn die Geschworenen den als hochmütig, finster und frech geschilderten Charakter und das Vorleben Perreaus gekannt hätten.

Tourville – wie wir ihn nennen – bemühte sich sogleich um eine neue gute Partie und fand sie nach langen Versuchen in der 47-jährigen Madeline Miller, Tochter des verstorbenen englischen Schiffskapitäns William Miller und Witwe eines Herrn Friedrich Picke. Sie verfügte über ein Vermögen von 70.000 Pfund. Er bestand auf Errichtung eines Ehevertrages. Sie weigerte sich, unterzeichnete aber am Tag ihrer Hochzeit, den 11. November 1875, ein Testament, in welchem sie ihn zum Universalerben einsetzte, wodurch Tourville nach ihrem Tod, Herr eines Vermögens von 37.000 Pfund = 370.000 Gulden werden sollte. Tourville kam seiner Gattin entgegen. Er errichtete wenige Tage später ein Testament, in welchem er in seinem Todesfall seiner Frau eine Erbschaft von 60.000 Pfund = 600.000 Gulden vermachte, ein Vorgang, der auch gegenüber seinem einzigen Sohn aus der Ehe mit Henriette nicht zu entschuldigen war, obwohl Tourville kein Vermögen besaß und seine jährlichen Einkünfte aus dem Nachlass der ersten Frau bei seinem Aufwand kaum Ersparnisse erlauben konnten.

Nachdem man in London vom Tod der Madeline erfahren hatte, kamen weitere erschreckende Vorkommnisse und Beschuldigungen Tourvilles zu Tage, unter anderem auch ein Brief von Madeline an eine Bekannte, in dem sie schrieb:

„Ich werde niemals Selbstmord begehen, und wenn Sie von meinem Tode hören, sollen Sie wissen, dass ich ermordet wurde."

Die Tiroler Behörden stellten weitere Untersuchungen an, und als sie die Unterlagen aus London erhielten, suchten sie um eine Auslieferung des Angeklagten an, da über einen Fremden, der auf dem österreichischen Staatsgebiet ein Verbrechen begangen hatte, nach den bestehenden Strafgesetzen das Urteil hier zu fällen war. Am 30. Dezember wurde er in London verhaftet und nach Bozen überführt.

In Bozen begann der neue Prozess am 19. Juni 1877, der sich über viele Tage hinzog. Der Angeklagte wurde von einem Staranwalt verteidigt. Anwesend waren auch Vertreter der englischen Gerichtsbarkeit, englische und französische Zeugen sowie Rechtsanwälte und Bekannte des Opfers. Herr Clarke, königlich-englischer Polizeioberinspektor, hatte sogar den Schädel der Schwiegermutter Bringham mitgebracht. Bei der Untersuchung desselben fiel auf, dass die Kugeln von hinten in den Kopf eingedrungen waren, und es unmöglich war, dass sie sich selbst diese Verletzungen hätte zufügen können. Es wurden nochmals die ganzen früheren Jahre Tourvilles geschildert. Auf Fragen dazu gab er widersprüchliche Antworten.

24 Die Stadt Gradiska liegt im Norden von Bosnien-Herzegowina an der Grenze zu Kroatien.

In der aufregenden Gerichtsverhandlung wurde ein Akt verlesen, der auf einen Brand im Hause Tourville am 24. April 1871 hinwies. Dabei wurde das Kind aus erster Ehe von Tourville von einem Polizisten gerettet, während der Vater scheinbar nur um seine eigene Sicherheit besorgt war. Interessanterweise war der Brand im Salon angeblich zufällig ausgebrochen, obwohl Tourville kurz zuvor seine Möbel für 8000 Pfund Sterling versichert hatte. Der Angeklagte behauptete jedoch, dass er das Kind aus dem Fenster gehalten habe, um es vor dem Feuer zu schützen. Neue Zeugen und Aussagen von Zeuge Clarke, der von einem Polizisten informiert wurde, warfen jedoch Zweifel auf. Der Polizist fand Tourville im brennenden Zimmer, das Kind in Gefahr, doch Tourville schien scheinbar gleichgültig. In der hitzigen Verhandlung stellte der Vorsitzende die Frage, ob der Brand wirklich ein Unfall war. Clarke gab an, dass es kein Zufall war, und beschuldigt Perreau, das Feuer gelegt zu haben, um seinen eigenen Sohn zu verbrennen, der ein Vermögen geerbt hatte. Die Behauptung sorgte für Aufregung im Saal und sogar der Angeklagte reagierte sichtlich betroffen. Der Vorsitzende fragte, warum die Behörden nicht intervenierten, als der Verdacht aufkam. Der Zeuge erklärte, dass London zu groß sei und Informationen über solche Vorfälle oft erst spät bekannt würden.

In den folgenden Tagen wurden alle an den Voruntersuchungen und zur Tatzeit anwesenden Personen befragt und alles erneut bis auf das kleinste Detail aufgerollt. Nach dem achten Verhandlungstag am 25. Juni (Abend) fuhr die Kommission nochmals nach Trafoi zur Kontrolle des Terrains, der Distanzen und Zeitabläufe. Von dort kamen sie am 28. Juni zurück nach Bozen, wo sie die Verhandlung am 29. fortsetzten. Zuerst kamen die Ankläger zu Wort und am 1. Juli die Verteidigung. Daraufhin zogen sich die Geschworenen zur Beratung zurück. Das Ergebnis war eindeutig: Es ergab elf Stimmen gegen eine auf schuldig des Gattenmordes, ausgeführt in heimtückischer Weise.

Wir waren in Trafoi beim Posthotel angekommen. Daneben stand das alte Wirtshaus Zum Rössl, das erste Gasthaus von Trafoi. Von hier waren die Freunde von Hansi zur Bergung der Leiche aufgebrochen. Die fünf Engländer stiegen aus und nahmen hier Quartier. Sie wollten in den nächsten Tagen den Ortler besteigen. Ich musste meinen schönen Platz für den Postillonsgehilfen räumen und fuhr bis nach Spondinig, wo ich um 5 Uhr ankam und mein Zimmer bezog. In der Gaststube fand ich ein schön gebundenes großes Werk, in dem man sehr viele Zeitungsausschnitte vom Mordfall gesammelt hatte. Ich konnte es den ganzen Abend durchsehen und habe mir noch etliche Notizen gemacht. Erst jetzt war mir klar, weshalb dieses Ereignis so viel Aufmerksamkeit erzeugt hatte und die vielen sensationshungrigen Gäste in diese Gegend lockte.

In Bozen war während des Prozesses eine große Anzahl englischer, französischer und deutscher Berichterstatter anwesend. Diese vernahmen das Urteil, in welchem der Angeklagte zum Tode durch den Strang verurteilt wurde. Später hat ihn der Kaiser begnadigt und die Strafe in einen 18 Jahre schweren Kerker umgewandelt. Zuerst kam er in die Haftanstalt Gradiska[24], wo er durch Bestechung eines Aufsehers beinahe entkommen wäre. Daraufhin wurde er in Karlau bei Graz inhaftiert. Dort starb er 53-jährig Anfang 1890 an einem schweren Unterleibsleiden.

In den Innsbrucker Nachrichten war zu lesen:

Tourville, welcher in der Strafanstalt Gradiska eine fünfzehnjährige Kerkerstrafe abbüßt, hat, wie aus Graz berichtet wird, sein ganzes bedeutendes Vermögen verloren. Das Bankhaus, bei dem das Vermögen eingelagert war, ist pleite gegangen und der Direktor desselben ist in die neue Welt durchgebrannt. Für Tourville soll nicht einmal mehr so viel übrig sein, dass er sich gewisse Erleichterungen, welche er sich bisher auf seine Kosten verschaffen durfte, erlauben darf. Er soll sich in der Strafanstalt zu einem Schriftsetzer herangebildet haben.

Als er ins Gefängnis kam, gab er seinem Freund Poole die Erlaubnis, Geld von seinem Vermögen in London abzuheben. Dieses Vermögen hatte er von seiner ersten Frau Henriette Elise Bringham und von der ermordeten Madeline geerbt. Gleich am Anfang wurden 4000 Pfund abgehoben und später weitere. Die Verwandten von Madeline sträubten sich dagegen. Sie stellten fest, dass es nicht sein kann, dass eine schmählich getötete Frau für die Verteidigung ihres Mörders zu sorgen hatte. Es kam zu einem weiteren langwierigen Prozess, in welchem der Oberste Englische Gerichtshof entschied:

„Als Tourville das Geld behoben ließ, war er bloß ein Angeklagter und noch immer kein Verurteilter, und somit war Tourville vollkommen berechtigt, von dem Vermögen seiner Frau die Mittel zu seiner Verteidigung zu nehmen."

Madeline hatte ein Testament verfasst, in dem sie den größten Teil des Erbes, welches auf 65.000 bis 70.000 Pfund geschätzt wurde, ihren Freunden, Bekannten und ihrem Dienstmädchen vermacht hatte. Nur ein kleiner Rest war für Ihren Gatten bestimmt.

Über diesen Mordfall wurde in allen europäischen Zeitungen über mehrere Jahre berichtet. Mehr als 1000 Zeitungsartikel erschienen. Auch die Gerichtsakten sind sehr umfangreich, ausgestattet mit englischen und französischen Unterlagen. Dies hat zu einem starken Zustrom von internationalem Publikum zur Stilfser-Joch-Straße geführt. Anstelle des schlichten Holzkreuzes wurde bei der Wiederherstellung der Straße einige Jahre später in die Mauer eine Gedenktafel eingesetzt.

25 Abschnitt übernommen aus dem Buch: Arthur Gfrei, Die Stilfser-Joch-Straße, Athesia-Tappeiner Verlag, Bozen 2023.

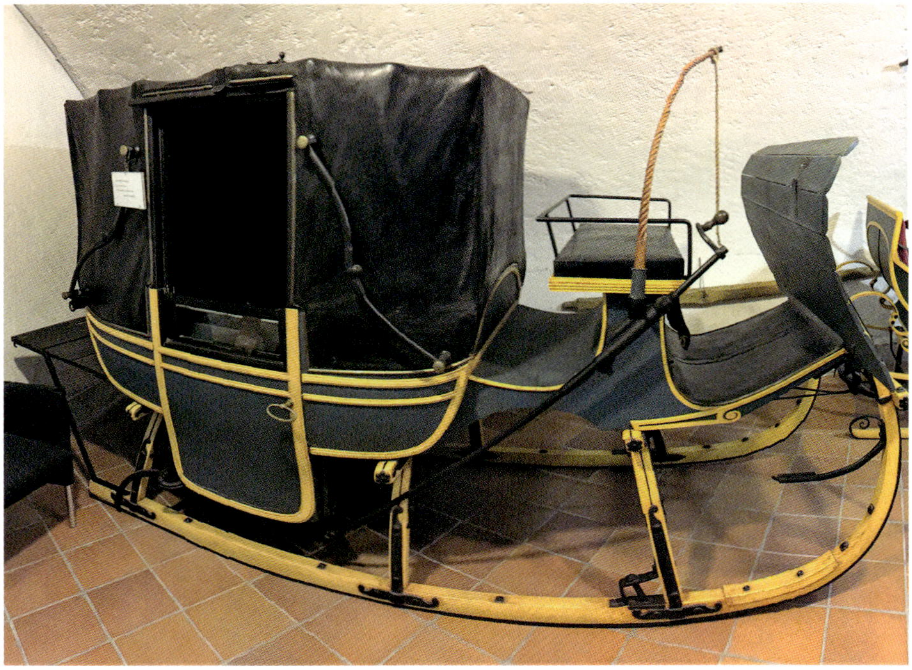

Rechts: Ein Schlitten

Unten links: Eine Kutsche für zwei bis drei Personen

Unten rechts: Die Postkutsche Stelvio von den Bädern in Bormio war bis Kriegsausbruch in Betrieb. Sie wurde von fünf bis sechs Pferden gezogen und beförderte bis zu zehn Personen mit Gepäck.

DIE LÄNDERGRENZEN AM STILFSER JOCH

Grenze Italien–Schweiz[25]

Der Straßenbauingenieur Carlo Donegani hatte in seinen Plänen und Ausführungen stets behauptet, dass die Straße auf lombardischem oder Tiroler Territorium verlaufe. Ob dies tatsächlich der Fall war, bleibt zweifelhaft. Insbesondere die Verlegung des letzten Straßenabschnitts unter dem Joch bis zur ersten Kehre könnte zu einer geringfügigen Grenzüberschreitung geführt haben. Der Autor dieses Buches vermutet, dass die höchste Kehre auf Veltliner Seite vor dem Joch tatsächlich nach der Änderung der ursprünglichen Trasse auf Schweizer Territorium gebaut wurde, jedoch ohne die Schweizer Behörden darüber zu informieren. Wahrscheinlich haben diese es nicht einmal bemerkt. Diese Kehre wird im Volksmund als Tornante Svizzero, also Schweizer Kehre, bezeichnet.

Der Ingenieur verlegte den Verlauf der Straße im letzten flachen Abschnitt vor dem Joch in der endgültigen Zeichnung unter die Dreisprachenspitze. Er wollte den großen Schneemassen und Lawinenabgängen vom Monte Scorluzzo ausweichen und hielt die ursprünglich geplante Überdachung in diesem flachen Gelände für überflüssig. Donegani wurde auf Anweisung aus Mailand hin beauftragt, den Grenzverlauf von der Dreisprachenspitze bis zum Monte Subasta (Umbrail) zu untersuchen. Dabei stellte er fest, dass zwei Grenzsteine fehlten. Nur der Grenzstein an der Dreisprachenspitze zwischen Tirol, der Schweiz und der Lombardei stand noch. Auf Ferrantis Plänen von 1812 waren die fehlenden Steine noch deutlich eingezeichnet. Donegani behauptete, dass die Löcher der verschwundenen Steine noch gut erkennbar waren. Er schlug der Generaldirektion vor, sie wieder aufzustellen. Der Grenzverlauf, der unter Ferranti zwischen dem ersten und zweiten Stein eine gerade Linie aufwies, erhielt daraufhin einen kleinen Knick, und die erste Kehre unter dem Joch befand sich eindeutig auf lombardischem Boden.

Die Grenzverläufe zwischen der Schweiz und dem Veltlin führten immer wieder zu Streitigkeiten. Wiederholte Versuche in der Vergangenheit, diese zu lösen, blieben ohne Einigung. Der Hauptgrund dafür waren die Besitzansprüche der beiden Staaten. Österreich und später das faschistische Italien bestanden darauf, dass die Grenze entlang der Wasserscheide verlaufen solle. Die Graubündner lehnten dies kategorisch ab, da für sie die Grenzen unantastbar waren und sie dadurch größere Gebiete verloren hätten.

Am Stilfser Joch wurde der kleine Grenzstreit im Jahr 1863 gelöst.

Abkommen zwischen Italien und der Schweiz über die Festlegung der Grenze zwischen der Lombardei und dem Kanton Graubünden. Heute den 27/08/1863 in der Provinz Sondrio bei Tirano und an der Grenze Italien-Schweiz, im Tal des Flusses von Poschiavoino, im Gebäude, welches vom italienischen Staate errichtet, und welches zurzeit den Wachposten der Bersaglieri dient, und ebenfalls Unterkunft für die Zöllner bietet, errichtet neben den Ruinen des Kastells von Piattamala, erbaut von Lodovico il Moro und zerstört von den Graubündnern, haben sich die folgenden italienischen Kommissäre versammelt: Cavaliere avv. Carlo Brunet, Abgeordneter vom Parlament, Bürgermeister der Stadt Cuneo; Marchese Carlo Colli di Felizzano, Oberst der Heeresführung; Giovanni Nicolao, 1. Sekretär vom Finanzministerium. Die Kommissäre der Schweiz Luigi Enrico Delarageaz, Oberst der Artiglierie und Nationalrat, Pietro Corradino Plantaq, Abgeordneter des Kantons Graubünden im Nationalrat. […] Auf dem Stelvio.
Am 24. starteten die Kommissäre früh am Morgen von Chiavenna und erreichten spät Abend Bormio (Bagni/Bäder) um am nächsten Tag den Monte Stelvio zu erreichen dessen Übergang auf 2.814 m über dem Meere liegt. Um 1 Uhr Nachmittag des 25. befanden sich die Kommissäre am problematischen Punkt, und zwar: an der letzten Kurve der Straße an einer Stelle die nicht mehr als 500 Meter ca. vom Scheitelpunkt entfernt ist, wo sich der Grenzpunkt, der Tirol von Italien trennt befindet, errichtet im Jahre 1828 und auf welchem die Höhe über dem Meere angegeben ist. Der Streitpunkt besteht darin, da man annahm, dass sich die letzte Kurve der Straße zum Stilfserjoch von der Regierung der Lombardei so ausgeführt wurde, dass sie sich auf Helvetischem Territorium befindet. Nachdem man die Stelle sowie die Passhöhe, welche bereits mit Schnee bedeckt war, untersucht hatte, trafen sich die Kommissäre in der Schenke der letzten Cantoniera, welche sich am Pass befindet. Unter Berücksichtigung der gegenseitig vorgetragenen Betrachtungen und mit unterschriebener Ermächtigung legten sie fest und bestätigen wie folgt:

1. Die italienische Straße, welche vom Stelvio herunterführt, verläuft vollständig auf italienischem Boden.
2. An äußerster Stelle der letzten Kurve auf der linken Seite bergaufwärts, zum Felsen hin wird ein Grenzpunkt gelegt auf diesem wird mit den Worten – confine Italo-Elvetico – angezeigt, dass an dieser Stelle die Grenze zwischen Italien und der Schweiz verläuft.[26]

Der Grenzstein an der letzten Kehre wurde wiederholt bei den Schneeräumungen beschädigt, sodass man darauf verzichtete, ihn jedes Mal zu erneuern. Dieser Stein steht heute in Chur vor dem Kommando der Grenzwache. Ersetzt wurde er durch eine schlichte Plombe.[27]

Der Grenzstein Nr. 1 mit dem Autor

26 Trattati e convenzioni fra stati fra il Regno d'Italia e gli stati esteri 1863 (Übersetzung).

27 David Accola, Schweizer Fachmann für Kriegsgeschehen am Umbrailpass.

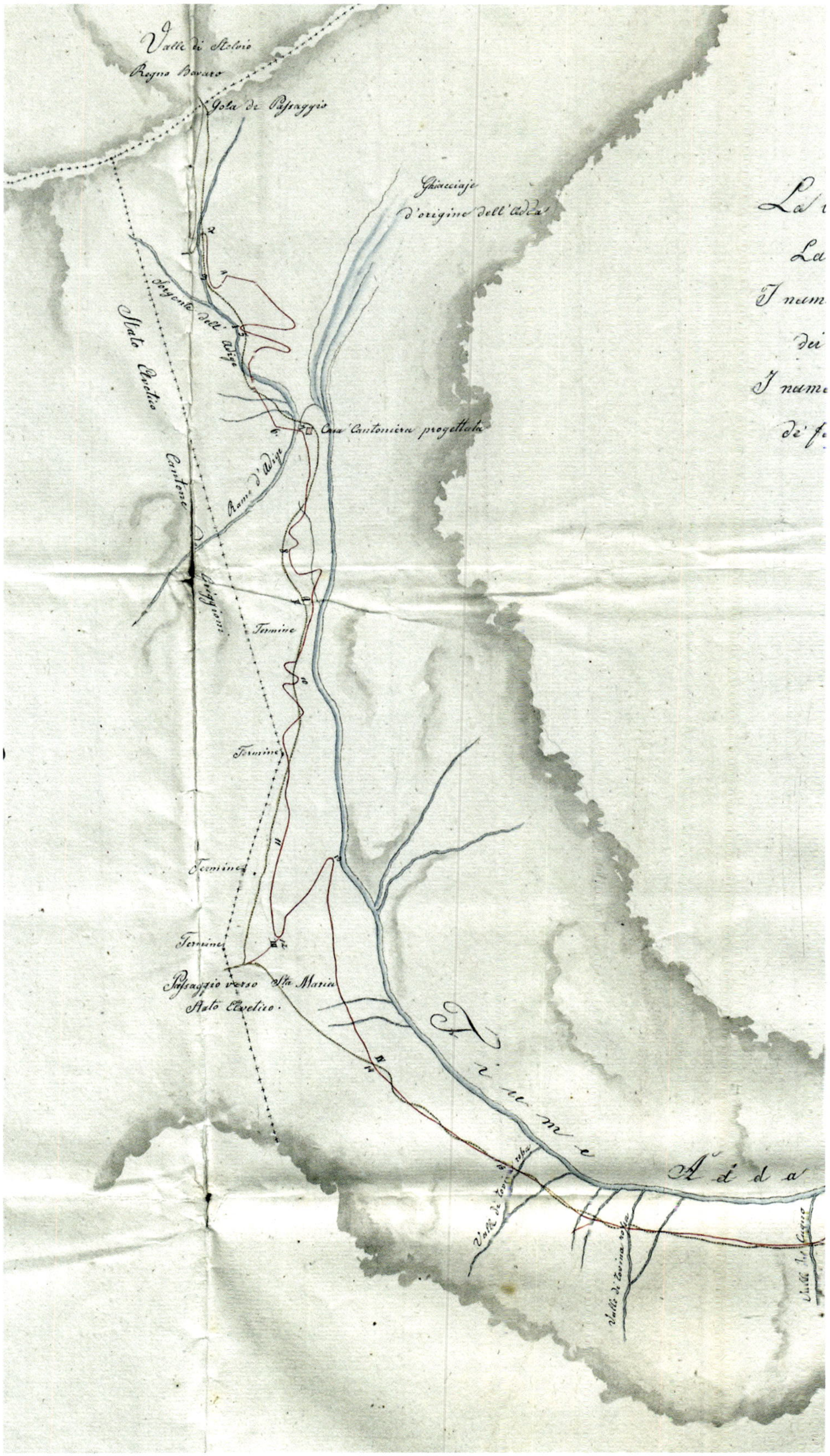

Grenzverlauf (gepunktet) nach Ing. Filippo Ferranti, erhoben 1812 unter französischer Herrschaft mit dem von ihm vorgeschlagenen Straßenverlauf von der IV. Cantoniera (Santa Maria) zum Joch

Grenzstein II und die Panoramaplatte auf der Dreisprachenspitze

Grenze Österreich–Schweiz

Im Jahr 1909 beschlossen Österreich und die Schweiz, den Grenzverlauf von der Dreisprachenspitze bis zur Korspitze durch die Aufstellung neuer Grenzsteine festzulegen. Die Vorbereitungsarbeiten zogen sich bis 1910 hin, wurden jedoch aufgrund eines frühen Schneefalls auf 1911 verschoben. Am 22. August 1911 wurde der Grenzverlauf mit einem Protokoll und einer Vor-Ort-Besichtigung festgelegt.

Anwesend waren von Seite der k. u. k. österreichisch-ungarischen Regierung die Herrn:
Dr. Georg Pockels, k.u.k. Ministerialrath im Ministerium des Innern,
Heinrich Tschurtschenthaler von Helmheim, K. u. k. Feldmarschallleutnant,
Franz Vesel K. u. k. Evidenzhaltungs-Oberinspektor
und von Seite der Schweizerischen Eidgenossenschaft die Herren:
Ingenieur Wilhelm Schule, Chef der kartographischen Sektion der Abteilung für Landestopographie als Vertreter des Schweizerischen Bundesrates.
Peter Konradin Planta, Major, als Vertreter des Kantons Graubünden,
sowie als Schriftführer Herr Dr. Heinrich Montel, K. u. k. Statthaltereisekretär im Ministerium des Innern.

Im Auftrage der K. u. k. österreichischen Regierung und der Schweizerischen Eidgenossenschaft. versammelten sich die oben genannten Delegierten am 22. August 1911 um 10:00 Uhr vormittags auf der Dreisprachenspitze unter Beiziehung des Vorstehers der Gemeinde Stilfs, Andreas Schöpf, des Gemeinderates Rudolf Schwarz, von der Gemeinde Glurns und des K. u. k. Waldaufsehers Florin Pinggera, sowie des Präsidenten der Gemeinde Santa Maria Peter Roussette und des Aktuars dieser Gemeinde Albert Largiader.

28 StaA Wien AVA/BMI Grenze Ö–CH/1911.

Die Kommission stellt zu Beginn der Verhandlung fest, daß keine beidseitig anerkannten Dokumente vorliegen, die eine genaue Beschreibung über den Verlauf des in Frage stehenden Grenzstückes von der Dreisprachenspitze bis zur Rötl und Korspitze enthalten. Sie beschließt hierauf, es sei unter Berücksichtigung der Darstellung in den offiziellen Kartenwerken beider Staaten und der Ansichtsäußerungen der anwesenden Gemeindevertretungen im Prinzipe die Wasserscheide als Grenzlinie anzunehmen, insofern diese aus der Bodengestaltung in unzweideutiger Weise erkennbar sei und nicht besondere Erwägungen zum Verlassen dieses Grundsatzes bewegen. Hieran schließt sich die Besichtigung der Landesgrenze bis zur Rötlspitze und Korspitze […].[28]

Man beschloss, den zwischen Italien und der Schweiz im Jahr 1865 errichteten Grenzstein Nr. 1 auch als Grenzstein Nr. 1 für Österreich zu verwenden. Der zweite Grenzstein wurde in einer Entfernung von 9,8 m zum ersten und 7,10 m zur Ecke des Hotels Dreisprachenspitze gesetzt. Der weitere Verlauf der Grenze bereitete keine Schwierigkeiten, und alle acht notwendigen Punkte bis zur Korspitze wurden festgelegt. Die Grenzsteine wurden aus Granit von S. Antonio Morignone im Veltlin nach dem Schweizer Modell gehauen und hatten eine Größe von 1,50 m Länge und 50 × 50 cm im Quadrat. Der Transport und die Setzung kosteten insgesamt 711,50 Sfr, wobei sich die beiden Staaten die Kosten teilten. Im August 1912 fand die Abnahme statt, bei der Österreich Franz Vesel bestimmte und zwei Vermessungsbeamte beauftragte, eine neue Grenzkarte zu erstellen. Aufgrund fehlender Pläne Österreichs konnte das Abnahmeprotokoll jedoch erst im Herbst 1914 erstellt werden. Die Schweiz hatte bereits einen eigenen Grenzplan im Maßstab 1:10.000 erstellt. Aufgrund der ungünstigen Witterungsbedingungen im Sommer verzögerte sich die österreichische Vermessung. Es stellte sich heraus, dass die vorgesehenen Diäten angesichts der hohen Unterhaltskosten am Stilfser Joch nicht ausreichend waren. Es wurde um eine Zulage gebeten. Die Generaldirektion nahm den Bericht zur Kenntnis und merkte an:

Der Ausbruch des Ersten Weltkriegs verhinderte die Fertigstellung des Abschlussprotokolls.

Der Grenzverlauf wurde später zwischen der Schweiz und Italien geregelt. In den Jahren 1958 und 1969 wurden die Grenzsteine renoviert und im Jahr 1999 wurde der verschwundene Zeugstein Nr. 1 neu verlegt.

Grenze Österreich–Italien

Während der italienischen Befreiungskriege und insbesondere nach der Abspaltung der Lombardei von Österreich entstand ein Grenzstreit am Pass. Der Aufstieg zur Dreisprachenspitze erfolgte auf der nördlichen Seite des Passes. Auf der westlichen Seite des Passübergangs befand sich ein großer Grenzstein, der 1827 von Graf Strassoldo, dem Präsidenten der Mailänder Regierung, in Auftrag gegeben und 1828 von Donegani etwas erhöht zur Straße hin errichtet wurde. Auf der Seite zum Ortler hin stand „Territorio Tirolese", zum Veltlin hin „Territorio Lombardo" und auf der der Straße zugewandten Seite „1828 Confine". Später wurde am Sockel des Obelisken eine Entfernungsangabe angebracht: „A Bormio 22 km, a Tirano 60 km, a Sondrio 87 km". Dieser Stein wurde während der ersten Kampfhandlungen des Ersten Weltkrieges von den Österreichern gestürzt und im Verteidigungswall, welcher quer über den Pass verlief, verbaut. Nach dem Krieg wurden die Reste bei der ersten Brücke nach Gomagoi gesichtet.

Der Grenzverlauf in nördliche Richtung zur Dreisprachenspitze und in südliche Richtung zur Naglerspitze war lange Zeit bedeutungslos, solange die Lombardei und Tirol dem Kaiserreich angehörten. Ab 1866 änderte sich dies. Die Italiener bestanden darauf, dass die Grenze in nördlicher Richtung vom Obelisken zur Dreisprachenspitze und zum Breitkamm entlang der Kammlinie bzw. der Wasserscheide zu verlaufen hatte, und zwar bis zum dreifachen Grenzstein Nr. 1 auf der Spitze. Österreich bestand auf einer geraden Linie zwischen diesen beiden Punkten.

Die Grenze in südliche Richtung zur Naglerspitze, die zwei fast gleich hohen Erhebungen auf einem langen, in Ost-West-Richtung verlaufenden Kamm, wurde von Österreich am westlichen Punkt festgelegt, während Italien den östlichen Punkt wählte. Dies führte ebenfalls zu einer erheblichen Abweichung. Dadurch hätte der hintere Teil des Hotels Ferdinandshöhe auf italienischem Territorium gelegen. Diese Strecke war jedoch nicht stark umstritten, da es sich nur um kahle Felsen und den Gletscher des Ebenferners – Vedretta Piana – handelte. Durch den Bau des Hotels Ferdinandshöhe traten dennoch weitere Probleme auf. Die Erbauer des Hauses hatten 1898 ohne Genehmigung eine Wasserleitung aus einem primitiven Holzkanal bis zum Gletscher verlegt und das Wasser von dort bezogen. In den folgenden Jahren wuchs der Gletscher etwas an, sodass die Quellfassung nach zehn Jahren in einer tiefen Eishöhle lag. Da die Wasserleitung als zum österreichischen Hotel gehörig angesehen wurde, baten sowohl die Carabinieri im Rotterhaus als auch die Besitzerin der kleinen Gastwirtschaft Osteria delle Tre Lingue – Drei-Sprachen-Hütte –, Paolina Thöni Trabucchi, zu Beginn der Saison jedes Jahr um die Erlaubnis zur Wasserentnahme beim österreichischen Hotelier, was immer ohne Probleme genehmigt wurde. Ähnlich verhielt es sich mit der Gewinnung von Schotter für die Straße. Dieser wurde vor der Gletscherhöhle von einer kleinen Moräne gewonnen. Die italienischen Rotter bezogen den Schotter stets nach Einholung der Genehmigung durch die österreichischen Straßenmeister.

August 1908: Als sich die Beziehungen zwischen Österreich und Italien verschlechterten, kam es zu einigen schwerwiegenden Zwischenfällen. Die Italiener untersagten den österreichischen Soldaten und Offizieren den Aufstieg zum Breitkamm entlang des bestehenden Fußwegs, da sie überzeugt waren, dass dieser sich auf italienischem

29 K. u. k. Statthalterei für Tirol u. Vorarlberg, Nr. 70763/Grenze, 15. Dezember 1908.

In Blau die österreichische Grenzlinie, in Rot die italienische, Punkt B und gelb umkreist das geplante Hotel, 1912

Territorium befand. Die Statthalterei für Tirol und Vorarlberg der K.-u.-k.-Monarchie ließ eine genaue Erhebung durchführen und stellte in einem Schreiben vom 15. Dezember 1908 fest:

> […] dass es wohl Zweifelhaft erscheint, ob der fragliche Fußsteig auf österreichischem Boden liegt, und würde es sich bei dem Umstande als nunmehr auf der Dreisprachenspitze auch ein Hotel steht, empfehlen, den Verlauf der österreichisch- italienischen Reichsgrenze am Breitkamm festzustellen und durch Vermarkung ersichtlich zu machen […].[29]

Eine sofortige diplomatische Behandlung wurde vorgeschlagen, doch bis zum Herbst 1910 geschah nichts, auch weil zwischenzeitlich an weiteren Stellen im südlichen Ortlergebiet ähnliche Problemfälle auftraten. Österreich verlangte eine internationale Kommission zur Revision der Grenze. Am 6. Oktober wurden dann vom italienischen Königlichen Kriegsminister um die Mitglieder zu einer Untersuchungskommission bestimmt.

Am 28. August 1911 kam es in Riva del Garda zu einem Treffen, bei welchem die Italiener einen Vermittlungsvorschlag darlegten. Sie bestanden auf ihrer Linie vom Joch zum Breitkamm. Dafür hätten sie in südlicher Richtung zur Naglerspitze eine Brechung der Linie

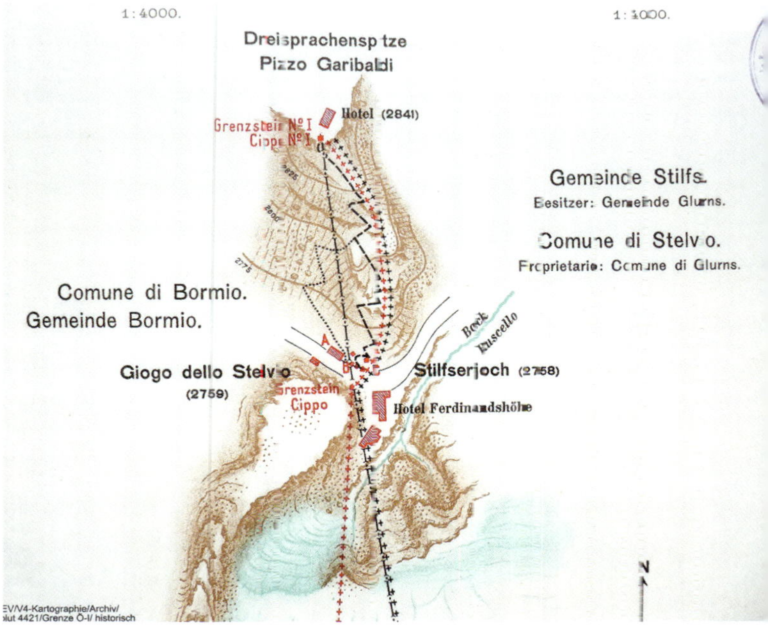

Auszug aus dem Protokoll von 1911

erlaubt, sodass das gesamte Hotel Ferdinandshöhe und die Wasserfassung auf österreichischem Boden zu liegen kamen. Weitere Verhandlungen folgten. Letztendlich wurde der italienische Vorschlag auf Wunsch des Erzherzoges Franz Ferdinand abgelehnt. Einer der Gründe dafür war die Feststellung, dass der österreichische Kataster lediglich gerade Linien zwischen zwei Punkten kannte. Dies wurde aber bereits bei der Grenzkorrektur mit den Schweizern vom Punkt Nr. 1 über den Breitkamm der Rötelspitze bis zur Korspitze widerlegt. Dort ist man nach Möglichkeit der Wasserscheide gefolgt. Ein weiterer fadenscheiniger Grund zur Ablehnung war die Feststellung:

Sowohl der österr. Kataster, als auch der alte italienische Kataster behandeln nicht den Grenzstein Nr. 1 auf der Dreisprachenspitze, sondern die Säule auf der Ferdinandshöhe als dreifachen Grenzpunkt von Tirol, Lombardei und Schweiz, so dass damals in der jetzt strittigen Grenze Tirol gar nicht an die Lombardei (bzw. nach dem Frieden von Villa Franca von 1859 an Italien), sondern an die Schweiz gegrenzt hätte. Erst in den Jahren 1863/64 fand eine Schweizer-ital. Grenzregulierung statt, welche den Schweizer Grenzpunkt auf die Dreisprachenspitze verlegte. Da Österreich an dieser Grenzregulierung nicht teilnahm, konnten durch diesen zwischen Schweiz und Italien abgeschlossenen Vertrag unsere Nachbarrechte nicht berührt werden; es blieb somit in dieser von der Schweiz an Italien abgetretenen Strecke die früher zwischen Tirol und Schweiz bestehende Grenzlinie aufrecht. Der Schweizer italienische Grenzvertrag vom Jahre 1863/64, den mir die Schweizer Vertreter zeigten, bietet keinen Anhaltspunkt für unsere Pretensionslinie. Auch nach Ansicht der Schweizer Delegierten ist als Grenze deshalb die Wasserscheide zu betrachten.[30]

Am 31. August 1913 informierte das 14. Korpskommando der K.-u.-k.-Monarchie in Innsbruck die Direktion in Wien vertraulich darüber, dass eine italienische Gesellschaft den Bau eines Hotels plant. Dieses sollte auf dem umstrittenen Grund am Beginn des Aufstiegs zur Dreisprachenspitze erfolgen. Die Gesellschaft mit dem Namen Messaggeria automobili Bormio-Tirano, später im Besitz der Familie Perego, hatte von der Gemeinde Bormio 2000 m^2 Land erworben und 200 m von der Grenze entfernt, und somit auf unbestritten italienischem Boden, begonnen, einen großen Stall zu bauen. Im Laufe des Herbstes stellte sich heraus, dass es nicht 2000 m^2, sondern nur 800 m^2 Land waren und die Gesellschaft erst im Juli 1914 mit dem Bau beginnen wollte. Zuerst sollten die am 6. September begonnenen Stallungen fertiggestellt werden, was jedoch durch einen früh einsetzenden Schneefall verhindert wurde.

Der Punkt „B", auf dem das Hotel erbaut werden soll, liegt im strittigen Grenzraum. Der Grund entlang der Grenze gehört der Gemeinde GLURNS. Nachdem durch den Bau dieses Hotels am Stilfserjoch sowohl militärische als auch volkswirtschaftliche Interessen tangiert werden, wird gebeten, die VERHINDERUNG des geplanten Baues, bis die GRENZ- und BESITZFRAGE entschieden ist, erwirken zu wollen.[31]

Dieses Vorhaben und die unsichere Zukunft der Wasserversorgung beunruhigten die Besitzer des Hotelvereins Stilfserjoch, die alle möglichen Maßnahmen ergriffen, um den Bau zu verhindern. Das Korpskommando schrieb daraufhin an das Kriegsministerium.

Die zur Untersuchung beauftragten Beamten waren aber auch mit der von den Hoteliers der Ferdinandshöhe wiederrechtlich erbauten Wasserzufuhr nicht einverstanden.

30 K. u. k. Ministerium des Innern, Dep. Nr. 9 Nr. 4737, 5. Februar 1912.

31 14. Korpskommando Verschluss! Präs. K.Nr. 2336, 31. August 1913.

32 D. Ö. Alpenverein, Übersicht, 1932.

„Was die Wasserleitung betrifft, ist man der Meinung, dass dies eine rein privatrechtliche Angelegenheit ist und nicht in den Zuständigkeitsbereich der Grenzfeststellungskommission fällt." Dennoch sollte versucht werden, bei den Verhandlungen ein Recht auf Wasserversorgung zu erlangen, da die Italiener dies bereits in ihrem Kompromissvorschlag für ihre Gebäude am Joch gefordert haben.

Im Sommer 1913 waren weder Paolina Trabucchi noch die Carabinieri am Joch anwesend. Das Rotterhaus wurde von sechs Arbeitern renoviert, die ihr Wasser aus einem Holzbottich hinter dem Hotel Ferdinandshöhe mit Polentakesseln und Maltakübeln holten und es verschmutzten. Dies führte zu einem Streit mit dem Hotelier, der dies untersagen wollte. Der anwesende Carabinieribrigadier Demor auf der IV. Cantoniera verlangte daraufhin, dass jeder am Joch Wasser aus dieser Quelle beziehen könne, auch die neue Hotelgesellschaft, da sie sich so lange auf neutralem Boden befand, bis der Grenzstreit geklärt war.

Weder im Jahr 1913 noch im folgenden Jahr gab es eine Klärung des Grenzverlaufs oder des Wasserbezugsrechts. Der Erste Weltkrieg legte alles für einige Jahre lahm.

Bei der geodätischen Vermessung zwischen Österreich und Italien lief es etwas besser. Die Präzisionsnivellierung beider Länder konnte Ende Juli 1907 am Pass mit Beteiligung des Militärgeographischen Instituts in Wien, unter der Leitung von Hauptmann Maximilian Herold, dem Istituto Topografico Militare di Firenze und Prof. Attilio Mori sowie Artillerieleutnant Constanzi durchgeführt werden. Die Vermessung ergab eine Höhe von 2760,48 m über dem Meeresspiegel beim Hotel Ferdinandshöhe und 2761,26 m über dem Meeresspiegel am Fuß des Obelisken, wo ein Bronzekonus angebracht wurde. Hier scheint die Zusammenarbeit besser funktioniert zu haben, da das Militär weniger Einfluss nahm.

1932 hat der Italienische Alpenclub CAI dem Österreichischen Alpenverein eine Zusammenfassung der italienischen Vorgaben für die Grenzübertritte in den Bergen zugestellt. Darin wurde vermerkt, dass an der schweizerisch-italienischen Grenze im Ortlergebiet für einen Übertritt nur jene von Taufers und dem Umbrail infrage kommen. Auf der Dreisprachenspitze war demnach ein Grenzübertritt verboten. Zu beachten war:

Grenzsteinlegung an der Naglerhütte, 1967 Kataster Schlanders

„[...] dass nicht nur das Fotografieren und Zeichnen verboten, sondern sogar der bloße Besitz eines Apparates strafbar ist."[32] Es wurden praktisch die von Österreich bereits ab den Jahren 1911 aufgestellten Verbote übernommen.

Die Grenze in südliche Richtung Naglerspitze blieb bis zur neuen Grenzregulierung zwischen der Autonomen Provinz Bozen und der Lombardei im Jahre 2003 unbehelligt. Jeder legte sie nach seinem Gutdünken aus. Der westliche Teil des Stilfserjoch-Hotels lag laut Bozner Karten auf lombardischem Gebiet. Die Karten von Bormio machten einen Bogen um das Hotel.

Eine interessante Grenzänderung gab es beim Bau der Naglerhütte 1950 durch Veri Confortola. Die Bauarbeiten waren bereits fortgeschritten, als man bemerkte, dass ein Grenzstein auf der falschen Seite des Hauses stand. Die Hütte war auf Südtiroler Territorium gebaut worden. Man überlegte nicht lange und versetzte ihn einfach auf die andere Seite des Hauses. Wo kein Kläger, da kein Richter ... Dort blieb er unbemerkt lange Zeit. Im Sommer 1967 wurde er im Zuge einer Vermessung an der geänderten Position fest vermauert. Die Grenze zum Gipfel der Naglerspitze macht jetzt einen kleinen Knick.

WIEDERHERSTELLUNGSARBEITEN

Instandhaltung unter Rudolf Freiherr von Hartlieb

Die Stilfser-Joch-Straße, ein beeindruckendes Ingenieurbauwerk in den Alpen, wurde in ihren ersten Jahrzehnten hauptsächlich für militärische und postalische Zwecke genutzt. Zu Beginn des 19. Jahrhunderts war der Tourismus noch kaum entwickelt und der Passübergang spielte eine entscheidende Rolle in der Verbindung strategisch wichtiger Gebiete. Nach dem Verlust der Lombardei im Jahr 1859 verlor die österreichische Regierung jedoch das Interesse an der Straße und stellte die kostspielige Erhaltung ein. Zwischen 1860 und 1870 verfiel die Straße zusehends, da nur notdürftige Instandhaltungsarbeiten durchgeführt wurden. Naturkatastrophen wie Lawinen, Hochwasser und der Brand der Holzgalerien im Jahr 1866 beschleunigten den Verfall. 1893 wurde die Holzbrücke über die Etsch bei Spondinig durch eine 25 Meter lange Eisenbrücke ersetzt.

Mit dem zunehmenden Tourismus änderte sich die Bedeutung der Stilfser-Joch-Straße. Das Dorf Trafoi am Fuße des Ortlers wurde immer häufiger von Reisenden besucht, besonders nach dem Mord an Madeline Miller Tourville. Dies führte zu einem erneuten Interesse der Regierung an der Straße, obwohl die verfügbaren Mittel zunächst nur für Flickarbeiten reichten. Der Verkehr blieb bis Anfang der 1890er-Jahre gering.

Ein bedeutender Wendepunkt war der Bau eines modernen Hotels in Sulden durch Theodor Christomannos und den Architekten Otto Schmid. Unter Christomannos' Leitung ließ der Verein für Alpenhotels in Tirol 1896 ein weiteres großes Hotel in Trafoi errichten, was den Tourismus weiter förderte. Diese finanzstarken österreichischen Investoren setzten sich bei der Regierung in Wien für den Ausbau der maroden Straße ein. Sie stellte für die Gäste ihrer Hotels eine wichtige Route nach Italien und ins Engadin dar. Sie konnten dabei auf die Unterstützung von Ingenieur Rudolf Baron Hartlieb-Wallthor[33], Leiter des Bezirksbauamtes von Meran, zählen.

Der schlechte Zustand der Straße

Der schlechte Zustand der Straße machte umfassende Instandhaltungsmaßnahmen notwendig. Teile der Straße waren nur noch drei Meter breit, und viele Mauern waren eingestürzt. Um die Arbeiten effizienter zu gestalten, wurde der Baubezirk Bozen geteilt und ein neues Bezirksbauamt in Meran errichtet, dessen Leitung Ingenieur Rudolf Baron Hartlieb übernahm.[34] Unterstützt wurde er von staatlichen Ingenieuren wie Karl Innerebner, Max Duregger und Josef Fohn. Diese Projekte waren aufgrund der hochalpinen Lage besonders anspruchsvoll, aber von großem allgemeinen Interesse.

33 * 28. November 1854 in Dubrave/Kroatien, † 13. Juni 1919 in Graz.

34 Hartlieb hat seine Arbeiten in einem ausführlichen Artikel in der „Allgemeinen Bauzeitung“, Heft 2, 1910, veröffentlicht.

35 Unter Vadium versteht man eine Sicherstellung für den Fall, dass der Bieter während der Zuschlagsfrist von seinem Angebot zurücktritt oder behebbare Mängel nicht fristgerecht in Ordnung bringt.

36 Österreichische Monatsschrift für öffentlichen Baudienst, 31. Oktober 1898.

Nr. 1319.

Bau-Versteigerungs-Kundmachung.

Ueber Auftrag der hohen k. k. Statthalterei vom 3. Oktober d. J.

Z. 32362, werden hiermit die Bauarbeiten über die projektierten Mauerrekonstruktionen an der Stilfserjoch-Strasse, welche im Jahre 1899 beginnend, sich voraussichtlich über 9 Jahre, also bis 1907 erstrecken werden, zur öffentlichen Ausschreibung gebracht.

Die veranschlagten Kosten dieser Arbeiten betragen rund 325.000 fl.

Die Projekts Pläne, der summarische Voranschlag, ferner die allgemeinen und speziellen Baubedingnisse liegen in der Kanzlei des Gefertigten während der Amtsstunden zur Einsicht auf.

Die nach dem untenstehenden Formulare verfassten Offerte sind bis spätestens Samstag, den 19. November d. J. 12 Uhr mittags hieramts zu überreichen.

Dem Offerte muss ein Vadium[35] von 16.000 fl., bestehend in Baargeld, oder in solchen Werthpapieren, die zur Anlage von Pupilargeldern zulässig sind, derart beigeschlossen werden, dass dasselbe nachgezählt werden kann, ohne das Offert selbst eröffnen zu müssen. Der k. k. Strassenverwaltung bleibt die unbedingte freie Wahl unter den Offerenten Vorbehalten.

Meran, am 7. October 1898.

Der k. k. Bezirksingenieur: Hartlieb.

Offert-Formulare: Mit Bezug auf die Bauversteigerungs-Kundmachung des k. k. Bezirks-Ingenieurs in Meran vom 7. Oktober d. J. Nr. 1319, erkläre (n) ich (wir) mich (uns) bereit, die projektierten Mauerreconstruktionen an der Stilfserjoch-Straße mit einem Nachlasse von…% (in Worten) der Einheitspreise des summarischen Voranschlages zu übernehmen.

Ich (wir) erkläre (n) ausdrücklich, die Lokalitäten an Ort und Stelle besichtiget zu haben, und die Arbeiten nach den speziellen Baubedingnissen, denen ich (wir) mich (uns) vollinhaltlich ebenso wie den allgemeinen Bedingnissen unterwerfe (n), in kunstgerechter, solider Weise auszuführen.

Ich (wir) stelle (n) dieses Offert für die ganze 9-jährige Bauzeit von 1899–1907,

Oder: Ich (wir) stelle (n) dieses Offert nur für die kommenden 5 Jahre 1899–1903. Das bedungene Vadium von 16.000 fl. bestehend in: (folgt die Angabe der Werthe) wird separat angeschlossen.

Wohnort und Datum. N. N. Unterschrift.[36]

Die ersten Arbeiten zur Sicherung der Straße

1897 wurden sämtliche Schadstellen vom Bauadjunkten Karl Innerebner erfasst und ein erstes Projekt für die reparaturbedürftigen Stellen von Kilometer 4 bis Kilometer 27,45 am Joch erstellt. Die Straße wurde in drei Abschnitte aufgeteilt: von km 4 bis km 11, von km 11 bis km 19 und von km 19 bis km 27,45 am Joch. Zwar konnte nicht die gesamte Straße ausgebessert werden, aber es wurden 160 betroffene Mauerpartien mit einer Gesamtlänge von 8800 Metern festgestellt.

Die Bauausschreibung gewann das Unternehmen Anton Stecher von Mals und Lorenz Wallnöfer von Prad mit einem Abschlag von sieben Prozent. Die Arbeiten sollten zunächst in fünf Jahren bis 1903 abgeschlossen sein, wurden jedoch um weitere fünf Jahre bis 1908 verlängert. Die damals berechneten Gesamtkosten beliefen sich auf 677.804,25 Kronen[37]. Auch bei diesen Arbeiten waren viele Italiener beschäftigt.

Die ersten Arbeiten zur Sicherung der Straße und einiger vom Einsturz bedrohter Stellen begannen 1897. Dabei wurden 17 Mauerpartien mit einer Gesamtlänge von 603 Metern errichtet. Ein Projekt aus dem Vorjahr sah dafür Kosten von 40.000 Kronen vor. Alle Mauern bestanden aus Stein und Mörtel, wobei das Gestein aus neu angelegten Brüchen gewonnen wurde.

Am Weißen Knott, wo der Berghang steil in den Klammbach abfällt, wurde erstmals eine massive quaderartige Brüstung von 48 Meter Länge, 1 Meter Höhe und 0,5 Meter Dicke aus behauenen Steinen mit abgeschrägten Deckplatten errichtet. Diese war bis 2020 völlig intakt, bis auf einige fehlende Deckplatten. Leider wurde sie letzthin abgerissen und durch ein unschönes Mauerwerk ersetzt, ein Vorgang, wie er sich in den letzten Jahren an mehreren Stellen wiederholt hat.

Auflistung einiger Bauarbeiten

1. **Ein Durchlass bei Gomagoi** (km 7,65): Die Kosten betrugen 9850,18 Kronen.
2. **Verbreiterung von Kehren:** Besonders für vierspännige Kutschen und Automobile war der Radius der Kehren zu klein.
3. **Pflasterung der Dorfstraße:** 1900 wurde im Dorfzentrum von Prad das Kopfsteinpflaster durch Porphyrwürfel ersetzt. Die Quader wurden von Branzoll bis Meran per Zug und anschließend vom Naturnser Postmeister Gustav Flora bis Prad geliefert. Da der Transport der Steine von Meran sehr kostspielig war, konnten nur der mittlere Teil der Straße – 2,5 Meter breit – und die zwei äußeren Abschlüsse mit diesem Material gepflastert werden. Die übrigen Randstreifen wurden mit Kopfsteinpflaster aus dem Suldenbach versehen. Auch ein Stadel musste abgerissen werden, da die Durchfahrt an dieser Stelle nur 3,4 Meter breit war. Alle Arbeiten kosteten 21.995,678 Kronen und wurden vom Maurermeister Anton Stecher ausgeführt. Mit der Gemeinde Prad hatte Hartlieb eine längere Auseinandersetzung. Sie fühlte sich in der Grundenteignung, der Bezahlung von verwendeten Hölzern sowie im persönlichen Umgang benachteiligt.
4. **Herausforderungen bei Bärenbrunn in Trafoi:** Der Abschnitt am Bärenbrunn in Trafoi, der schon von Ingenieur Carlo Donegani als Problemstelle erkannt worden war, erforderte erheblichen Aufwand. Der Berghang war ständig in Bewegung, durchzogen von Wasser, Lehm und aufgeweichtem Mergel. Der nur vier bis fünf Meter breite Bach zerstörte die alten Schutzbauten. Ein torbogenartiger

37 1 Krone von 1900 entspricht 2023 8,57 €.

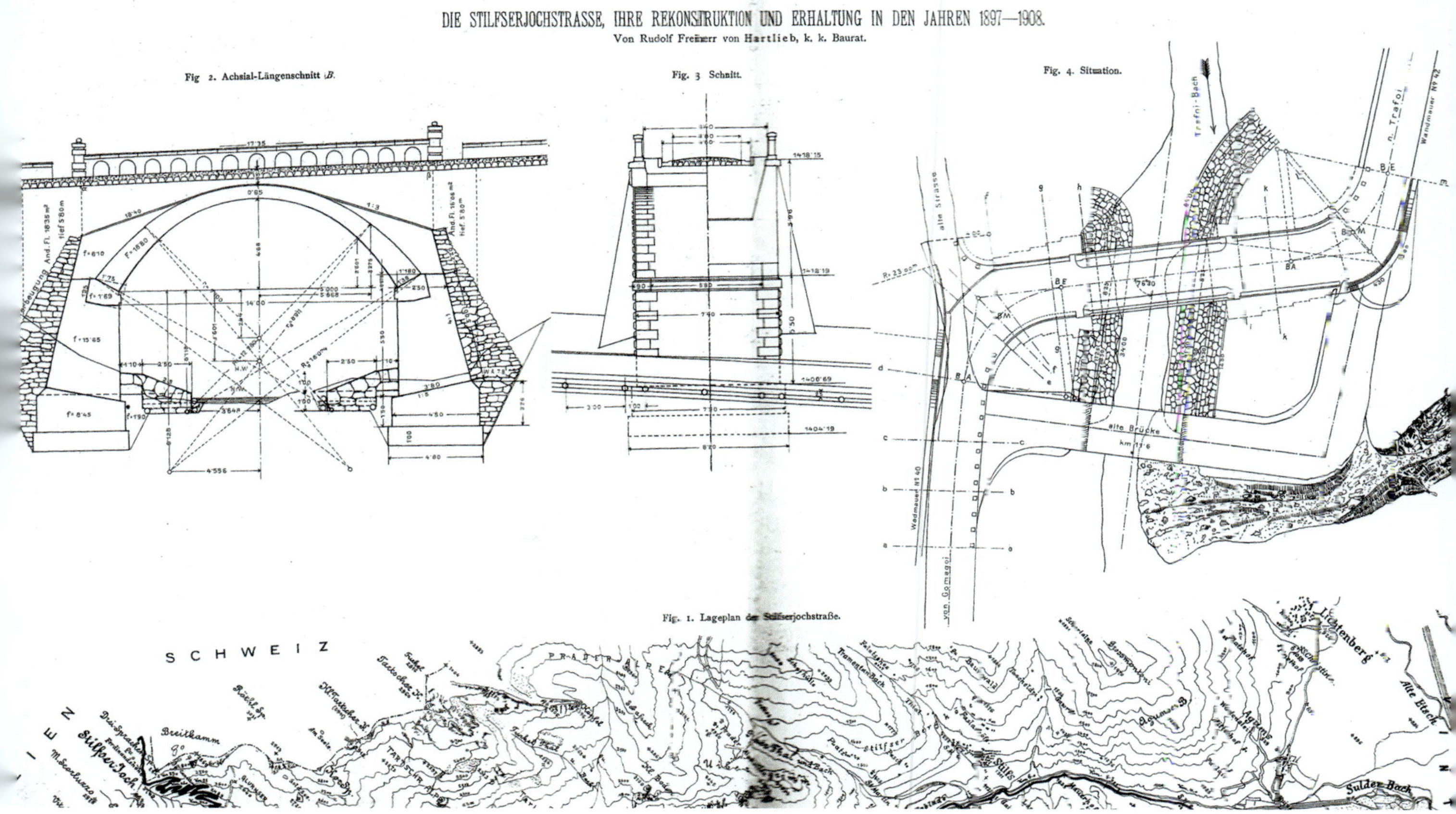

Zeichnung zur Rekonstruktion der Hohen Brücke, 1904

Felsen, genannt Das Kamel, ließ nur eine enge Passage frei. Vor dem Straßenbau verlief hier die Straße auf der rechten Talseite bis zur weiter talauswärts liegenden Hohen Brücke. Diese umfangreichen und schwierigen Arbeiten zwischen 1900 und 1902 kosteten 94.290,29 Kronen. Für die Arbeiten wurde auch ein 8300 Quadratmeter großes Grundstück enteignet. An mehreren Straßenabschnitten waren fremde Grundstücke betroffen, die, ohne lange zu fragen, enteignet wurden. An der eigentlichen Bärenquelle mit gutem Wasser wurde eine Brunnenstube errichtet. Das Wasser wurde in ein in die Wand vertieftes Brunnenbecken geleitet, wo es aus einem Löwenkopf aus Bronze floss, anstatt des ursprünglich gewünschten, aber nicht vorhandenen Bärenkopfes.

Das Problem der Hangrutschungen wurde bis heute nicht gelöst. Auch die letzthin durchgeführten Arbeiten zeigen nicht den gewünschten Erfolg.

5. **Der Wiederaufbau der Hohen Brücke bei Trafoi:** Ein wahres Meisterwerk des Ingenieurwesens war der Wiederaufbau der Hohen Brücke oder Stierbrücke unterhalb von Trafoi. Die alte Brücke, die mehrfach ausgebessert worden war, hatte eine lichte Weite von 11,6 Metern. Die sechs Meter breite Fahrbahn lag zehn Meter über dem Kleinwasserstand. Das halbkreisförmige Gewölbe wurde durch den seitlichen Bergdruck des Goldwandhanges angehoben, die Stützmauern stark beschädigt.

Der verantwortliche Projektant entschied sich, wie bereits 80 Jahre zuvor Ingenieur Carlo Donegani, für ein ästhetisches Kunstwerk. Anstelle einer billigen Eisenbrücke wählte er eine gewölbte Massivbaubrücke aus behauenen Steinen der Umgebung. Dadurch entstand wohl die schönste Steinbrücke der gesamten Strecke, wenn nicht sogar ganz Südtirols.

Die Ausschreibung für die Ausführung der Arbeiten im Herbst 1904 wurde von den Unternehmen A. Stecher & L. Wallnöfer mit einem Abschlag von acht Prozent gewonnen. Am 30. Juni 1906 wurde die Brücke für den Verkehr freigegeben. Die Brücke wurde nicht rechtwinklig ins Tal gebaut, da auf der linken Seite der Blaue Murgraben häufig abging und auf der rechten Seite ein Lawinenstrich die Fundierung verhinderte. Der Gewölbebogen wurde mit einer 60 Millimeter Überhöhung angelegt, welche sich nach dem Entfernen der Bogenschalung nur mehr um 30 Millimeter senkte.

Oben: die Rekonstruktion der Hohen Brücke 1906

Unten: die Stahlbrücke von 1985

Die Brücke hatte eine 4,6 Meter breite geschotterte Fahrbahn und beidseitig je einen erhöhten Gehweg von 90 Zentimetern Breite. Begrenzungen bildeten Geländer aus behauenen Granitquadern und Beton mit bogenförmigen Durchbrechungen in der Mitte. An den vier Enden standen zwei Meter hohe profilierte Pilaster, oben mit Kugeln und unten mit weit ausladenden Wasserspeiern und der obligatorischen Jahreszahl der Erstellung. Insgesamt betrug die Breite der Brücke 7,4 Meter. In den folgenden Jahren war das Bauwerk weiterhin dem Bergdruck ausgesetzt, sodass mehrmals die Verschlusssteine ausgetauscht und das Bogensegment abgesenkt werden mussten. In den 1980er-Jahren wurde eine eiserne Bailey-Brücke über die bestehende Brücke gelegt, die nur eine Fahrbahn besaß. Kurz nachdem das Land Südtirol die Stilfser-Joch-Straße von der Staatsstraßenverwaltung ANAS übernommen hatte, wurde dieses einmalige Bauwerk abgerissen und durch eine zweckmäßige Betonkonstruktion ersetzt. Der Abriss widersprach jeglichem denkmalschützerischen Handeln. Die Erhaltung bis zur Bereitstellung der benötigten Gelder für eine Rekonstruktion hätte kein großes Loch in die Provinzialkassen

38 General Viktor Dankl von Krassnik vom Landesverteidigungskommando.

gerissen. Heute könnte sie als Fahrradweg benutzt werden. Leider fehlte den Verantwortlichen jegliches Feingefühl und die Tiefbauunternehmer erfreuten sich an den übrig gebliebenen Steinquadern, die zum Teil heute noch verstreut herumliegen.

6. **Quersperren im Trafoi- und Suldenbach:** Am 20. August 1902 wurden die Bauten nach einem heftigen Wolkenbruch in Trafoi einer ersten Prüfung unterzogen. Viele Ufermauern wurden in Mitleidenschaft gezogen. Das Bachbett hat sich dabei bis zu zwei Meter eingetieft. Selbst erst kürzlich errichtete Schutzbauten wurden beschädigt. Daraufhin hat man 1905 ein Projekt mit einem Kostenaufwand von 206.000 Kronen für eine Verstärkung des Bachlaufes zwischen Prad und Trafoi genehmigt. Gegen die fortschreitende Vertiefung des Baches wurden querliegende Grundwassersperren eingebaut, sodass die seitlichen Fundamente unter der Wasserführung lagen. Auch bei der vor Kurzem fertiggestellten Baustelle am Bärenbrunn mussten fünf Sperren angebracht werden.

Rekonstruktion am Bärenbrunn

Am Suldenbach

7. **Rekonstruktion beim Weißen Knott:** Bereits Ingenieur Donegani hatte hier Probleme. Ein erster Bauabschnitt unterhalb des Weißen Knotts musste aufgegeben werden. Davon kann man noch eine nicht fertiggestellte Kehre im Wald erkennen. Auf der zweiten neuen Trasse mussten wiederholt Aufschüttungen am Straßenverlauf gemacht werden.
   Von 1897 bis 1900 wurden unter Hartlieb jährlich neue Mauern aufgeführt oder bestehende verstärkt. 1901 brach dann am „Sitz“ die halbe Straßenbreite auf einer Länge von über 40 Metern ab und stürzte in den tief darunterliegenden Bärengraben. Zwei übereinanderliegende Lehnspermauern über dem Klammbach und zwei hohe Elementar- und Stützmauern an der Straße wurden errichtet. Auch diese und weitere stürzten ab. Am Beginn des Ersten Weltkrieges wurde hier die Straße durch das österreichische Militär gesprengt. Es hatte dabei den Zugang zum Kampfgebiet unterbrochen. Der Fehler wurde durch eine hölzerne Hangbrücke behoben, welche den Namen Dankl-Brücke[38] erhielt. Auch diese traf dasselbe Schicksal. 1993 brach ein großes Straßenstück ab, dadurch konnte die Saison am Joch erst 14 Tage später beginnen. Anstelle der Sicherung zum Tal hin hat man lediglich die Bergmauer neu errichtet, was zu einer jahrelangen Verengung der Fahrbahn geführt hat. Die Südtiroler Straßenverwaltung hat an dieser Stelle eine mächtige Hangbrücke mit tiefer, nachstellbarer Felsverankerung gebaut.

Jahreszahlen der Rekonstruktion

8. **Stärkere Seitengeländer:** Zum Teil wurden jetzt auch gemauerte Geländer mit eisernen Querbalken errichtet. Von Hartlieb bemerkte dazu:

> „Geländer nur aus Eisen konstruiert, wie solche an vielen Straßen mit Erfolg ausgeführt sind, würden in den Charakter der Stilfserjochstraße und der Gegend bei ihrer schmächtigen Erscheinung nicht passen."

Die neuen Voll-Parapet-Brüstungen und jene mit Eisenquerstangen erreichten bis 1907 eine Länge von 1157 Metern.

Für die Erhaltung der Straße wurden bis Trafoi drei fixe Straßenwärter angestellt. Für den oberen Teil, 13,75 Kilometer, wurden nur Hilfsstraßenwärter verpflichtet. Die Hilfsarbeiter erhielten um 1907 eine Tagschicht von 4,60 Kronen.

Im Jahr 1907 wurde das von Rutschungen auf die Straße gespülte Material auf 7400 Kubikmeter geschätzt. Für die Räumung desselben wurden von 1897 bis 1907 155.376,71 Kronen ausgegeben.

Gedenktafel an die Erbauer der Straße an der Galerie der Bäder

9. **Die Schotterung:** Durch die Schotterung der Straße entstand ebenfalls ein erheblicher Mehraufwand. Für 25 Meter Fahrbahn rechnete man mit einem Kubikmeter Schotter. Der Jahresdurchschnitt betrug 750 Kubikmeter. Wie früher wurde die Straße auf einem Streifen von 50 Metern in Bann gelegt,

   „und die Weidenei oberhalb der Straße verboten, dies hauptsächlich, damit Passanten und Fahrzeuge nicht durch herabstürzende Steine gefährdet werden".

10. **Die Entwässerung:** Entlang der Straße wurden in einer Entfernung von höchstens 100 bis 150 Meter alle bestehenden Wasserdurchlässe gesäubert und neue errichtet. Dieser Schutz wurde beim Neubau der Parapetmauern zwischen 2005 und 2020 gänzlich zerstört oder unbrauchbar gemacht.

Eine abschließende Bemerkung von Hartlieb sagt:

> […] sei noch einer Einrichtung gedacht, welche bei den Bauten an der Stilfser-Joch-Straße eingeführt wurde: Dieselbe besteht darin, dass jeder der Rekonstruktion Bauten oder neuen Objekte die Jahreszahl des Baues eingemeißelt wurde, und zwar bei den längeren Mauern an beiden Enden. Es war dies bei den gegenständlichen Arbeiten eine Notwendigkeit, um bei den mehr als 200 Bauobjekten und ihrer auf so viele Jahre verteilten Ausführung die Übersicht nicht zu verlieren und Irrtümer hintanzuhalten. Dadurch ist an der Straße selbst die Chronik der Bauentwicklung verzeichnet, welche jeder Reisende verfolgen kann. Einen besonderen Wert werden aber diese Zahlen mit der Zeit nach vielen Jahrzehnten oder gar vielleicht nach Jahrhunderten erlangen […].

Dieser Wunsch ging leider nicht in Erfüllung, denn bei den Umbauten durch ANAS und Land Südtirol wurde der größte Teil dieser wertvollen Zeitdokumente entfernt oder zweckentfremdet.

In einem Bericht wurde für die Straße der Betrag von 1.268.491 Kronen für die Sicherungs- und Sanierungsarbeiten inklusive Brücken von 1897 bis 1914 angegeben.

DIE UMBRAILSTRASSE

Ein Ausbau des Saumweges über den Umbrailpass[39] wurde schon lange gewünscht. Ganz besonders von der Veltliner Bevölkerung. Viele Anfragen wurden an die Schweizer Behörden gestellt. 1870/71 baute der Bund die Ofenpassstraße, die das Münstertal mit dem Engadin verbindet. Daraufhin ergriffen die angrenzenden Gemeinden und die Tourismuskreise des Kantons – in der Hoffnung auf wirtschaftliche Vorteile durch eine Verbindung mit dem Stilfser Joch und Bormio – die Initiative für den Bau der Umbrailstraße. Schließlich schuf die Schweiz die Voraussetzungen, um sich mit einer fahrbaren Straße an die Stilfser-Joch-Straße anzuschließen.

Die Pläne wurden 1896/97 ausgearbeitet. Auf deren Grundlage wurde der Kostenvoranschlag erstellt, der sich auf 245.000 Franken belief. Der Bund übernahm 66 Prozent der Gesamtkosten, also 163.333 Franken, der Kanton trug 75 Prozent des verbleibenden Betrags, also 61.250 Franken. Die sechs Gemeinden des Münstertals übernahmen die restlichen 20.000 Franken. Die Bauarbeiten wurden der Firma Huder-Walt aus Chur übertragen und von den Ingenieuren Peterelli und Tramer geleitet. Sie begannen im August 1898; der Abschnitt von Santa Maria bis zur Grenze war im Herbst 1900 fertiggestellt. Es fehlte nur noch der Anschluss an die Straße des Stilfser Jochs bei der IV. Cantoniera. Ein Abschnitt von etwa 250 Metern, welcher auf italienischem Gebiet lag. An diesem Punkt verzögerten unerwartete Schwierigkeiten den Abschluss der Arbeiten. Die Bundes- und Kantonsbehörden hatten sich nicht mit den italienischen Behörden abgesprochen. Im guten Glauben gingen sie davon aus, dass das benachbarte Königreich den letzten Abschnitt automatisch realisieren würde. Die Gemeinde Bormio, die einerseits die Konkurrenz fürchtete und andererseits den größtmöglichen Vorteil aus der neuen Situation ziehen wollte, schlug vor, der Schweiz die Erlaubnis nur unter der Bedingung zu erteilen, dass die Straße das ganze Jahr über offengehalten werde. Bormio verfolgte das sekundäre Ziel, Italien dazu zu zwingen, auch die Stilfser-Joch-Straße das ganze Jahr über offen zu halten, wie dies bis vor wenigen Jahren der Fall war. Die Kosten wären jedoch im Verhältnis zu den erwarteten ökonomischen Erträgen zu hoch gewesen,

Schweizer Post auf Planttatschas

39 Früher als Wormser Joch oder Passo di Santa Maria bekannt.

weshalb diese Bedingung nicht akzeptiert wurde. Stattdessen war die Schweiz, um ihr Werk zu vollenden, gezwungen, auch die Finanzierung des Abschnitts auf italienischem Gebiet zu übernehmen. Die letzten Meter kosteten insgesamt 7600 Franken. Auch diese wurden von Bund, Kantonen und Gemeinden gemäß dem üblichen Verteilungsschlüssel finanziert. Die Straße, 4,20 Meter breit und 8,20 Meter in den Kurven, wurde im Juni 1901 fertiggestellt. Im Juli begann der Postdienst mit zwei täglichen Fahrten von Santa Maria auf 1388 m Höhe zur IV. Cantoniera auf 2512 m. Auf 14 Kilometern hat sie 32 Kehren und vier steinerne Brücken, eine davon aus Holz, sie überwindet den Höhenunterschied von 1124 m mit einer durchschnittlichen Steigung von acht Prozent. Zuerst steigt sie auf den Schwemmkegel des Val Schaiß und windet sich durch die Felsen und Wälder von Crapetta. Bei Planttatschas wurde eine Raststation errichtet. Sie verläuft dann unter der Alm von Prasüra, steigt das Muranzatal hinauf und überquert dreimal den gleichnamigen Bach. Im letzten Abschnitt überwindet sie einen steilen baumlosen Rücken mit erhöhter Lawinengefahr. Schließlich erreicht sie die Grenze am Umbrailpass auf 2501 m und erreicht nach kurzer Abfahrt die IV. Cantoniera.

DIE STRASSE NACH DEM ERSTEN WELTKRIEG

Nach dem Ersten Weltkrieg und der Angliederung Südtirols an Italien befand sich die gesamte Strecke auf italienischem Territorium. Damit bekam die Straße eine andere Bedeutung. Sie war immer noch die höchste Alpenstraße und wurde von den nationalistischen und faschistischen Kreisen und dem Königlichen Automobilklub für Propagandazwecke verwendet. 1936 verliert das Stilfser Joch seine Vormachtstellung als höchster Alpenpass an den Col de l'Iseran in Frankreich. Dieser ist 2764 m hoch und verbindet die Täler der Isere und des Arc im Département Savoie. In diese Zeit fällt ein weiterer umfangreicher Ausbau der gesamten Straße sowie die Hundertjahrfeier ihres Bestehens. Nach dem Zweiten Weltkrieg erfolgte die Asphaltierung des Übergangs. Seit dem Jahr 1935 befindet sie sich im damals gegründeten Nationalpark Stilfserjoch.

Ab dem Jahre 1928 wurde die Straße von Colico am Comer See über das Stilfser Joch bis nach Bozen mit der Nummerierung SS. 38 (Strada Statale dello Stelvio N. 38, Länge 224 km) versehen.

1935 wurden die Kehren mit einem nach außen erhöhten Betonbelag versehen. Dies sollte den Rennautos ein leichteres und schnelleres Befahren ermöglichen. Heute ist die angehobene Fahrbahn für die Motorräder, Autobusse und Camper ein Hindernis. Auch für die Radfahrer wäre die ursprüngliche ebene Fahrbahn – wie von den Erbauern vorgesehen – ein willkommener Platz zum Verschnaufen. Auf der Veltliner Seite blieben die Kehren unverändert.

Nach dem Zweiten Weltkrieg wurden an der Straße neben den Asphaltierungsarbeiten nur mehr unerlässliche Ausbesserungen vorgenommen. Daher döste die Straße in einem Dornröschenschlaf dahin und verfiel zusehends. 1955 wurde auf Veltliner Seite asphaltiert, auf Südtiroler Seite 1958.

Die fristgerechte Schneeräumung im Frühjahr konnte nur durch die Mithilfe der Seilbahn- und Hotelbetriebe am Joch durchgeführt werden. Das Aufzählen der

Die betonierten Kehren mit erhöhter Fahrbahn anlässlich der Automobilrennen, 1933

Straße an der Dankl-Brücke 1993 und heute

Unterbrechungen wegen eingestürzter Mauern, Hangrutschungen und infolge unkoordinierter Bauarbeiten an Kehren würden ein ganzes Buch füllen.[40]

1953 war ein nennenswertes Jahr für die Straße. Die Öffnung erfolgte am 20. Mai kurz vor Pfingsten. Mit kurzen Unterbrechungen wegen Schneefalls war sie dann bis Ende Jänner 1954, also acht Monate lang, geöffnet. Die Weihnachtsurlauber von Trafoi fuhren mit eigenen Autos und Mietwägen aufs Joch zum Skilaufen.

Große Enttäuschung gab es 1993 im Vinschgau, als man erfuhr, dass die Stilfser-Joch-Straße nicht unter jenen war, die vom Staat in Konzession an das Land abgetreten werden sollte. Gemeinden und die Bezirksgemeinschaft haben interveniert, dass diese vorrangig in die entsprechende Liste aufgenommen werden sollte. Die ANAS hatte einen Übergang ausgeschlossen, da sie über eine Grenze führte, wenn diese auch nur eine Provinzgrenze war.

Mit der Umsetzung des Dekretes N. 320 vom 2. September 1997 wurde die Straße allerdings, wie alle übrigen Staatsstraßen, von der Staatsstraßenverwaltung ANAS dem Land Südtirol übertragen. Es kam zu einem Kurswechsel: Man erkannte den wirtschaftlichen und kulturellen Wert dieses einmaligen Bauwerkes. Auf Druck einiger lokaler Politiker wurden die nötigen Mittel für die Instandhaltung und Verbesserung effektiver eingesetzt. Jetzt strebt man auch eine Aufwertung der Straße, des Passes und der umliegenden Ortschaften unter Einbeziehung aller drei Länder und Sprachen (vorrangig die Lombardei mit dem Veltlin und Bormio, Südtirol mit Stilfs und Prad am Stilfserjoch und die Schweiz mit dem Val Müstair und der gleichnamigen Gemeinde) an.

Erhaltungsspesen der Straße lt. Straßenverwaltung

Jahr	Abschnitt	Erhaltungsspesen mit Schotterung	Schneeräumung	Gesamt
1920–1921	Spondinig–Joch	196.193,23	8.834,68	297.804,12
	Joch–Bormio	92.776,21		
1921–1922	Spondinig–Joch	102.559,50	9.766,76	248.098,55
	Joch–Bormio	135.772,30		
1922–1923	Spondinig–Joch	91.030,77	17.393,75	170.965,42
	Joch–Bormio	62.540,90		
1923–1924	Spondinig–Joch	89.539,29	21.368,61	140.079,81
	Joch–Bormio	29.171,91		

40 Kehre 19 (Rastelli Ried), Kehre 11 (Obere Wasserried), Kehren 3 und 4 (Kurze Rieden).

41 La Valtellina, 9. September 1925, Enrico Comitti.

42 Siehe Arthur Gfrei, Die Stilfser-Joch-Straße, Kapitel „Monumente und Denkmäler“, Athesia-Tappeiner Verlag, Bozen 2023.

43 „Mit stark politischer Note“, Meraner Zeitung, 9. September 1925, Unterstaatssekretär für öffentliche Arbeiten.

DIE JAHRHUNDERTFEIER

Am 8. September 1925 war die Jahrhundertfeier zur Fertigstellung der Straße angesagt. In Südtirol und im Veltlin wurden alle offiziellen Stellen aufgefordert, sich daran zu beteiligen. Das faschistische Regime nutzte diese Gelegenheit zur Klarstellung, dass der Alto Adige fest in sein Staatsgefüge integriert war. Weiterhin war man bemüht, nach Möglichkeit nicht darauf hinzuweisen, dass die Straße unter Österreich gebaut wurde.[41] Selbst in den auf Südtiroler Seite erschienenen Berichten sucht man fast vergeblich einen solchen Hinweis.

Bei den Feierlichkeiten waren die lokalen Behörden nur willkommene Komparsen. Für den Trafoier Abhang war die Organisation von Meran und Trient ausgegangen, für den Veltliner Teil von Sondrio.

Der Bevölkerung von Stilfs und Prad lag nicht sehr viel an den Feierlichkeiten, sie hatte mit der Aufarbeitung der Kriegsschäden genug zu tun. Der Start der Karawane erfolgte um 7 Uhr in Meran. Dort hatte der Regierungskommissär der Stadt, Max Markart, die Vorbereitungen getroffen. Von dort fuhr man durch den beflaggten Vinschgau bis nach Spondinig. Entlang der Strecke stiegen die Bürgermeister der Gemeinden zu, in Schlanders auch der Abgeordnete Karl Tinzl. Von Spondinig fuhr man mit einem Teil der Veltliner Delegierten, welche über das Joch gekommen waren, um 9 Uhr in über 50 Fahrzeugen bergwärts. In Trafoi wurde um 10.30 Uhr im Hotel Neue Post ein erweitertes Frühstück serviert. Um 13 Uhr erreichte die Gruppe das Joch. Dort wurde am neu gemeißelten Obelisken[42] der Festakt vollzogen.

Die offizielle Ansprache des faschistischen Abgeordneten Eugenio Morelli[43] beinhaltete eine Hetzrede gegen alles Deutsche und die Tiroler. Er sagte,

„die Stilfser Joch Straße sei zwar von den Deutschen gebaut worden, aber nicht als Werk der Kultur, sondern zu dem Zwecke, damit die deutschen Horden in Italien einbrechen könnten."

Oben: Jahrhundertfeier am 9. September 1925, Bild im Hotel Stilserjoch
Unten: Retuschiertes Bild auf Postkarte mit Zubau für die Bar

Dazu kam die übliche Verdrehung der geschichtlichen Ereignisse wie sie unter dem Regime gängig war. Diese Beleidigung galt in erster Linie dem Abgeordneten Karl Tinzl, welchem man auch nahelegte, ja nicht nach Bormio zu fahren. Als er sich daraufhin beim Präfekten beklagte, erklärte sich dieser ohnmächtig, gegen die Faschisten etwas unternehmen zu können.[44] Vor der Weiterfahrt nach Bormio gab es einen kurzen Imbiss im Hotel Stilfserjoch.

In Bormio hoffte man, dass durch die Anwesenheit vieler honoriger Herren der Wunsch zur Errichtung der Eisenbahnverbindung mit dem Vinschgau und den nördlichen Nachbarländern eine endgültige Zusage erhalten würde. Dieser Wunsch zog sich wie ein roter Faden durch viele Ansprachen. Aber bereits vor dem Event war klar, dass diese nicht einlangen wird.

Aus der Hand eines Journalisten des Corriere della Valtellina erkennt man die Stimmungslage. Das zweite lokale, liberale Blatt La Valtellina widmete dem Ereignis keine einzige Zeile.

44 Südtiroler Heimat, 15. November 1925.

45 Corriere della Valtellina, 10. September 1925 (Übersetzung).

46 Der Kaiser-Franz-Josef-Jubiläumsobelisk.

47 Es wird wohl die Laaser Musikkapelle gewesen sein.

48 Siehe Abschnitt: Stilfserjoch- oder Ortler-Durchstich.

49 150-Jahrfeier, Bau der Stilfser-Joch-Straße, Texte von Ireneo Simonetti, Martin Brugger, Claudio Gustin, Tipografia Pradella s.n.c. Bormio.

10. September 1925

Aus Bormio[45]

Ich wollte einen Artikel schreiben, aber es fehlt die Zeit, ihn zu verfassen, und deshalb sende ich Euch meine schriftlichen Notizen.

Dienstag, 10 Uhr – Wir kommen in Bormio an. Flaggen an den Balkonen, Fremde entlang der Straßen. Wir sehen kaum Einheimische.

10.30 Uhr – Wir fahren weiter zum Stilfser Joch. Was für eine prächtige Straße! Wie mutig war Ingenieur Donegani, der sie auf den Berghängen, wo die Felsen steil abfielen, geplant hat! Und was für einen Mut, welche Lebensverachtung bewiesen die Arbeiter, die, an Seilen über den Abgrund hängend, die ersten Sprenglöcher gruben!

Dutzende Autos knatterten die Kehren von Sponda Lunga hinauf. Seltsam! Alle 50 Meter gibt es einen Soldaten oder Carabiniere oder einen Zollbeamten; Und alle zweihundert Meter einen bewaffneten Wachposten. Was bewachen sie? Fürchten Sie vielleicht eine Revolution am Stilfser Joch? Oder fürchten sie eine feindliche Invasion?

11 Uhr – Wir sind am Pass angelangt. Ein kalter Nordwind weht, der durchdringt die Kleider und erstarrt die Körper. Hunderte von Autos umgeben eine alte schweizerische Kutsche. Ich lese an der Tür: „S. Maria Giogo dello Stelvio“. Wo sind unsere alten Schweizer-Veltliner-Kutschen geblieben? Tja! Auch am Pass fast nur Carabinieri, Wächter und Soldaten. Es gibt das Tirano-Bataillon der Alpini, liebe und sympathische junge Männer! Es gibt auch eine Gruppe der Schwarzhemden.

Viele Leute, aber größtenteils aus Morbegno, Sondrio, Tirano, Ponte, und Grosio. Ich sehe Gruppen von Kämpfern mit Schildern, die ihre Herkunft anzeigen. Aber von Bormio sind wenige; die ländliche Bevölkerung fehlt vollständig. Seltsam! Das Stilfser Joch ist für die Borminer alles. Warum sind Sie nicht gekommen?

Ich schaue mich um. Was für ein wunderbares Schauspiel! Da ist der Ortler, die Königspitze, der Cristallo, bedeckt mit dem makellosen Mantel des neuen Schnees, die ihre glitzernden Gipfel zum klaren und blauen Himmel erheben! Herr, wie groß bist du in deinen Werken, und wie klein sind wir Menschen, einschließlich der Mächtigen!

Hier sind die Zeichen des Großen Krieges und der Wiedergeburt. Rechts erhebt sich die Kaserne mit ihren geschwärzten Mauerresten, links das Hotel Passo Stelvio, das 1922 noch eine Ruine war, es öffnet seine gastlichen Säle.

Aus Bormio ist General Segrè, der Kommandeur der Division Brescia, angekommen. Eine edle und majestätische Gestalt eines Soldaten (bei der Zeremonie zieht er sich zurück, er war nicht eingeladen). Wir gehen zum Belvedere „Kanzele“, um einen Blick auf das wiederaufgebaute Franzenshöhe zu werfen. Der Monolith[46], der die Grenze markierte, ist nicht mehr da. Durch Gottes Gnade und durch das Opfer unserer Toten sind alle Berge und Täler, die wir sehen, jetzt Italienisch … Ich irre mich. Ein Tal, jenes von Santa Maria, ist schweizerisch. Ich denke, dass auch es uns gehören sollte … Aber ich denke, es ist das Land der Freiheit …

Der Nordwind bläst. Wir flüchten ins Hotel.

13 Uhr – wir warten geduldig. Entlang der Straße, die von der Franzenshöhe hinaufführt, kommt eine Autokolonne. Es sind die Autoritäten des Alto Adige. Die Besucher versammeln sich auf dem Kamm, der von der Dreisprachenspitze abfällt, in der Sonne. Es ist ein schöner Anblick mit den vielen bunten Jacken.

Die Meraner Musikkompanie[47] mit den roten Westen verleiht dem Anblick eine sympathische Note, grüne Hosenträger und der schwarze, spitzige Hut mit der weißen Feder auf dem grauen Hintergrund. Die Autos kommen an. Der Königsmarsch wird gespielt. Aus dem ersten steigt S. E. Petrillo aus. Ich sehe um ihn herum den Onorevole Morelli, den On. Baruzzi, ich sehe den On. Volpe, den Senator Crespi, die Präfekten von Sondrio und Trient, den Quästor Comm. Tabusso, den Comm. Alzona und die örtlichen Autoritäten. […] Große Parade von Schwarzhemden mit Standarten und nationaler Miliz. Diese stellt sich auf der Straße am Pass unter dem Denkmal auf. Die Alpini sind rechts aufgestellt. […]. Die Reden beginnen… Morelli spricht … Ich schaue die Südtiroler an, sie wirken teilnahmslos mit versteinerter Miene. Was denken Sie? Petrillo spricht. Er spricht gut. Er ist noch der alte, erfahrene Parlamentarier. Und zwischen Veltlinern und Südtirolern agiert er diplomatisch. Applaus, erneut der Königsmarsch. […]

15 Uhr – Rückkehr. Es ist ein Anblick, der eines Gedichts würdig ist. Die Gipfel steigen unbeeindruckt in den Himmel. Und die Autos, die von oben gesehen wie kleine Schachteln aussehen, schlängeln und treiben sich entlang der Serpentinen und bringen die kleinen Menschen nach unten.

22 Uhr – Abendessen in den Bagni Nuovi. Mehr als 200 Gedecke und viele Reden, On. Petrillo hält eine bemerkenswerte Rede. […] Aber ach, das Versprechen des Tunnels verschwindet. „Ich bin nur ein einfacher Unterstaatssekretär, ich bin minderjährig und Minderjährige unterschreiben keine Wechsel, und wenn sie sie unterschreiben, sind sie ungültig." Es scheint, als würde er sagen: „Danke, aber ich trinke nicht." Jetzt verstehe ich, warum Ing. Gaviraghi[43], der vermeintliche Vater des Tunnelprojekts, krank geworden ist und nicht zum Stelvio gekommen ist.

Am nächsten Tag wurde in Bormio das Denkmal für die Gefallenen des Krieges 1915–1918 eingeweiht.

Das 150-jährige Jubiläum wurde um ein Jahr verschoben. So konnte man im erweiterten Kreis am 4. Juli 1976 auch das 75-jährige Jubiläum der Umbrailpassstraße feiern. Die Tourismusämter des Ortlergebiets, von Bormio und Val Müstair veröffentlichten eine dreisprachige Broschüre über beide Passstraßen.[49]

Es gab eine große Feier am Pass. Festumzüge von allen drei Seiten führten zu einem bunten Zusammentreffen verschiedenster Vereine am Joch. Kutschen, historische Fahrzeuge und Gewänder, allegorische Wagen und Brauchtumsgruppen der drei Sprachgruppen feierten in den Hotels. Als Ehrengäste waren Toni Sailer, die Bergsteigerfamilie Compagnoni, der Wintersportjournalist Rolly Marchi und weitere Persönlichkeiten anwesend. Im Stilfserjoch-Hotel war eine Ausstellung mit historischen Fotos und Stichen zu besichtigen.

v. l. Achille Compagnoni, Aristide Compagnoni, Silvio Confortola, Severino Compagnoni, Toni Sailer und Rolly Marchi anlässlich der 150-Jahr-Feier Fam. Confortola

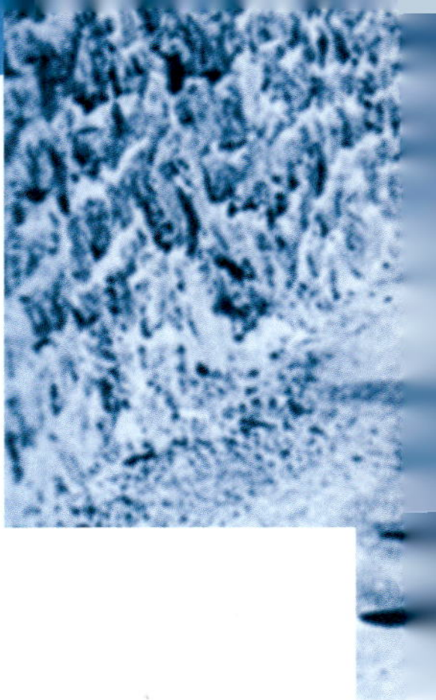

DAS STILI JOCH

im 20. Jahr

Kutsche am Weißen Knott

Mobilität im Wandel

PERSONENTRANSPORT MIT PFERDEN UND OMNIBUSSEN ÜBER DAS JOCH AB 1870

Nachdem das Veltlin wieder Teil des italienischen Staates geworden war, ergaben sich Veränderungen im Postdienst über das Stilfser Joch. Auf der Tiroler Seite bestand die Stelvio Omnibus Gesellschaft, zu der die Posthotels von Eyrs, Mals, Spondinig, Prad und Trafoi gehörten. Diese Gesellschaft besaß zahlreiche Pferde sowie ausreichend Kutschen und Karren. Allerdings wurde die Gesellschaft wegen der kriegerischen Auseinandersetzungen von 1859 und 1866 sowie der nachfolgenden Vernachlässigung der Straßeninstandhaltung aufgelöst. Dies führte um das Jahr 1880 zu unkoordinierten Doppelfahrten mit uneinheitlichen Preisen.

Hotel Zum Goldenen Hirsch, Neuspondinig

Am 12. Mai 1878 trafen sich die betroffenen Posthalter, nämlich Josef Peer von Spondinig/Eyrs, Alois Karner und Josef Johann Wallnöfer aus Prad, Arthur Stecher aus Mals sowie Josef Wallnöfer von der Franzenshöhe in Spondinig. Sie suchten die Unterstützung des Vermittlers, Ing. Florin, zur Lösung des Problems. Man wollte einen für alle zufriedenstellenden Vertrag ausarbeiten. Die Lösung bestand darin, die Fahrten gemeinschaftlich zu organisieren, wobei die Strecken gerecht aufgeteilt wurden. Die ersten Abfahrten erfolgten um 5.30 Uhr in Mals und um 6.30 Uhr in Eyrs. In Trafoi war eine Pause von einer halben Stunde, auf der Franzenshöhe von einer Stunde vorgesehen. Die IV. Cantoniera Santa Maria diente als nächste Station. Um 18 Uhr erreichte man die Bäder von Bormio. Zusätzliche Fahrzeuge, Zugtiere, Ersatzteile für Räder und die Versorgung der Kutscher wurden in dem Vertrag sorgfältig geregelt. Er wurde für drei Jahre abgeschlossen und beinhaltete fixe Tarife. Jeder Posthalter verpflichtete sich, die Interessen der Gesellschaft zu fördern.

Anmerkung.

1. Das Gepäck, wobei 10 Kilo frei sind, soll 20 Minuten vor der Abfahrt übergeben werden.
2. Die Unternehmung haftet für event. Verlust der übergebenen Stücke in gleicher Weise wie die Postanstalt für gewöhnliche Pakete ohne Wertangabe.
3. Der Schein hat nur für den ausgestellten Tag und Stunde Giltigkeit. Eine Rückzahlung der Reisegebühr findet nicht statt.
4. Der Schein ist auf Verlangen vorzuweisen.
5. Etwaige Beschwerden sind in den Stationen Prad oder Trafoi einzubringen.

Vormerkschein Nr.

zur

mnibusfahrt Bahnhof Spondinig—Prad—Trafoi oder zurück

für ~~die~~ Strecke

n Bhf nach Trafoi am 16/8 1913

Für 2 Platz à 350 | K 7 | F

Stück Reisegepäck mit kg Ueberfracht à

Abfahrt um 1 40 Uhr.

Aussteller: Wallnöfer

Vormerkschein Spondinig–Trafoi

Postfahrplan 1891

Ankunft der Post aus Bormio

Lohnkutscherei-Tarife

des

Bahn-Posthotels Hirsch in Neuspondinig

Besitzer: **Josef Peer,** k. k. Postfahrten-Unternehmer

S. PÖTZELBERGER'S BUCH- U. KUNSTDRUCKEREI IN MERAN 136-12

Allgemeine Bestimmungen:

Die Fahrpreise verstehen sich in Kronen und Hellern ö. W.

Im Fahrpreise sind sämtliche Auslagen des Kutschers, wie auch Maut, Vorspanngebühr und das Trinkgeld für den Kutscher inbegriffen.

Die Höchstzahl der Fahrgäste beträgt für einen Viktoriawagen 3 Personen (inkl. Bocksitz), für einen Landauer 4 Personen und für einen Vierspänner 6—7 Personen. Für Mailcoachs mit 8—10 Personen ist ein Zuschlag von 20 Prozent zum Tarife des Vierspänners zu entrichten.

Gegen den Willen des Fahrgastes eine fremde Person auf dem Kutscherbocke oder in den Wagen mitzunehmen, ist dem Kutscher untersagt.

Handgepäck, welches sich im Wagen, auf dem Bocke oder Magazin unterbringen läßt, ist frei; bis zu einem Höchstgewicht von 80 kg beim Viktoriawagen, 100 kg beim Landauer und 180 kg beim Vierspänner.

Bei größerem Gewichte oder außerordentlichen Volumen muß ein Gepäckwagen gestellt werden; der Fahrpreis desselben ist gleich dem des Viktoriawagens.

Die Fahrtdauer für einen Tag beträgt ungefähr 12 Stunden, darin inbegriffen 3 Stunden Futterrast.

Die Fahrstrecke ist für alle Arten von Fuhrwerken mit ungefähr 60 km für den Tag begrenzt.

Nach je vier Reisetagen ist der Kutscher berechtigt, einen Rasttag zu verlangen.

Rasttage, insofern sie nicht nach den besonderen Vereinbarungen inbegriffen sind, werden berechnet:

beim Viktoriawagen und Landauer . . 30 K
beim Vierspänner . . . . 50 K

Bei den im Tarife vorgesehenen Fahrten ist für die Rückfahrt des leeren Wagens nichts zu entrichten.

Die Bezahlung der Fahrten hat beim Antritt der Reise im Hotel bar zu erfolgen. Für tadellose Ausführung derselben sowie Beistellung von erstklassigem Pferde- und Wagenmaterial, verläßlichen und ortskundigen Kutschern haftet das Hotel durch schriftlichen Vertrag.

Wenn die Benützung eines bestellten Lohnfuhrwerkes aus was immer für einem Grunde unterbleibt und nicht längstens 3 Stunden vor der Abfahrt abgesagt wird, so ist für den allfälligen Verdienstentgang eine Entschädigung im Betrage von einem Viertel des tarifmäßigen Preises für die Fahrt bis zu jenem Be-

Tarife der Lohnkutscher

— 4 —

stimmungsorte zu zahlen, für welchen der Wagen aufgenommen worden war.

Ueberschreitungen des vorstehenden Tarifes werden von der politischen Behörde I. Instanz nach den Bestimmungen der Ministerial-Verordnung vom 30. September 1857, R.-G.-Bl. Nr. 198, geahndet.

Dies wird mit folgenden, auf Grund des § 54, Abs. 2 der Gewerbeordnung erlassenen polizeilichen Vorschriften zur allgemeinen Kenntnis gebracht.

1. Jeder Kutscher ist verpflichtet, den Tarif, welcher am Schlusse den Namen und die Adresse des Fuhrwerk-Inhabers zu enthalten hat, mit sich zu führen und den Reisenden bei der Aufnahme zu einer Fahrt vorzuweisen.

2. Dem Kutscher ist ein höfliches und anständiges Benehmen den Fahrgästen gegenüber zur Pflicht gemacht und ist insbesondere das Rauchen nur mit Genehmigung des Fahrgastes gestattet.

3. Uebertretungen dieser Vorschriften werden wie vorstehend von der politischen Bezirksbehörde bestraft und sind alle Klagen der Fahrgäste gegen den Kutscher direkt bei dieser (k. k. Bezirkshauptmannschaft Schlanders) oder bei dem nächsten Gendarmerie-Postenkommando oder der nächsten Gemeindevorstehung vorzubringen.

Insoweit der vorliegende Tarif Strecken in sich begreift, welche außerhalb des Kronlandes Tirol liegen, hat derselbe keine verpflichtende Kraft und soll lediglich zur Orientierung des Publikums über die ortsüblichen Fahrpreise dienen.

Route I:

Von Spondinig nach Gomagoi-Trafoi-Stilfserjoch

Richtung	km	Viktoria 2—3 Pers.	Landauer 4 Pers.	Viersp. 6—7 Pers.
		K	K	K
Nach **Prad**	2	5	6	10
„ **Gomagoi**	9	15.40	22	30.80
„ **Trafoi**	15	27.50	33	55
„ **Trafoi** und retour	15	44	57.20	88
„ **Franzenshöhe**	22	49.50	66	99
„ **Franzenshöhe** und retour	22	77	99	165
„ **Ferdinandshöhe**	29	66	77	132
„ **Ferdinandshöhe** und retour		93.50	110	198

Das Trinkgeld für den Kutscher, die Vorspann- und Mautauslagen bereits in den Tarif eingerechnet

— 7 —

Route VI (Fortsetzung):

Richtung	km	Viktoria 2—3 Pers.	Landauer 4 Pers.
		K	K
Nach **Mals** oder **Spondinig** (2 Tage)		121	132
„ Sulden-**Stelvio-St. Maria-Spondinig**	97	154	187
„ **Trafoi**-Stelvio-**St. Maria** oder **Mals-Landeck** (2—2 1/2 Tage)		200	230
„ Sulden - **Trafoi - Stelvio-St. Maria-Mals-Landeck** (2 1/2—3 Tage)		250	300

Route VII:

Von Spondinig nach Stelvio-Bormio-Bernina-St. Mori

Richtung	km	Viktoria 2—3 Pers.	Landauer 4 Pers.
		K	K
Nach **IV. Cantoniera**	32	70.50	88
„ **Bormio-Bagni** (1 Tag)	48	100	125
„ **Tirano** (2 Tage)	92	150	200
„ **Leprese** oder **Poschiavo**	128 (132)	200	250
„ **Pontresina** oder **St. Moritz** (3 Tage)	167 (174)	250	300
Pontresina oder **St. Moritz** (4 Tage)		275	320
„ **Pontresina** oder **Maloja** (4 Tage)	188	300	350
„ **Chiavenna**	220	350	400

Das Trinkgeld für den Kutsaher, die Vorspann- und Mautausla bereits in den Tarif eingerechnet

Zeit-Tarif

(in der Dauer von mehr als einem Tag), die im Tarife nicht e halten sind.

Für einen halbgedeckten Viktoriawagen bis zu 3 Personen . . . . . per Tag 50 K
Für einen Landauer bis zu 4 Personen . per Tag 70 K
Für einen Vierspänner bis zu 7 Personen per Tag 125 K

Bei Fahrten in das Ausland, die in den speziellen Tari nicht vorgesehen sind, tritt noch ein Teuerungszuschlag von Prozent des Fahrpreises ein.

In diesen Tagespreisen sind alle weiteren Gebühren wie o inbegriffen.

50 Archiv D. Fliri.

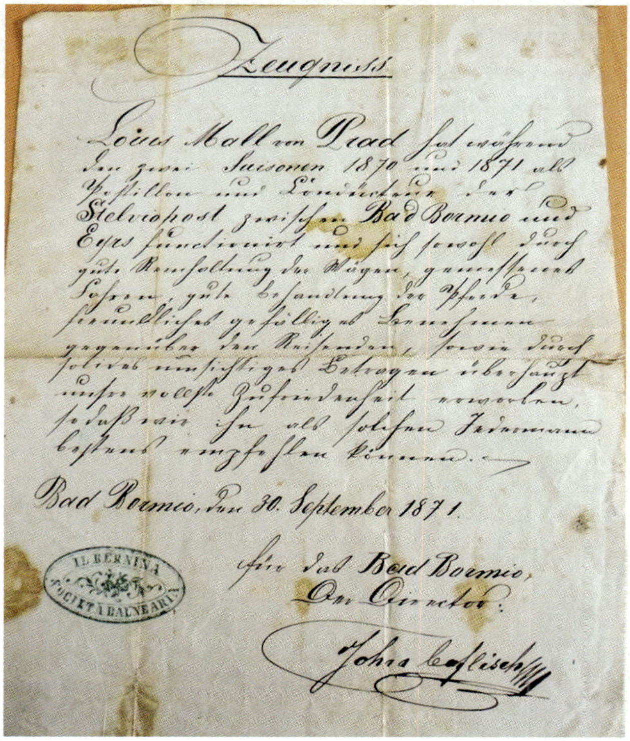

Zeugniss

Louis Mall von Prad hat während den zwei Saisonen 1870 und 1871 als Postillion und Conduckteur der Stelviopost zwischen Bad Bormio und Eyrs functioniert und sich sowohl durch gute Rainhaltung der Wägen, gemesenes Fahren, gute Behandlung, sowie durch solides umsichtiges Betragen überhaupt unser vollste Zufriedenheit erworben, so daß wir ihn als solchen Jedermann bestens empfehlen können. Bad Bormio, den 30. September 1871

Für das bad Bormio
Der Direktor
Johna Baflisch[50]

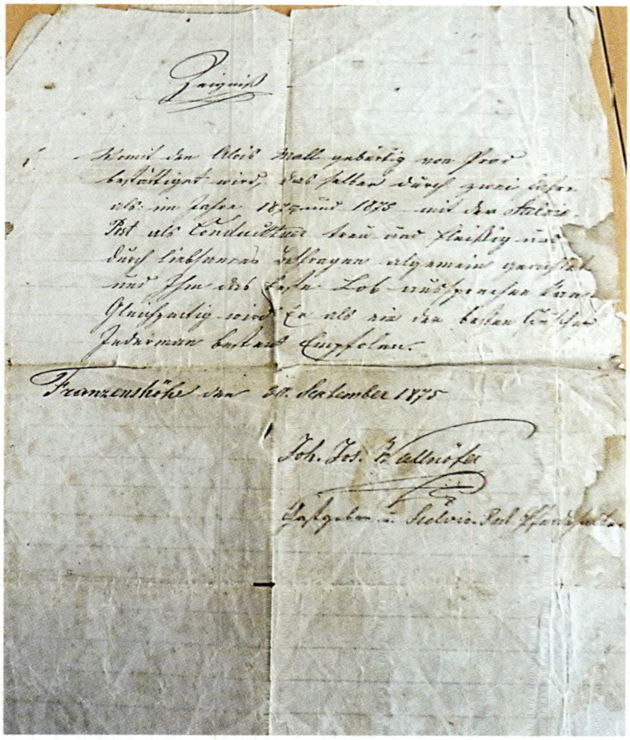

Zeugniß

Womit den Alois Mall gebürtig von Prad bestättiget wird. dass selber durch zwei Jahre also: im Jahre 1874 und 1875 mit der Stelvio Post als Conducteur treu und fleißig und durch liebsames Bethragen algemain geachtet und Ihm das beste Lob aussprechen kann.

Gleichzeitig wird Er als ein der besten Guschner Jedermann bestens empfohlen.

Franzenshöhe am 30. September 1875
Joh. Jos. Wallnöfer
Gastgeber u. Stelvio Postpferdehalter

Zeugnis für den Postillion Louis Mall

Man beabsichtigte,

„Passagiere für die Gesellschafts-Interessen zu engagieren und solchen nicht absichtlich von der Fahrt abzurathen und auf eigene Rechnung zu befördern, vorausgesetzt, daß Passagiere nicht Selbst bestimmt separate Fahrtgelegenheiten fordern".

Die Sitze im Coupé (obere Plätze) wurden höher bewertet als die Fondsitze und waren bereits ab Mals bzw. Eyrs reserviert. Falls jemand einen Coupéplatz erst in Spondinig, Prad, Gomagoi oder Trafoi reservieren wollte, musste er die Fahrt ab Eyrs oder Mals bezahlen. Das Hotel Trafoi hatte jedoch zwei Coupéplätze zur Verfügung.

Im Jahr 1893 beantragten Alois Karner, Ludwig Ortler und Josef Ortler bei der Bezirkshauptmannschaft eine Konzession für die Strecke von Prad bis zum Stilfser Joch. 1898 wurde die Strecke nach Sulden hinzugefügt, die sowohl von Prad als auch von Trafoi aus bedient wurde. Die Gemeinde Prad unterstützte diesen Antrag und bescheinigte Alois Karner einen hervorragenden Ruf:

„Dem Alois Karner k. k. Postmeister hier wird von Seite der Gemeindevorstehung nur der beste Leumund in jeder Beziehung ausgefertigt. Selber besitzt Eigenschaften u. Mittel zur Genüge, um eine Omnibusfahrt nach seinem Vorhaben auszuführen."

Der Fahrplan sah folgende Zeiten vor:

Ab Prad 7,^{00} – an Gomagoi 8,^{30} – an Trafoi 9,^{30} – ab Trafoi 10,^{00} – an Franzenshöhe 12,^{15} – ab Franzenshöhe 1,^{30} – an Ferdinandshöhe 3,^{15} – an Bormio 6,^{15}

Ab Bormio 7,^{00} – an Ferdinandshöhe 12,^{45} – an Franzenshöhe 1,20 – ab Franzenshöhe – 2,^{30} – an Trafoi 3,^{30} – ab Trafoi 4,^{00} – an Prad 5,^{20}

Passagiere Aufnahme unbedingt an den Stationen Prad, Trafoi, Franzenshöhe

Prad Gomagoi 80 kr – Gomagoi Trafoi 80 kr – Trafoi Franzenshöhe 1 fl 60 kr – Franz. Ferdinands. 2 fl 60 kr (alles u. rentour) Überfracht per Kilo u. Station 2 kr.[51]

Die Fahrten und die Zusammenarbeit mit dem Bade Bormio verliefen in der Regel reibungslos. Man achtete darauf, erfahrene Kutscher einzustellen. Auf der Veltliner Seite wurden einige Tiroler Kutscher angestellt, um Sprachbarrieren zu vermeiden.

Alles änderte sich mit dem Aufkommen des motorisierten Verkehrs.

1910 wurde seitens der Tiroler Regierung einer öffentlichen Gesellschaft die Konzession für Eilwagen bzw. Postautomobilfahrten von Landeck bis Trafoi übergeben. Die Fahrzeit bis Spondinig betrug 6,5 Stunden. 1911 nutzten vom 27. Juni bis zum 30. September 7949 Personen diese Fahrgelegenheit. Als Chauffeure wurden Offiziersanwärter in schwarzen Uniformen angestellt. Sie fuhren Autobusse der Marke Gräf & Stift. Von den privaten Fuhrunternehmern wurde dagegen Beschwerde eingelegt. Sie verlangten, dass die Konzession für Pferdefuhrwerke automatisch auf die motorisierten Fuhrwerke übertragen werde und somit auch sie zum Zuge kämen. Die Vorsprache einer Vertretung der privaten Fuhrunternehmer in Wien brachte kein positives Ergebnis.

Ab dem 2. Juli 1910 wurden auch motorisierte Omnibusfahrten von den Bagni Nuovi in Bormio nach Spondinig eingeführt, was die Möglichkeiten für Reisende erweiterte.

Die Probleme auf Tiroler Seite waren drängender, denn die öffentlichen Wagen hielten nicht überall dort, wo es die Privaten mit ihren Kutschen taten. Einige kleinere Ortschaften wurden ganz ausgelassen. Dabei muss bemerkt werden, dass auch die Privaten schon früher mit den Kutschen in erster Linie bei ihren Häusern hielten und sehr oft die Fahrpläne so gestalteten, dass die Gäste zu einem Aufenthalt um die Mittagszeit oder sogar am Abend zum Übernachten in den betreffenden Häusern gezwungen wurden. Posthalter wie Josef Peer in Spondinig waren zudem immer schon als vehemente Gegner des Automobilverkehrs auf der Passstraße hervorgetreten. Dazu kam, dass man den Fahrten mit dem Automobil auf längeren Distanzen den Vorzug gab und damit den Alteingesessenen für kurze Strecken zwischen den Orten keine Plätze zur Verfügung standen. In Spondinig hatte die Eröffnung der Zugstrecke aus Meran im Jahre 1906 zu einem rasanten Anwachsen der Gäste für

51 1994, 1 Gulden (fl) = ca. 35 €, 1 fl = 100 Kreuzer (kr.) lt. österr. Währungsrechner.

52 Postautobus.

53 Allg. Tiroler Anzeiger, 9. März 1912.

Erster Postbus von Landeck nach Prad

das Ortlergebiet geführt. Die Autobusse kamen voll beladen von Landeck und Mals an und konnten keine weiteren Gäste aufnehmen. 1907 zählte man am Bahnhof von Spondinig bereits 52.742 An- und Abreisende, 1911 waren es über 60.000. Die Kutschen reichten dafür nicht aus – und die größeren Fuhrunternehmer waren nicht gewillt, weitere zur Verfügung zu stellen. Sie hatten den Vorteil der Kraftfahrzeuge bereits erkannt. Ein weiterer Ankauf von Fuhrwerken hätte auch den Zukauf von Pferden für die Sommersaison mit sich gebracht. Diese mussten im Herbst wieder verkauft werden, da eine Durchfütterung über den Winter nicht rentabel war. Zudem mussten auf der kurvenreichen Strecke bis zum Joch aus Sicherheitsgründen an die Automobile gewohnte Pferde eingespannt werden, die nicht scheuten.

1912 gab es zwecks Verkehrsverbesserungen im Vinschgau eine Vorsprache in Wien. Unter Führung der Abgeordneten Schraffl, Noggler und Kofler begab sich eine Deputation mit den Hoteliers Ortler (Trafoi), Karner (Prad) und Grissemann (Eyrs), Bürgermeister Noggler von Mals und Hotelier Wallnöfer von Prad zum Generalpostmeister Ritter von Wagner-Jauregg, um zu erreichen, dass der staatliche Automobilbetrieb[52] auf der Strecke Spondinig–Trafoi den dortigen Hoteliers übertragen würde.

Die Deputation begründete ihren Wunsch mit dem Hinweis, dass der dortige staatliche Autoverkehr den Anforderungen nicht vollkommen entspreche und die Hoteliers daher gezwungen seien, nebenbei den Pferdewagenverkehr aufrecht zu erhalten.

Ritter von Wagner-Jauregg nahm die Wünsche der Deputation freundlichst entgegen, betonte jedoch, daß sich im heurigen Jahre in dieser Angelegenheit nichts mehr machen lasse. Der Fahrplan sowie die Zahl der zu verkehrenden Automobile seien schon festgesetzt und da könne keine Aenderung mehr getroffen werden. […] Sodann begab sich die Deputation zum Handelsminister Rößler, der das freundlichste Entgegenkommen in Bezug auf das Verkehrswesen von Spondinig-Trafoi zeigte und erklärte, die Wünsche nach Möglichkeit zu erfüllen.[53]

Geändert hat sich nichts. Im Gegenteil: 1913 wurden weitere öffentliche Autobusfahrten nach Trafoi eingesetzt, sodass auch aufgrund der rückläufigen Gästezahlen einige private Fuhrunternehmen in finanzielle Schieflage gerieten. Bis zum Beginn des Ersten Weltkrieges blieb alles beim Alten.

Perego stellt seine Flotte am 9. September 1930 vor.

Die motorisierten Postfahrten im Veltlin begannen um 1905, nachdem eine private Gesellschaft zuerst die Strecke Tirano-Bormio bedient hatte. Ab 1910 wurde eine regelmäßige Autobusverbindung von Tirano bis Bormio und von dort bis zum Stilfser Joch eingerichtet. Der Leiter dieser Linie, welche von der Messaggerie Postali Valtellinesi betrieben wurde, war Postmeister Filippo Buzzi[54]. Ein tüchtiger Mitarbeiter dieses Betriebes, der junge „Carlin" Carlo Perego aus Tirano, übernahm nach wenigen Jahren den Betrieb. Seit dem Ende des Ersten Weltkrieges führt dieses Familienunternehmen die Buslinien im Veltlin und aufs Joch.

Ab 1931 organisierte die Firma Perego, von Sondrio ausgehend, die ersten großen Rundreisen in die Dolomiten und die Verbindung bis nach Mailand. Im selben Jahr baute Perego zuerst ein kleines Restaurant, kurz darauf das Hotel Perego am Joch. Während des Zweiten Weltkrieges wurden die Fahrten zum Teil eingestellt. 1945 erstellte Perego einen Postschalter und Aufenthaltsraum direkt neben dem gleichnamigen Hotel am Joch. Auf dem Parkplatz daneben hielten alle Postbusse aus Bormio, Trafoi und Santa Maria.

Auch Bormio litt unter Verkehrsproblemen. Neben dem deutlichen Widerstand vieler Einwohner gegen Autos war die Durchfahrt durch die Stadt eine Herausforderung. Die Straßen im mittelalterlichen Zentrum waren äußerst eng und von Häusern und Stalltoren gesäumt. Am ersten Haus stand in großen Lettern zweisprachig: AL PASSO – SCHRITTWEISE.

Der einzige größere Platz, der Kuerc vor dem Dom, nun als Piazza Cavour bekannt, war ein abschüssiger Hang, der im Winter oft vereist und meist von den Lastfuhrwerken der Bewohner belegt war. Hinzu kamen die neuen Omnibusse der Firma Perego, die dort ihre Haltestelle hatten. Mit dem starken Verkehr zum Joch waren Staus vorprogrammiert. Selbst der Pfarrer war unglücklich, da der Motorenlärm seine Messen störte. Die Stadtverwaltung schlug vor, die Bushaltestelle außerhalb des Zentrums zu verlegen, aber das stieß auf Ablehnung bei den Einheimischen, die den privaten Autoverkehr aus der Stadt verbannen wollten. Eine Lösung schien

54 Ausführlicher Bericht über die neuen Postlinien in der Festbroschüre „150-Jahrfeier, Bau der Stilfser-Joch-Straße" im italienischen Beitrag von Ireneo Simonetti.

55 Società trasporti automobilistici Trentino.

56 In der Kehre zurückstoßen.

Der Hauptplatz von Bormio „Kuerc“

Omnibus der STAT mit dem Chauffeur Jakob „Joggl“ von Hanspeter

nur durch eine neue Umgehungsstraße möglich zu sein, doch die Verwaltung ignorierte diese Idee – und so blieb das Verkehrschaos viele Jahre lang bestehen.

Mit dem Postautobusdienst hatten die lokalen Südtiroler Posthalter nach dem Krieg nichts mehr zu tun. Der motorisierte Dienst auf Tiroler Seite wurde ab 1922 von der STAT[55] und der Soc. Automobilistica Atesina bedient. Diese Gesellschaften wurden vom Staat großzügig gefördert. Ihr Fuhrpark bestand aus ausgemusterten, umgebauten Militärlastwagen der Marke Fiat 15ter mit 4398 cm^3, welche zu Tausenden verfügbar waren.

Der erste Chauffeur war der Bozner Jakob von Hanspeter. Er hatte als junger Automobilbegeisterter in Innsbruck bei einem Autohändler gelernt, war im Krieg als Fahrer für die höchsten österreichischen Offiziere des Militärs gefahren und hatte mit Begeisterung diese Fahrstrecke aufs Joch übernommen. Die Fahrt von Spondinig aufs Joch kostete 24 Lire. In Trafoi wurde bei der Schönen Aussicht Halt gemacht. Hanspeter konnte sich im hohen Alter noch gut daran erinnern, dass die Kinder des Ortes nur darauf gewartet haben, nach der Abfahrt hinter dem knatternden Fiat so weit wie möglich herzulaufen. Darunter war auch der Vater von Gustav Thöni.

In 37 der 48 bestehenden Kehren musste Hanspeter mit seinem Wagen reversieren[56]. Er feilte daraufhin die Achsschenkel so lange zu, bis der Einschlag größer war. Daraufhin waren nur mehr sieben Kehren problematisch. Am Joch waren die Gäste anfänglich gezwungen, in das Postauto von Perego umzusteigen, um ins Veltlin weiterzufahren. Nach kurzer Zeit fuhr dann Perego bis Spondinig und die STAT bis Bormio, sodass ein Umsteigen nicht mehr notwendig war, was für die Gäste eine größere Annehmlichkeit bot und die Strecke noch attraktiver machte.

Der Postautobusdienst von Santa Maria bis zum Joch wurde ab 1922 mit Extrapostautokurs bedient. Gleichzeitig fuhren ab dem 15. Juli anfänglich noch die zweispännigen Postkutschen.

Fahrkarte Spondinig–Tirano oder zurück

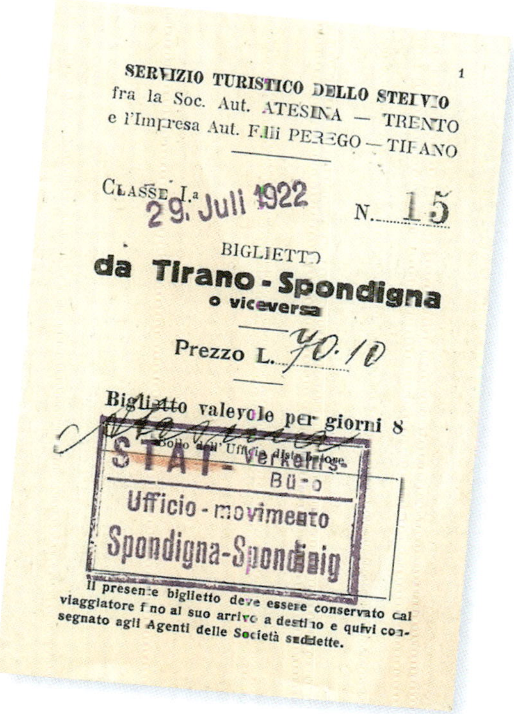

MIT DEM FAHRRAD AUFS STILFSER JOCH

Fahrräder am Weißen Knott, 1898
Fremden Zeitung

Über Jahrzehnte stellten Pferdekutschen oder von Ochsen und Maultieren gezogene Karren die einzige Möglichkeit dar, das Stilfser Joch mit fremder Hilfe zu erklimmen. Bereits 1885 waren die ersten Velozipedisten mit ihren Hochrädern und den direkt auf dem Rad angebrachten Pedalen vereinzelt auf der Straße anzutreffen. Sie ließen sich von Lastkarren aufs Joch bringen, um dann auf der einen oder anderen Seite ihre Fertigkeiten bei der Abfahrt zeigen zu können.[57] Als sich um 1880/1890 eine neue Erfindung auf zwei Rädern mit Kettenantrieb in Windeseile in den Städten verbreitete, waren die ersten dieser Vehikel bald auch auf den Passstraßen zu beobachten. Mit fortschreitender Entwicklung vom Hochrad zur Bicyclette und zum Niederradmodell Rover wurde es dann zur Mode, mit diesen auch Fernreisen zu unternehmen. In Tirol gab es 1897 bei den Klubs der Radfahrer bereits 700 eingeschriebene Mitglieder. Die ersten schweren und auch klobigen Drahtesel wurden stöhnend und schwitzend von beiden Seiten auf das Joch geschoben. Der Genuss bestand in einer vermeintlich leichten oder beschwingten Abfahrt, doch auch diese hatte es in sich. Die Bremsen waren rudimentär und hielten dem fortwährenden Gebrauch bei der Talfahrt nicht stand. Sie mussten viel häufiger eingesetzt werden als vermutet. Die Fußgänger, die Transportkarren, die Kutscher und – wie so üblich – einfach alle hatten etwas gegen diese neumodischen Vehikel und besetzten die Straßen nach ihrem Gutdünken, sodass den Velozipedisten eine gemütliche und gleichmäßige Fahrt verwehrt blieb und sie wiederholt zum Anhalten gezwungen waren. Das Ausweichen von den benützen Fahrspurrillen auf die Seitenstreifen war wegen des dort liegenden Schotters eine gefährliche Sache. Damit sich die Radfahrer eine gleichmäßige Abfahrt erlauben konnten, griffen sie zu einem unkonventionellen Mittel; sie banden alle möglichen Gegenstände ans Rad. Dafür verwendeten sie zum Teil Hölzer, die als Randpfosten der Straße dienen sollten, rissen Äste von den an der Straße wachsenden Bäumen oder sogar ganze Jungbäume als Schleppbäume aus.

Daraufhin kam es mit der Verordnung Nr. 30.217 vom 22. August 1898 durch die k. k. Statthalterei von Innsbruck zu einem Radfahrverbot auf der Talfahrt vom Joch bis nach Trafoi.

Drakonische Strafen wurden ausgesprochen, sie reichten bis zu 100 Gulden Geldbuße oder sahen zwischen sechs Stunden und 14 Tage Arrest vor. 1899 drohte man den Radfahrern an, das Verbot bis Neuspondinig auszuweiten. Auf der Veltliner Seite hingegen konnte der Pass weiterhin ungehindert befahren werden. Die Radfahrerclubs und der österreichische Touring Club Ö.T.C.[58] waren auf Druck ihrer Mitglieder um die Aufhebung des Verbotes bemüht und machten mehrere Eingaben.

57 Anton Schöpf, Kurat in Trafoi 24. September 1885.

58 In der Frühzeit des Radfahrsports und des aufkommenden Automobilismus schlug Ritter von Stern den Namen Österreichischer Touring-Club (ÖTC) für eine zu gründende Dachorganisation der Radfahrervereine vor. Ritter von Stern war dann jahrelang Vizepräsident des ÖTC. Nach der Gründung des Österreichischen Automobil-Clubs wurde er in den Vorstand gewählt. Diese beiden Clubs waren der Beginn des ÖAMTC.

59 Club-Organ des Österreichischen Touring-Clubs, 1902.

Eingabe um Freigebung der Stilfserjochstrasse.

Die der Leitung des „Ö. T.-C." von einigen Mitgliedern, welche im heurigen Sommer in Tirol Radtouren unternahmen, gemachten Mitteilungen veranlassten erstere, nachstehende Eingabe an die Statthalterei in Innsbruck zu richten:

Wien 25. September 1902.

Hohe k. k. Statthalterei für Tirol und Vorarlberg in Innsbruck.

Von Radtouristen, welche im heurigen Sommer Radreisen in Tirol unternahmen, wurden wir darauf aufmerksam gemacht, dass 1. die Silfserjochstrasse mit dem Rade nicht befahren werden dürfe und 2. die Fuhrleute entweder gar nicht oder nur sehr widerwillig auf der vorgeschriebenen Seite der Strassen fahren und den Radfahrern nicht Platz machen wollen.

Zu Punkt 1

Soviel in Erfahrung gebracht werden konnte, ist das Verbot der Befahrung der Stilfserjochstrasse in der Richtung vom Stilfserjoche nach Spondinig deshalb erfolgt, weil seinerzeit die Radfahrer schwere Stangen an dem Rade anbrachten, um beim Bergabfahren ein langsames Tempo einhalten zu können. Durch diese Stangen, manchmal sollen es auch ganze Bäume gewesen sein, wurde die Strasse beschädigt und aufgerissen.

Das Verbot war deshalb im Interesse der Erhaltung der Strasse gerechtfertigt. Seit Erlassung dieses Verbotes haben die Bremsvorrichtungen an den Fahrrädern derartige Verbesserungen erfahren, es sei hier nur auf die Nabenbremse bei den Freilaufrädern und auf die Karlonische Hinterradbremse verwiesen, dass es auch ohne Anbringen eines Stockes möglich ist, den steilsten Berg im langsamsten Tempo hinabzufahren. Diejenigen Radtouristen, welche, von Bormio kommend, auf der italienischen Seite die Höhe des Joches nur schiebend erreichen können, empfinden die Notwendigkeit auch abwärts das Rad führen zu müssen, umso empfindlicher, als das Bergabfahren auf der italienischen Seite ohne weiters gestattet ist

Zu Punkt 2

Es ist eine Tatsache, dass die Lenker der Fuhrwerke, besonders der schweren, stets die Mitte der Fahrbahn, wo sie ausgefahren ist, benützen und auch auf Bitten der Radfahrer nicht ausweichen, so dass letztere gezwungen sind, entweder abzusitzen, um den Wagen vorüberzulassen oder nach der meistens mit Schotter bedeckten Strassenseite auszuweichen und sich dabei der Gefahr eines Sturzes auszusetzen. […] Auf das Ersuchen der Radfahrer wurde meist zur Antwort gegeben: „Einem Radfahrer weiche ich nicht aus." Nachdem das Fahrrad heute kein Luxusgegenstand, sondern geradezu ein allgemeines Verkehrsmittel für Reich und Arm geworden ist und auch vom Gesetze als leichtes Fuhrwerk angesehen wird, ist es wohl nicht einzusehen, warum der Radfahrer nicht auch das Recht haben soll, auf der Strasse ungehindert und ungefährdet zu verkehren.

Die ergebenst gefertigte Leitung des „Ö. T.-C.", welcher, wie schon der Name andeutet, die Interessen der Radfahrer in ganz Oesterreich zu vertreten berechtigt und verpflichtet ist, stellt daher an die hohe Statthalterei die ergebene Bitte:

1. das Verbot des Befahrens der Stilfserjochstrasse mit Fahrrädern mit Rücksicht auf die modernen Bremsvorrichtungen gnädigst aufheben und

2. durch entsprechende Massregeln dahin wirken zu wollen, dass das Fahrrad von Seite der Fuhrwerkslenker als gleichberechtigt anerkannt und der Radfahrer im Fahren nicht gehindert werde.

Hochachtungsvollst für die Leitung des „Ö. T.-C."
Borkowski, Dr. Julius Loew, Präsident. I. Schriftführer[59]

Alle Eingaben waren umsonst, man versuchte das Verbot auch mit der Begründung der anstehenden Rekonstruktionsarbeiten an der Straße aufrecht zu erhalten.

Stilfserjochstrasse.

Ueber Eingabe des „Ö. T.-C." vom 25. September 1902 um Freigabe des Verkehres

mit Fahrrädern auf der Stilfserjochstrasse hat die k. k. Statthalterei in Innsbruck mit Erlass vom 20. März 1903, Z. 51041 eröffnet, dass das Verbot des Radfahrens in der Strassenstrecke und Fahrtrichtung Ferdinandshöhe bis Trafoi erst nach Beendigung der Strassenrekonstruktionsarbeiten aufgehoben werden kann.

Weiters hat diese Behörde über den zweiten Teil dieser Eingabe, betreffend das gegenseitige Ausweichen von Radfahrern und Fuhrwerk bemerkt, dass die §§ 15 und 20 der Radfahrordnung für Tirol und Vorarlberg vom 17. Mai 1902, L.-G.-B. Nr. 13, die entsprechenden Vorschriften enthalten, mit deren Ueberwachung die Sicherheitsorgane der Gemeinden, die Strassenaufsichtsorgane und die k. k. Gendarmerie betraut sind.

Die betreffenden Paragraphen der Radfahrer-Ordnung für Tirol und Vorarlberg lauten:

§ 15. Der Radfahrer hat beim Begegnen von Fuhrwerken, Reitern, Triebvieh rechtzeitig nach rechts auszuweichen und im Falle dies nicht möglich wäre, abzusteigen. Beim Vorfahren hat der Radfahrer sich links zu halten.

§ 21. Um den Radfahrern das Vorbeikommen auf der Fahrstrasse zu ermöglichen, haben Fuhrwerke, Reiter, Treiber von Viehtransporten, wenn sie nicht selbst daran verhindert sind, den Radfahrern auf das gegebene Warnungssignal (Glockensignal) beim Begegnen nach rechts, beziehungsweise

beim Vorfahren nach links auszuweichen.

§ 22. Bemerkt der Radfahrer, dass ein Pferd vor dem Fahrrade scheut oder dessen Lenker zur Vorsicht mahnt, wozu derselbe bei Kenntnis dieser Eigenschaft seiner Tiere verpflichtet ist, oder dass sonst durch das Vorbeifahren mit dem Fahrrade Menschen, Zug- oder Triebvieh in Gefahr gebracht werden, so hat er abzusteigen, doch immer so, dass das Fahrrad den Augen des Tieres möglichst entzogen wird.

Wer vermutet, dass nur einige hinterwäldlerische Tiroler sich für ein solches Gesetz stark gemacht haben, irrt sich gewaltig. Auch Gastwirte, und dabei besonders Posthalter, waren dafür. In mehreren Radfahrerjournalen wurde auf die am Joch bestehenden Beschränkungen hingewiesen.

60 Sächsische Rad- und Motorradfahrer-Zeitung, 12. März 1904.

1904 schilderte ein Betroffener seine Fahrt vom Joch nach Trafoi wie folgt:

Am 10. August benutzte ich die Stilfserjochstraße von Bormio aus. Auf der Passhöhe und Hotel Ferdinandshöhe angelangt, nahm ich Kenntnis von dem Verbot der k. k. österreichischen Bezirkshauptmannschaft, dass die Benutzung der Straße von der Passhöhe bis Kilometer 14 mit Fahrrädern untersagt sei. (Automobile sind frei). Mit Rücksicht darauf ging ich auch von dort bergabwärts das Velo führend zu Fuss, nur an zwei Stellen, die einerseits infolge geringen Gefälles, andererseits infolge Fehlens jeden Wagenverkehrs gänzlich gefahrlos waren, benutzte ich das Rad. Die Strasse ist von oben bis zum Hotel Franzenshöhe (Nebenzollamt) vollkommen zu übersehen, und veranlasste mich nur oben genannter Umstand, die Strasse dennoch 400 Meter weit mit dem Rad zu befahren. Wegen Erledigung der Zollgeschäfte war ich genötigt, das Hotel Franzenshöhe aufzusuchen und wurde beim Betreten des Hofes sofort vom Hotelier, nicht dem Strassenaufseher, angehalten, dass ich mit zehn Kronen straffällig sei, da er mich durch das Fernglas beobachtet und dem Aufseher angezeigt hätte. Der Beamte entschuldigte sich, dass er mich mit diesem Betrag in Strafe nehmen müsse, da ich ihm von dem Hotelbesitzer denunziert worden sei. In jener einsamen Gegend ist man auf den Besuch dieses Gasthofes angewiesen. Nichtsdestoweniger dürfte es sich empfehlen, Unionsmitglieder bzw. alle Radfahrer tunlichst vor dem Aufenthalt im Hotel Franzenshöhe zu warnen und diesen Verfall bekannt zu geben.[60]

Eine andere Zeitung war ebenso kritisch und schrieb folgendes:

„Das Gasthaus Franzenshöhe mit einem den Radfahrern gegenüber recht unfreundlichen Wirte."

Das Gasthaus gehörte damals dem k. u. k. Ärar und wurde von Josef Peer, einem Wirt aus Spondinig, geführt.

Die Ablehnung dieses neuen Fortbewegungsmittels war bei der Bevölkerung sehr groß, zumal zum Fahrrad jetzt auch noch etwas „Furchterregendes", das motorgetriebene Fahrrad nämlich, und, ganz schlimm, das Automobil dazu kamen.

Erst im Juni 1906 wurde das Verbot aufgehoben und die gesamte Strecke für den Fahrradverkehr freigegeben. In Trafoi standen zudem Personen bereit, welche das Fahrrad für sechs Kronen bis zum Joch hinaufschoben. Zu dieser Zeit fuhren schon Hunderte von Automobilen ohne größere Einschränkung übers Joch.

Für die Fahrt über den Pass ins italienische Gebiet hatten Fahrradtouristen weitere Vorschriften zu beachten. Sie mussten sich bei der königlichen italienischen Zollbehörde zur Zollabfertigung melden. Diese befand sich nicht im Rotterhaus am Joch, sondern vier Kilometer weiter talwärts auf der IV. Cantoniera.

Das königlich italienische Finanzministerium hatte mit einem Erlass den Mitgliedern des österreichischen Touristenclubs (Ö.T.C.) die zollfreie Überschreitung der italienischen Grenze bei vielen Zollämtern bewilligt, einschließlich jenem an der IV. Cantoniera. Für die Reise nach Italien verlangten die italienischen Zollvorschriften das Vorweisen einer Mitgliedskarte des Ö.T.C. Dafür bekam der Besitzer einen Vormerkschein; zusätzlich wurde am Fahrrad ein zollamtlicher Stempel, eine Plombe, angebracht.

Auf dem Vormerkschein musste das Datum angegeben werden, innerhalb welchem die Wiederausfuhr des Fahrrades erfolgen musste. Die Ausfuhr war bei jedem Zollamt des Landes erlaubt. Der Radfahrer war berechtigt, und es wurde ihm sogar angeraten, eine Bescheinigung zu verlangen, durch welche bezeugt wurde, dass das Rad innerhalb des festgesetzten Termins das Land wieder verlassen hatte.

Falls ein Fahrrad nicht wieder aus Italien ausgeführt wurde, verrechnete der italienische Zoll dem Ö.T.C. 42,60 Lire Einfuhrzoll. Um derartige Fälle zu vermeiden, wurde den Mitgliedern, die der italienischen Sprache nicht mächtig waren, vom Ö.T.C. ein Merkzettel in italienischer Sprache mitgegeben, auf dem Folgendes stand:

„Bitte auf Grund des obangeführten Gesetzes um eine Bescheinigung, die bestätigt, dass ich mein Fahrrad gemäß den festgelegten Bedingungen wieder ausgeführt habe."

Alle notwendigen Unterlagen wurden zuerst auf der Franzenshöhe und später im Hotel Ferdinandshöhe den Reisenden zur Verfügung gestellt.

Auch Einreisende aus der Schweiz über den Umbrail hatten eine ähnliche Prozedur zu erledigen.

Wer von Santa Maria nach Italien einreiste, musste an der Grenze eine Kaution von 35,60 Fr. hinterlegen. Er erhielt einen Passierschein für drei Monate und eine Plombe, was zusammen noch extra 2,50 Fr. kostete. Beim Verlassen des Landes erhielt er die 35,60 Fr. zurück. Besser daran waren die Mitglieder gewisser Radfahrervereine,

Radtag

beispielsweise der Touring-Klubs. Diese brauchten keinen Zoll zu hinterlegen und erhielten beim Vorweisen der Mitgliederkarte die dreimonatliche Bolletta nebst Plombe für 23 Rappen. Eigentümlich und recht bürokratisch war dabei die Gepflogenheit, dass der Radler bei jedem Überschreiten der Grenze innerhalb der drei Monate 23 Rappen zu zahlen hatte. Die Wiederausfuhr musste bescheinigt werden. Betrug der Aufenthalt in Italien mehr als drei Monate, wurde Zoll verlangt und eine Fahrbewilligung ausgestellt. Diese kostete jährlich 10 Fr., für Tandems 15 Fr. und für Motorvelos 24–36 Fr. Für die Strecke von der IV. Cantoniera (Umbrail) zur Ferdinandshöhe wurde in den meisten Fällen keine Kaution verlangt.

Waren es in den ersten Jahren des Radtourismus noch Einzelreisende, welche die mühevolle Fahrt in Angriff nahmen, so wurden daraus bald Gruppen, welche in Etappen über die verschiedensten Alpenpässe radelten. Eine Fahrt über das Stilfser Joch durfte dabei nicht fehlen. Manchmal wurde der Pass auch in beide Richtungen überwunden. Unfälle waren nicht ausgeschlossen, gingen aber vorwiegend glimpflich aus. Größere Überraschungen erwarteten die Teilnehmer bei Wetterumbrüchen, welche plötzlich und heftig auftraten. Das Hotel Ferdinandshöhe wurde dabei regelrecht gestürmt.[61] Aus dem Freizeitsport wurde bald ein Wettkampf, welcher zuerst als kurze Tagesrennen auf den Pass und später in Großveranstaltungen wie dem Giro d'Italia stattfand. Zu diesem kamen in den letzten Jahren viele Radveranstaltungen von beiden Seiten des Passes dazu. Einige davon haben reinen kommerziellen Charakter und werden von Radsponsoren durchgeführt. Dabei wird die Straße meistens für den Verkehr gesperrt, was zu Klagen geführt hat.

Beim Stilfser-Joch-Radtag, an welchem alle drei Straßenzugänge den Radfahrern vorbehalten bleiben, wurden zuletzt bis zu 14.000 Teilnehmer gezählt.

61 Siehe Hotel Ferdinandshöhe, 24. August 1904.

DIE ETAPPEN DES GIRO D'ITALIA AM STILFSER JOCH

Das größte Ereignis bleibt aber immer noch eine Radetappe des Giro d'Italia mit Überwindung oder Ankunft auf dem Joch. 16-mal war eine Überfahrt über das Stilfser Joch als dem höchsten Punkt des Giros vorgesehen. Ab dem Jahr 1965 wurde dieser als Cima Coppi bezeichnet, wobei das Joch schlechthin bei den Radfahrern so bezeichnet wird und ihnen als eine Art heiliger Berg gilt. Am Pass wurde für den italienischen Radcampion Fausto Coppi ein Denkmal errichtet. Der Pass war vier Mal das Etappenziel und daher auch rennentscheidend. Öfter wurde aufgrund der Wetterverhältnisse die Etappe abgesagt und verschoben.

Der wohl interessanteste Zieleinlauf geschah am 4. Juni 1965. Der Abschnitt vom Joch nach Trafoi mit Ankunft in Sulden musste wegen Lawinengefahr gesperrt werden. Das Ziel wurde daher aufs Joch vorverlegt. Kurz vor der Ankunft der Rennfahrer ging 500 Meter vor dem Pass eine kleinere Lawine von der Dreisprachenspitze auf die mit meterhohen Schneewänden eingefasste Straße nieder und verschüttete teilweise das erste Auto der Girokolonne. Kurz darauf kamen die ersten Fahrer: Colombo war als erster vor der Lawine, er zögerte ein wenig, Graziano Battistini überlegte nicht lange, sprang mit dem Rad auf dem Rücken über den Schneehaufen und erreichte als Erster das Ziel am Pass. Die Zielrichter, der Renndirektor und alle Verantwortlichen standen vor der Lawine, die Teilnehmer übersprangen sie ohne Probleme – und die Ankunft erfolgte im allgemeinen Caos. Das Ergebnis wurde nach Augenmaß festgelegt.

Fausto Coppi, 1953, Domenica del Corriere

Der Giro in den „Kurzen Riedn", 1975

Datum	Etappe	km	Erster am Joch	Gesamtsieger	Kurze Notiz
1953 1. Juni	Bozen-Bormio	125		Fausto Coppi	Coppi überholt auf der Trafoier Rampe zwischen meterhohen Schneewänden den bis dahin führenden Koblet aus der Schweiz und gewinnt zum fünften Mal den Giro. Am Joch hatte Coppi auf Koblet 4,25 Min. Vorsprung.
1956 7. Juni	Sondrio-Meran	163	Aurelio Del Rio	Charly Gaul (LUX)	Gaul übersteht eine mörderische Etappe von Meran zum Mte. Bondone. 44 von 87 gestarteten Teilnehmern mussten wegen der Kälte aufgeben.
1961 10. Juni	Trient-Bormio	275	Charly Gaul	Arnaldo Pambianco	Das Rennen hätte über den Gaviapass und das Stilfser Joch zum Reschenpass führen sollen. Der Gavia war geschlossen, so fuhr man über das Joch nach Bormio.
1965 4. Juni	Madesimo-Sulden	160	Graziano Battistini	Vittorio Adorni	Battistini nützt einen Lawinenabgang 500 m vor dem Pass aus, steigt vom Rad, überspringt diesen und kommt als Erster ins Ziel. Die Etappe wird am Joch abgebrochen.
1972 8. Juni	Livigno-Stilfser Joch	88	Josè Manuel Fuente	Eddy Mercks (B)	Galdos und Fuente leisten sich einen herausragenden Zweikampf von Bormio bis zum Ziel am Joch.
1975 7. Juni	Alleghe-Stilfser Joch	186	Francisco Galdòs	Fausto Bertoglio	Galdos und Bertoglio wiederholen den Zweikampf vom Jahr 1972.
1980 5. Juni	Cles-Sondrio	221	Jean Renè Bernardeau	Bernard Hinault F	Der Teamfahrer Bernardeau leistet für Hinault hervorragende Arbeit auf der Trafoier Rampe und darf als Erster passieren.
1984 5. Juni	Lecco Meran	252	Absage der Etappe	Francesco Moser	Am Joch gab es Neuschnee; war die Absage für den Gesamtsieger Moser ein Glücksfall?
1988 6. Juni	Spondinig-Meran	183	Verkürzung der Etappe	Adrew Hampsten (USA)	Wegen Schnee fiel die Strecke über das Joch aus. Der Start wurde von Bormio nach Spondinig verlegt.
1994 5. Juni	Meran-Aprica	188	Franco Vona	Evgenij Berzin (RUS)	Vona wird am Mortirolo von Pantani überholt, welcher sich den Etappensieg holt.

Ein Hindernis kurz vor dem Ziel, 1965

Datum	Etappe	km	Erster am Joch	Gesamtsieger	Kurze Notiz
2005 22. Mai	Auer-Livigno	210	Josè Rujano	Paolo Savoldelli	Ivan Basso, der große Favorit auf den Gesamtsieg, bricht auf der Trafoier Rampe ein und verliert bis zum Pass 18'36" und bis Livigno 42'15". Die Temperatur am Joch beträgt 5 °C, es ist bewölkt.
2012 26. Mai	Caldes-Stilfser Joch	219	Thomas de Gent	Joaquim Rodriguez (E)	Nach 37 Jahren war das Joch wieder als Zielankunft vorgesehen De Gent zog am Mortirolopass davon und erreichte das Stilfser Joch als Erster. Mehr als 3,6 Millionen Fernsehzuschauer haben diese Etappe verfolgt. Dies bedeutete einen neuen Zuschauerrekord für den Giro.
2013 24. Mai	Ponte di Legno-Martell	139			Die Etappe wurde kurz nach der Überfahrt am Pass wegen Schnee abgebrochen. Auch am vorgesehenen Ziel in Martell gab es heftigen Schneefall.
2014 27. Mai	Ponte di Legno-Martell	139	Dario Cataldo	Nairo Quintna (COL)	Das Programm sah die Wiederholung der ausgefallenen Etappe vom letzten Jahr vor. Es schneite und die Temperatur am Pass betrug 3 °C Vom Joch nach Trafoi war die Straße nahezu unbefahrbar. Der Hinweis, verlangsamt nach Trafoi abzufahren, verunsicherte viele Fahrer. Quintana ließ sich nicht einbremsen und war am Ende dennoch ein würdiger Sieger.
2017 23. Mai	Rovetta-Bormio	222	Mikel Landa (Vincenzo Nibali Etappe)	Tom Doumulin (NL)	Vom Mortirolo kommend wurde das Joch zuerst von Bormio aus erklommen, daraufhin ging es hinunter nach Prad und Glurns und über den Umbrail nach Bormio.
2020 22. Okt.	Pinzolo-Laghi di Cancano	207	Jai Hindley (AUS)	Tao Geoghegan Hart (GBR)	Wegen Corona wurde der Giro auf den Herbst verlegt. Mit dem Joch und den Torri di Fraele wurden historische Übergänge in diese Etappe aufgenommen.
2024 21. Mai	Livigno-Sankt Christina	206	Tadej Pogacar		Die Etappe wurde wegen Schneefalls verkürzt. Der Start konnte aufgrund des schlechten Wetters erst bei Laas erfolgen.

Das übliche Sauwetter beim Giro, 1965

DAS MOTORRAD

In den letzten Jahren des 19. Jahrhunderts wurden neben dem Automobil einige neue motorisierte Verkehrsmittel entwickelt. Dazu gehörten zunächst motorisierte Zweiräder, bald darauf dann die Vorläufer moderner Motorräder. Die motorisierten Zweiräder waren modifizierte Fahrräder mit verstärktem Rahmen und größeren Reifen. Im Jahr 1901 legte ein Reisender aus Wien mit einem solchen Motorrad eine Fahrt bis zum Stilfser Joch zurück.[62] Sein Zweirad wog inklusive Gepäck 78 kg. Der Motor hatte 1¾ PS, war luftgekühlt und besaß eine magnetisch-elektrische Zündung. Die Kraftübertragung auf das Hinterrad erfolgte mittels Flachriemen. Die Übersetzung war so eingestellt, dass die Maximalgeschwindigkeit lediglich 35 km/h betrug. Dadurch konnte er jedoch steile Berge problemlos befahren. Anfangs wurde die Kraftübertragung durch ein abhebbares Reibrad auf der Radfelge realisiert. Später übernahm ein Zahngetriebe zwischen dem Pedal und dem Hinterrad diese Aufgabe. Als Kleidung trug er einen normalen Radfahrerdress, da Lederkleidung nur bei sehr kaltem oder regnerischem Wetter nötig war. Zusätzlich trug er Gamaschen aus Leder, die selbst im Hochsommer als unverzichtbar für Motorradfahrer galten, da die Schienbeine bei einem Sturz besonders gefährdet waren. Zu seiner Ausrüstung gehörte auch eine große Werkzeugtasche, die hinter dem Sattel angebracht war und neben den gängigen Werkzeugen auch Ersatzteile enthielt. Eine kleinere Tasche am Rahmen beherbergte die Werkzeuge, die schnell zur Hand sein mussten: Ölkännchen und Schraubenzieher beispielsweise.

Die Anfahrt bis nach Prad über den Brenner verlief fast reibungslos. Auf dem Weg zum Höhepunkt, dem Stilfser Joch, testete der Reisende auf dem drei Kilometer langen ebenen Stück Weges bis Prad die beste Vergasung für seine Maschine. Um sie nicht zu überhitzen, betrieb er den Motor vorerst nur mit halbem Gasgemisch. Der Klang der Explosionen beruhigte ihn und bestätigte, dass alles in bester Ordnung war. Doch als die Steigung begann, wurde es anspruchsvoller. Ein frisches Lüftchen machte sich bemerkbar und der Reisende suchte Schutz in seinem „Schwitzer- und Gummimantel". Der Motor wurde langsamer und die Steigung steiler. Obwohl er den Gasgriff vollständig öffnete, bekam er als Antwort kein fröhliches Schnurren. Die Steigung in Richtung Gomagoi war so steil, dass die 1¾ PS-Maschine nicht mehr ihre volle Drehzahl erreichen konnte.

Er entschied sich, dem Motor durch das Treten in die Pedale zu helfen. Nach zwanzig Metern hatte er die Drehzahl wieder auf ein normales Niveau gebracht, doch kurz darauf fiel sie erneut erheblich ab. So wechselte er zwischen Pedalieren und motorisiertem Fahren. Die Fahrt war zwar nicht anstrengend und verlief relativ schnell, aber der Verdacht, dass die Vergasung nicht richtig funktionierte, quälte ihn. Als er die Sperrfestung bei Gomagoi hinter sich ließ, wurde klar, dass die Vergasung tatsächlich richtig eingestellt war. Die Straße war hier etwas weniger steil und die Drehzahl des Motors stieg rapide an. In Höchstgeschwindigkeit erreichte er Trafoi, wo die Einwohner – es war Sonntag – gerade eine Dorfversammlung in der Straßenmitte abhielten und bei seinem Anblick auseinanderstoben.

Um zu erfahren, wie steil die Straße werden würde, stieg er ab.

Der Pfarrer von Trafoi versicherte ihm, dass noch niemand so schnell den Berg hinaufgefahren sei. Er war beeindruckt von der Leistung und erklärte, dass es etwas

62 Auszug aus einer Erzählung in der Allgemeinen Automobilzeitung, 21. Dezember 1902.

63 Die Bremsblöcke wurden mit einem Seil angezogen.

Das Zweirad mit 1¾ PS, 1901

Hermann Gilli am Livrio, August 1937

völlig Neues sei. Als er erfuhr, dass der Reisende von Neuspondinig hierher nur 35 Minuten gebraucht hatte – im Gegensatz zu den üblichen dreieinhalb Stunden –, hegte so mancher Zweifel. Ihm wurde gesagt, dass die Strecke nun ordentlich steiler werde. Der Fahrer trat nach einem Anlauf kräftig in die Pedale und fuhr mit einer Geschwindigkeit von 30 km/h bergauf. Als er sich auf der nächsten längeren Geraden oberhalb von Trafoi befand, brach ein lautes Beifallsgeschrei unter den Zuschauern aus.

Die Drehzahl sank auf der folgenden Strecke langsam, aber stetig. Mit einer Kombination aus motorischer und menschlicher Arbeitsleistung erklomm er dennoch eine Kehre nach der anderen. Beim steilsten Stück der Strecke, am Weißen Knott, hatte er Schwierigkeiten. Das dort anwesende Publikum aus neugierigen und mitleidigen Zuschauern verfolgte die Szene. Schließlich lief er neben dem Rad, schaltete schnell die Zündung ein und sprang dann in den Sattel. Zu seiner Überraschung übernahm der Motor selbst die Arbeit. Er hatte sich während seiner vorherigen Versuche abgekühlt und schien regelrecht ausgeruht zu sein. Als die Ermüdung erneut einsetzte, erreichte er die Franzenshöhe und beschloss die letzten sechs Kilometer bis zur Passhöhe am nächsten Morgen zu bewältigen. Es war eine beeindruckende Leistung, dass der relativ schwache Motor mit einer Übersetzung, die normalerweise 85 km in der Ebene ergab, die enorme Steigung überwinden konnte.

Eigentlich hatte er auf dem Stilfser Joch nichts weiter vor, als einfach „oben jewesen zu sein", wie es auf Berlinerisch heißt. Nachdem er seine Ansichtskarten geschrieben und den Gletscher besucht hatte, kehrte er zurück. Obwohl er nur über eine Vorderradbandbremse[63] verfügte und sein Selbstvertrauen zunächst nicht allzu groß war, stellte er bald fest, dass die Kompression des Motors während der Abfahrt hervorragend als Bremse funktionierte und er musste die Bandbremse nur kurz vor den Kurven benutzen. Plötzlich versperrte ein Straßenbeamter den Weg. Sofort hielt er an und der Beamte wies ihn darauf hin, dass es verboten sei, von der Ferdinandshöhe bis Trafoi mit Fahrrädern bergab zu fahren. Der Beamte fragte auch, was er denn sei, und er antwortete, dass er kein Radfahrer sei, sondern ein Autofahrer – und zeigte stolz auf seinen Motor, seinen Vergaser und den Auspuff. Er erklärte dem Beamten, dass er mit dem Hebel das Tempo und die Vergasung, kurz alle Kriterien eines echten

Vor dem Ortler

Autos, regulieren konnte. Der Fall war kompliziert, der Beamte dachte intensiv darüber nach, in welche Kategorie er den Reisenden einordnen sollte. Doch schließlich gab er nach.

So konnte der Radfahrer – oder war er ein Automobilist? – die gemächliche Fahrt bergab genießen und sich dem Zauber der Hochgebirgswelt hingeben, während er den Blick über die eisbedeckten Berggipfel der Ortlergruppe schweifen ließ. Der Firn des nahen Gebirgsmassivs schickte ihm seinen eisigen Atem gleichsam als Abschiedsgruß zu.

Zum Schluss noch einige genauere Daten über seine Reise: Sie ging über 1005 Kilometer, im Durchschnitt machte er 200 Kilometer am Tag, er überschritt vier Pässe und fünf Wasserscheiden und kam bis auf 2760 m Meereshöhe. Im Ganzen musste er zwölfmal Benzin kaufen, wofür er 13,04 Kronen (= 10,86 Mark) bezahlen musste. Das Öl kostete 6 Kronen (= 5 Mark), sodass die ganze Reise lediglich 20 Kronen kostete.

DAS AUTOMOBIL

Der Start in Trafoi, Daimler Liebieg, 1898

Beim Erscheinen der ersten Automobile am Stilfser Joch war die Straße auf Tiroler Seite für diese ungewohnten Verkehrsmittel frei befahrbar. Es wurden lediglich Geschwindigkeitsbegrenzungen eingeführt. Ein Großteil der Bevölkerung an der Straße bewunderte diese neuartigen Fortbewegungsmittel. Die Anzahl der motorisierten Vehikel nahm aber in kürzester Zeit rasant zu und es kam zu einem Umdenken. Zuerst waren es die Fuhrwerksleute, welche Einbußen befürchteten. Es folgten erstaunlicherweise auch mehrere Gastwirte und Fremdenverkehrstreibende. Hauptsächlich die kleineren Betriebe befürchteten einen Rückgang der Einnahmen. Die ersten Automobilbesitzer legten nämlich nur mehr bei den großen Hotels in Spondinig und Trafoi – zur Jause auf der Franzenshöhe – und natürlich am Joch einen Halt ein.

Jetzt änderte sich sehr viel auf den Verkehrswegen, insbesondere auf den Gebirgsstraßen. Nicht nur Kutschen, Transportkarren, Radfahrer und Fußgänger waren anzutreffen, sondern auch immer mehr motorisierte Vehikel jeglicher Art. Anfänglich wollte man Letztere vielerorts verbieten. Die ungewohnte Geschwindigkeit, der Lärm der Motoren und der aufgewirbelte Staub stellten für die übrigen Fortbewegungsmittel und die Anrainer eine große Belastung dar. Dazu kam es immer wieder vor, dass Pferde beim Herannahen dieser Fahrzeuge scheuten und von den Kutschern nicht mehr in den Zügeln gehalten werden konnten. Vielfach wussten die betroffenen Fahrer nicht, auf welcher Seite sie ausweichen oder überholen sollten.

Auf der Jochstraße begann das automobile Zeitalter gegen Ende der 1890er-Jahre. Die ersten Vehikel waren einfache, schwach motorisierte und meist mit Lederriemen betriebene Fahrzeuge, welche eher Kutschencharakter hatten. Sie benötigten ein kontinuierliches Nachfüllen des Kühlerwassers, wofür entlang der Straße an jedem kleinen Rinnsal die Möglichkeit geschaffen wurde. Wenn auch die Pioniere bewundert wurden, dauerte es nicht lange, bis sich Proteste regten.

Auf vielen Hochgebirgsstraßen wurden daher Fahrverbote angeordnet. Die Schweiz war dabei besonders fleißig. Die Eidgenossen sperrten fast alle Gebirgsstraßen für den motorisierten Fahrverkehr. Im Jahr 1907 sprachen sich über 11.000 Graubündner Wahlberechtigte gegen die Öffnung einiger Hauptstraßen für den Automobilverkehr aus. Eine Fahrt über die Gebirgspässe kam gar nicht infrage. Die Automobilfeindschaft der Bündner verlor auch in den folgenden Jahren keineswegs an Heftigkeit. Bei einer zweiten Abstimmung im März des Jahres 1911 waren sogar 11.977 für ein gänzliches Fahrverbot, 8453 wählten einen Kompromissvorschlag und nur 2662 waren für eine Öffnung. Die Folge der Abstimmung war, dass der Kanton hermetisch gegen jedes Automobil abgeschlossen blieb. Das galt natürlich auch für den Umbrailpass.

Über viele Jahre durfte man in die Gebirgskurorte wie St. Moritz und Davos nicht mit dem Auto anreisen. Dieses Verbot wurde nur auf Druck der Tourismustreibenden aufgehoben. Erst spät hatte man bemerkt, dass zahlungsfähige Gäste den Alpenkurorten und -straßen in Österreich und Frankreich den Vorzug gaben. Am 24. Juni 1822 kam es durch einen Volksentscheid zu einer teilweisen

Aufhebung des Automobilverbotes. Und erst drei Jahre später, am 22. April 1925, wurde nach zweimaliger Abstimmung das Automobilverbot aufgehoben.

Für die Einreise nach Italien galten dieselben Zollbestimmungen wie schon früher für Fahrräder. Nicht nur das Auto musste verzollt werden, auch für das Benzin verlangten die italienischen Zöllner eine Abgabe. Die Bevölkerung ärgerte sich, weil man für die Automobile keine Wegmaut zu zahlen hatte, während Pferdefuhrwerke an den verschiedenen Mautstationen ihre Abgabe leisten mussten.

Wann genau das erste Automobil das Stilfser Joch erreicht hat, lässt sich nicht mehr feststellen; in den ersten Jahren gelang es bei Weitem nicht allen Automobilisten, mit ihren Vehikeln das Joch zu erklimmen. Man sagte, dass etwa zehn Prozent vor Erreichen des Passes aufgaben, die meisten schon nach wenigen Kehren ober Trafoi.

Die Zollabfertigung auf der IV. Cantoniera

Die Zollabfertigung auf der IV. Cantoniera hielt für viele eine Überraschung bereit. Warum, erzählt ein Fahrer, der seine Erlebnisse zu Papier gebracht hat. Bereits die Anreise nach Trafoi war für ihn abenteuerlich. Bei schlechtem Wetter traf er dort ein, am nächsten Tag startete er in Richtung Joch. Zuerst fand er Regen, dieser ging dann in Schneefall über, doch am Ende hatte er noch das Glück, den Ortler zu sehen. Einige Kutschen konnte er überholen, wobei sich die Pferde vorzüglich verhielten. Anders war es mit den Insassen, diese wetterten gegen die „Stinkdroschke" und verlangten lautstark ein „Fahrverbot in der Jegend". Er vermutete, dass es wohl Berliner waren. Auf der Franzenshöhe, an der österreichischen Zollstation, ließ er am Auto die obligate Plombe für die Ausfuhr anbringen und füllte das Kühlerwasser nach. Bis dorthin musste er bei sechs Linkskehren zurücksetzen.

Bei Minusgraden nahm er im Hotel Ferdinandshöhe das Mittagessen ein. Bei der Weiterfahrt schneite es kräftig und er war froh, als er beim Zollhaus auf der IV. Cantoniera ankam, wo er die Zollformalitäten für die Einfahrt nach Italien

Die IV. Cantoniera, im Hintergrund die Zollstation

64 (* 1858, † 1941) ein Pionier des Automobilismus in Österreich.

65 Der Tiroler.

erledigen wollte. Diese sahen folgende Vorschriften vor: für Wagen bis 500 kg 200 Franken, für einen Wagen von 500 bis 1000 kg 400 Franken, weiters für je 100 kg Übergewicht je 200 Franken in Gold. Sein Wagen wog 700 kg dafür hatte er 400 Franken in italienischen Staatsbanknoten dabei. Auch das Benzin musste verzollt werden, und zwar 40 Centesimi pro Liter. Der Zollbeamte bestand auf Goldwährung. So blieb dem Fahrer nichts anderes übrig, als auf das Joch zurückzufahren und zu versuchen, beim Wirt im Hotel das Papiergeld in Goldmünzen zu tauschen. Dieser hatte aber nur 200 Franken in Gold und riet ihm, es bei der Zollstation auf der Franzenshöhe zu versuchen, die immer Geld lagernd hatte. Er fuhr zurück und musste feststellen, dass er auch dort keines fand, da kurz vorher das gesamte Geld mit der Post nach Innsbruck gebracht worden war. Der Zufall wollte es, dass der Wirt der Dreisprachenspitze vorbeikam und sich anbot, dem verzweifelten Reisenden Goldmünzen mit einem kleinen Aufgeld zu geben. Die Münzen hatte er aber im Hotel. Also fuhr er wieder zum Joch und nahm den Wirt in seinem Auto mit. Er bekam die Goldmünzen, doch da es schon spät und die Temperatur auf minus 6 Grad gesunken war, beschlossen Fahrer und Beifahrer, im Hotel Ferdinandshöhe zu übernachten. Nach Problemen am Wagen und einer bitterkalten Nacht im ungeheizten Hotelzimmer konnte sich der Fahrer jedoch zu Mittag auf den Weg machen. Auf der IV. Cantoniera waren die Zollbeamten „von der größten Liebenswürdigkeit", da er nun die heiß ersehnten Goldmünzen dabeihatte.

Für Automobile, welche über den Umbrailpass nach Italien einreisen wollten, hätte man die Kaution nach den vorhandenen Pferdestärken berechnet. Bis sechs Pferdekräfte Fr. 70, bis zwölf Pferdekräfte Fr. 100, bis 24 Pferdekräfte Fr. 130 etc. Diese Kaution war aber wegen des Fahrverbots in Graubünden hinfällig.

Berichte in der Zeitung und erste Unfälle

Am 28. Juli 1899 fuhr Richard Ritter von Stern[64], Vizepräsident des Ö.T.C und begeisterter Rennfahrer, über das Joch bis nach Bormio.

Am 1. September 1900 erreichte Etienne Graf Ghulai de Maros Nemethy et Radaska von Trafoi über das Joch Bormio, doch musste er zurückkehren, da ihm eine Weiterfahrt nach Italien verwehrt wurde. Das war laut Aufzeichnungen die erste reibungslose Fahrt über den Pass.

Am 8. Oktober 1902 fuhr ein Automobil aufs Joch, blieb aber schon beim Weißen Knott im Schnee stecken. Mit vier in Trafoi geliehenen Pferden gelang es dem Fahrer, bis aufs Joch zu gelangen, von wo er am nächsten Tag nach Bormio abreiste. Am Tag darauf lagen am Joch 47 Zentimeter Schnee. Die Straße wurde mit von Pferden gezogenen Schneepflügen freigemacht.

Zwischenfälle mit den Kutschen oder Unfälle, in denen die Autofahrer allein verwickelt waren, gingen zumeist glimpflich aus, doch sorgten sie immer wieder für Verärgerung, hauptsächlich bei den Fußgängern und Pferdefuhrwerken.

3. September 1906

Schon wieder hat sich ein Automobilunglück ereignet. Neulich fuhr ein solcher „Selbstrummler" von hier auf die Franzenshöhe, um von dort nach Oberitalien hinunterzufahren. Die Straße geht in großen Windungen gegen Bormio hinunter. Bei einer solchen Windung fuhr nun der Chauffeur über die Straße hinaus; die Leute sagen, er wollte den Bogen abkürzen. Aber wahrscheinlich war ein bisschen Unvorsichtigkeit dabei und diese kleine Unvorsichtigkeit führte ein großes Unglück herbei, Der Chauffeur wurde weit hinausgeschleudert und war sofort tot. Eine Dame, die im Automobil saß, hat sich den Fuß gebrochen. Die übrigen kamen glücklich davon. Es ist kaum zu glauben, dass die einfachen Leute in solchen Unglücksfällen kein Gefühl aufbringen, ja in manchen Kreisen meint man sogar, das sei das einzige Heilmittel gegen den überhandnehmenden Automobilunfug.[65]

Am 30. Juni 1907 wurden die Pferde des Fuhrwerkes vom Prader Martin Primisser, welcher Kalk nach Sulden führte, durch ein „mit rasender Schnelligkeit" fahrendes Automobil aufgeschreckt, worauf sie mit dem gesamten Fuhrwerk über die Böschung stürzten. Sie hatten Glück und blieben unverletzt. Wäre das Unglück einige Meter weiter oben geschehen, wären die Pferde und der Wagen wohl verloren gewesen. „Die Automobilgesellschaft hat sich nach altem Rezept aus dem Staube gemacht."

Zum ersten spektakulären Unfall kam es dann am 23. August 1907. Auf dem Abschnitt von Trafoi zur Franzenshöhe (zwischen den Kehren 29 und 30) stürzte das Automobil eines Engländers mit sechs Insassen auf das darunterliegende Straßenstück ab. Der Besitzer erlitt einen Armbruch, alle übrigen Personen kamen mit leichten Verletzungen davon. Das Automobil wurde vollständig zerstört. Der Kaiserliche Rat Friedrich Ehrbor hat von diesem Unfall Fotos gemacht und zu später Stunde am Sonntag beim Fotografen Bährendt in Meran entwickeln lassen. Seine Notiz dazu:

[…] von einer 70 Meter höher gelegenen Serpentine stürzte der Wagen, ein Rochet-Schneider (franz. Fabrikat), ab, überschlug sich mehrmals, worauf der Wagen auf der nächsten Serpentine in einem Zustande landete, wie ihn die Bilder zeigen. Der Motor ist wohl an und für sich intakt, ansonst jedoch von dem Wagen nicht ein einziges Stückchen. Auf dem ganzen Abhange sind Partikel zerstreut, von denen, mit Ausnahme eines Stücks Daches der Limusine, kaum mehrere Teile größer als eine Handfläche sind, Es hat eine buchstäbliche Zermalmung stattgefunden., und es müssen sich wohl ad hoc alle Schutzheiligen offiziert haben, dass die Insassen, von denen ja nur einer noch rechtzeitig ausspringen konnte, mit Ausnahme eines Armbruches ohne erhebliche Verletzungen davonkamen.

Ich bin einerseits gewiss nicht im Geringsten ängstlich, andererseits auch gewiss nicht automobilfeindlich. Ich habe ja, selbstredend, bislang auf meinem 16/20HP Georges Richard-Unic (franz. Fabrikat) einen großen Teil der Alpenstraßen befahren, aber ich würde es persönlich nur begrüßen, wenn die Straße über das Stilfserjoch für Automobile gesperrt würde. Der Eindruck des sich kurz vorher ereigneten Unglücksfalles schreckte mich keineswegs davon ab, die Straße selbst zu befahren. Wenn ich aber sagen soll, dass ich einen Genuss davon gehabt habe, so muss ich das im Gegensatz zu anderen Gebirgsstraßen verneinen.

Unfall bei Kehre 29, 1907

66 Allgemeine Automobilzeitung, 1907, S. 38–40.

67 Graubündner Generalanzeiger, 2. September 1911.

68 Neues Wiener Tagblatt, 25. September 1911.

69 Bozner Nachrichten, 10. September 1912.

Die Unübersichtlichkeit der Straße, die scharfen Kehren, woselbst man gegen Absturz an ganz ungenügend geschützten Stellen oftmals noch reversieren muss, verlangen eine so spannende Aufmerksamkeit, dass man des Eindruckes des Gebirgspanoramas gar nicht recht inne werden kann. Dabei die hunderte von Wagen (Kutschen), welche die Straße meist vier- und fünfspännig befahren, die tausende Touristen, welche darauf herumwimmeln und sich naturgemäß, gerade von den exponierten Serpentinen die schöne Aussicht betrachten und hierzu noch jetzt die Menge Automobilisten, welche ich glaube, die Mehrheit wird mir rechtgeben, aus rein sportlichem Triebe die höchste Europas befahren zu müssen glauben, kurz, man bringt sich und andere konstant in Lebensgefahr. [...] Ob jetzt die Straße wirklich einmal für Automobile gesperrt würde oder nicht, jedenfalls mache ich das nächste mal diese Partie zu Fuß [...].[66]

Am **24. August 1907** verunglückte der Arzt Moisette aus Lyon, er wurde ins Krankenhaus gebracht, seine vier Begleiter kamen mit dem Schrecken davon.

Am **1. Juni 1909** kam es zu einem folgenschweren Unfall beim Diroccamento, wobei einige Personen (aus England) schwer verletzt wurden, ein Kind starb (eine andere Zeitung berichtet von zwei Toten).

Ende August 2011 gab es starke Niederschläge, von Trafoi bis Prad und kurz nach Bormio wurde die Fahrbahn teilweise weggerissen und etliche große Muren stürzten auf die Straße. Für die vielen Fremden mit Automobilen in Trafoi blieb nur mehr die Strecke über Santa Maria und den Umbrail. Das Schweizer Fahrverbot auf den Alpenpässen für Automobile verhinderte jedoch jede Durchfahrt. Die Fremdenverkehrstreibenden im Vinschgau suchten einen Ausweg, doch die Schweizer Behörden blieben hart. Schließlich fand man eine salomonische Lösung: Die Schweiz erlaubte die Durchfahrt der Automobile auf der Umbrailstrecke, allerdings nur mit Pferdevorspann.

Die Berner „Automobilrevue“ schreibt mit Verweis auf Zeitungen in Graubünden:

Zur Zeit der großen Gewitter wurden in Tirol ganze Strecken unpassierbar, nämlich die Tiroler-(Stelvio)Straße unterhalb Trafoi und die Veltliner-(Umbrail-)Straße gegen Bormio hinunter.

Ganz fahrbar war also für den Kurort Trafoi und die 200 fremden Automobile, die verreisen wollten, nur die Straße Trafoi-Stelvio/IV. Cantoniera-St. Maria i. M.-Taufers ec. Nun lastete aber auf der Strecke IV. Cantoniera–St. Maria-Münster für Automobile das bündnerische Volksverbot. Was machen? Es scheint mit unsrer Regierung parlamentiert und die Erlaubnis erwirkt worden zu sein, es können die betreffenden Automobilisten das Schweizerland passieren, sofern sie Pferdevorspann nehmen. Das taten sie denn auch.

Der Pferdevorspann war die reinste Fiktion und hatte natürlich keine andere Wirkung, als zu verhindern, daß die Pferde nicht überfahren wurden, da die Automobiler nicht willens gewesen sein werden, die Tiere zu bezahlen. Quod erat demonstrandum – wird Man vielleicht höhern Orts sagen. Quod erat demonstrandum – was zu beweisen war – sagten auch schmunzelnd die Pferdebesitzer, welche in der leichtesten Art ein gutes Geschäft gemacht haben, da ihnen einfach so viel bezahlt werden mußte, als sie verlangte, und sie waren nicht blöde.[67] Gewiß eine sprechende Illustration zum Automobilverbot.[68]

Die Ausbesserungsarbeiten dauerten mehrere Wochen, der Verkehr kam aber nur kurzzeitig zum Erliegen. Nachdem man die Straße wieder befahrbar gemacht hatte, wurden gleich wieder 50 bis 100 Autos am Tag gezählt.

Am **9. September 1912**

ist ein Automobil auf vereister Straße ausgerutscht. Die Insassen, die Italiener Galli und Armani, sowie zwei weitere Fahrgäste konnten gerade noch das Fahrzeug verlassen und sich so retten, der Chauffeur erlitt schwere Verletzungen.[69]

Am **16. Juli 1913** scheuten die Pferde des Fuhrwerksbesitzers Haminger aus Meran beim „Jüngsten Gerichte“, der Kurve 9, und stürzten auf die darunterliegende Fahrbahn. Die Insassen konnten sich retten, die Pferde fanden den Tod. Der Grund dafür wurde in einer Zeitung einem Lawinenabgang, in einer anderen einem Automobil zugeschrieben.

Der Druck für die gänzliche oder teilweise Schließung der Straße für den Automobilverkehr wurde immer größer, die Befürworter und Gegner wurden bei allen möglichen Ämtern und verantwortlichen Personen vorstellig, sodass man gezwungen war, die am meisten Betroffenen zu einer Aussprache in den Automobilclub nach Innsbruck einzuladen. Anschließend wurde ein Protokoll verfasst, welches zusammengefasst folgendes beinhaltete:[70]

Am 10. März 1910 versammelten sich mehrere Herren im Generalsekretariat des Automobil-Clubs für Tirol und Vorarlberg, um über die Stilfser-Joch-Straßenangelegenheit zu diskutieren. Die Konferenz wurde auf Anweisung der k. u. k. Statthalterei einberufen.

Anwesend waren Dr. Rohn, der Sekretär des Landesverbandes für Fremdenverkehr in Tirol, Dr. Christomanos aus Meran, Karl Fasbender, der Generalsekretär des Österreichischen Automobil-Clubs, sowie Adolf Bier, der Generalsekretär des Automobil-Clubs für Tirol und Vorarlberg. Auch Dr. Martin Ritter, Ausschussmitglied des Automobil-Clubs für Tirol und Vorarlberg, Karl Landsee, ein Hotelier aus Innsbruck, und die k. u. k. Postmeister Josef Müller aus Landeck, Josef Peer aus Neuspondinig und Josef Ortler aus Trafoi nahmen teil.

Dr. Rohn begann die Konferenz mit einem Überblick über den aktuellen Stand der geplanten zeitlichen Sperrung der Stilfser-Joch-Straße. Danach eröffnete er die Debatte. Diese führte zu zwei Anträgen.

Der erste Antrag betraf die technische Einschränkung des Automobilverkehrs auf der Stilfser-Joch-Straße. Demnach sollten Automobile von Neuspondinig bis zur Ferdinandshöhe maximal 10 km/h fahren dürfen. Bei der Sichtung eines Fuhrwerks müssten sie talseitig anhalten und den Motor abstellen. Generell sollten Automobile stets talseitig ausweichen und vorfahren. Dieser Antrag wurde einstimmig angenommen.

Der zweite Antrag kam von Postmeister Peer und betraf die zeitliche Sperrung der Straße für Automobile in den Monaten Juli und August zwischen 12 und 17 Uhr. Dieser Vorschlag wurde jedoch als unannehmbar abgelehnt. Aufgrund der technischen Einschränkungen würde ein Automobil, das um 17 Uhr in Neuspondinig abfährt, die Höhe vor Einbruch der Dunkelheit nicht erreichen. Zudem gab es eine Vorschrift, dass in geschlossenen Ortschaften abends keine Scheinwerfer benutzt werden durften.[71] Im günstigsten Fall hätte die Fahrt über das Joch 2½ Stunden gedauert.

Postmeister Peer stimmte für seinen Antrag, während Postmeister Ortler sich nicht vollständig dafür aussprach. Alle anderen Herren, außer Dr. Rohn, der sich als Referent jeder Abstimmung enthielt, waren dagegen. Dr. Christomanos, Karl Landsee, die Generalsekretäre Fasbender und Bier sowie Postmeister Müller waren einig, dass die technische Beschränkung ausreichend sei, um Unfälle zu verhindern. Eine weitere Einschränkung würde den Fremdenverkehr schädigen. Sie verwiesen auf die Schweiz, wo im Vorjahr bereits ein deutlicher Rückgang des Automobil- und Fremdenverkehrs festgestellt wurde. Tirol und Vorarlberg könnten sogar profitieren, wenn sie nicht dem Beispiel der Schweiz folgen.

Schließlich wurde mit sechs zu zwei Stimmen beschlossen, der hohen k. u. k. Statthalterei vorzuschlagen, im laufenden Jahr vorerst nur die technische Einschränkung des Automobilverkehrs auf der Stilfser-Joch-Straße probeweise umzusetzen. Danach wurde die Konferenz geschlossen.

Am 23. Juli 1911 wurde im Posthotel in Mals erneut eine Versammlung aller am Verkehr im Ortlergebiet und Vinschgau beteiligten Personen abgehalten. Befürworter

70 Aus: Mitteilung des Österreichischen Automobil-Clubs, März 1910.

71 Allg. Automobilzeitung, 25. September 1910.

und Gegner sowie die öffentlichen Vertreter versuchten, eine Lösung für den ansteigenden Verkehr und die damit auftretenden Beschwerden zu finden. Wie schon früher wurden die Staub- und Gestankentwicklung der Fahrzeuge sowie die hohe Geschwindigkeit beklagt. Der Bürgermeister von Schlanders, Karl Tinzl, empfahl den Gemeinden, ihre Straßen fortwährend zu bewässern, um der Staubplage Herr zu werden. Ganz schlimm war diese auf der Strecke von Schlanders bis Eyrs, wo man Marmorbruch zum Ausbessern der Straße verwendete. Weiters wurde vorgeschlagen:

Die Straßen in den Ortschaften sollen gepflastert oder geteert werden (was in Prad bereits geschehen war), neben der Reichsstraße sollten Wege für Fußgänger angelegt werden, und zur Kontrolle der Schnelligkeit wäre die Gendarmerie mit Motorrädern auszustatten. Da man bei den verschieden gebauten Ortschaften nicht eine Normalgeschwindigkeit festsetzen kann, so wäre durch weit sichtbare Zeichen, die durch internationales Übereinkommen festgesetzt werden könnten, die Schnelligkeit zu regeln. Die oft in sehr kleiner Schrift gehaltenen Verordnungen sind nutzlos.

Ab dem 13. Juli 1912 wurde die Höchstgeschwindigkeit dann auf 15 km/h festgelegt. Die Strafen bei Übertretung waren mit 200 Kronen oder Arrest bis zu 14 Tagen drakonisch. Entlang der Baustellen oder provisorischen Holzbrücken durften Autos und Motorräder nicht schneller als 6 km/h fahren. Die in der Folge den Automobilisten auferlegten Strafen wurden wegen der weit auseinandergehenden Angabe zur Geschwindigkeit in den meisten Fällen von den Behörden annulliert und endeten mit Freisprüchen. Dadurch wurde auch der Diensteifer der beauftragten Sicherheitsorgane abgestumpft.

LA VIE AU GRAND AIR

ABONNEMENTS — Paris.... Un an 14 fr. Départem^ts — 15 fr. Etranger . — 20 fr. | Édition de luxe — France. Un an. 30 fr. Etranger. — 40 fr.

3 Janvier 1903. — N° 225.
Rédaction et Administration : 9, Avenue de l'Opéra, PARIS (1er Arr)

PUBLICITÉ — Pages de Couverture, la ligne. . 1 fr. 50 — La Page . . . . 600 fr. — Encartage. . . . . 500 fr.

LA ROUTE LA PLUS HAUTE D'EUROPE

C'est dans les Alpes autrichiennes, au col du Stelvio, dans ce massif qui s'avance comme un coin entre l'Italie et la Suisse, que se trouve située cette route, récemment construite par le gouvernement austro-hongrois et qui s'élève à 3 000 mètres d'altitude. Peu connue encore, elle promet d'être l'an prochain très fréquentée par les automobiles, car l'Automobile-Club d'Autriche l'a choisie comme itinéraire d'une grande course de côte internationale.

(Voir l'article pages 11 et suiv.)

Französische Automobile am Joch, 1902

Anzahl der Fahrzeuge, welche das Stilfser Joch passierten

Jahr	Lastenkarren	Kutschen	Automobile	Lastwagen	Motorräder	Straßenöffnung
1922	176	182	2694	15	213	13. Juni bis 13. Okt.
1923	239	91	4144	27	391	16. Juni bis 1. Nov.
1924	361	69	5478	47	592	14. Juni bis 2. Dez.

1922 höchste Anzahl der Automobile, 200 am 13. August, Tag der Coppa delle Alpi
1923 höchste Anzahl der Automobile, 200 am 7. August, Tag der Coppa delle Alpi
1924 höchste Anzahl der Automobile, über 200 am 15. August, Tag der Coppa delle Alpi

MOTORSPORTVERANSTALTUNGEN AUF DER STILFSER-JOCH-STRASSE

Im Jahr 1898 kam es zu den ersten motorisierten Veranstaltungen, wenn sie auch nur einen kleinen Teil der Straße betrafen.[72] Der Reiz der Straße und ihre Herausforderungen für motorgetriebene Fahrzeuge drängte die Lenker zu einer sportlichen Bewältigung der Strecke auf beiden Seiten des Passes. Ursprünglich wurde diese nur durch die vorerst geringe Zuverlässigkeit der Fahrzeuge gebremst. Die technische Entwicklung machte rasche Fortschritte, die Sicherheit und Motorleistung wurde laufend verbessert. Alsbald wurden die Alpenpässe in gemütlichen Rundfahrten, dann in Zeitfahrveranstaltungen und anschließend in Geschwindigkeitsrennen der Automobilclubs aufgenommen. Den höchsten und schwierigsten Pässen wurde dabei der Vorzug gegeben. An erster Stelle stand ohne jeden Zweifel das Stilfser Joch mit seinen 86 Kehren auf beiden Seiten und als höchster befahrbarer Alpenpass zu jener Zeit.

1898, am 27. August, erfolgte in Trafoi der Start der ersten österreichischen Bergprüfungsfahrt, einer dreitägigen Etappenwettfahrt des Ö.T.C.[73] über die höchsten Alpenpässe des südlichen Tirols. Die Veranstaltung wurde vom Tiroler Radfahrer Verband übernommen, das Preisgeld lag bei 7000 Kronen.

Das erste Etappenziel war nach 250 km in Cortina angesetzt. Ursprünglich erwartete man sechs bis acht Automobile und einige Motorräder. Am Ende waren nur mehr drei Automobile am Start. Es waren dies zwei Daimler Wagen der Wiener Motorwagen Unternehmung von Bieren & Hermann, eigentlich nur für gemütliche touristische Fahrten gebaute Fahrzeuge. Einer war ein vierpferdiger 900 kg Omnibuswagen mit Vis-à-vis-Sitzen, also gegenüberliegenden Sitzplätzen wie auf den Kutschen, und ein 1400 kg schwerer sechspferdiger Jagdwagen. Diese wurden von Gottlieb Daimler[74] und Eduard Bierenz gefahren, wobei jeder noch einen Monteur oder Werkmeister dabei hatte. Das dritte Fahrzeug, ein neuer Benz-Rennwagen von Theodor Freiherr v. Liebieg[75] hatte eine Motorisierung von sieben Pferdestärken und ein Gewicht von nur 700 kg. Bereits die Anreise bis Trafoi wurde durch kleinere Pannen aufgehalten. Die Schwachpunkte dieser Automobile waren die Lederriemen zur Kraftübertragung, die in den nachfolgenden Modellen durch Zahnräder ersetzt wurden. Erst spät am Abend traf die Truppe im Trafoi-Hotel ein, wo noch bis weit nach Mitternacht gefachsimpelt wurde. Am nächsten Morgen starteten sie, begleitet von Christomannos, zum Stilfser Joch. Sie fuhren aber nur bis zum Weißen Knott, wo sie eine kurze Rast machten. Wegen der kurzen Nacht reichte die Zeit nicht mehr für einen Start am Joch, da sie ja noch bis Cortina fahren mussten. Anstatt um 5.30 Uhr, wie geplant, erfolgte der Start mit dem ersten Wagen erst um 9.13 Uhr, gefolgt von den anderen nach jeweils fünf Minuten. Die Fahrt nach Cortina über das Pustertal war geprägt von Unterbrechungen zum Wasserfassen für die Kühlung und Reparaturen an den Riemen. Die Ankunft erfolgte kurz vor Mitternacht. Die nächste Etappe führte nach San Martino di Castrozza, die letzte zum Mendelpass.

Eine ganz besondere Auszeichnung wurde der Veranstaltung der Fremden-Zeitung durch die persönliche Teilnahme des weltberühmten Erfinders des Automobilwagens, Herrn Gottlieb Daimler aus Kannstatt in Württemberg zu Teil, welcher als kritisch

72 Siehe Motorsportveranstaltungen.

73 Österreichischer Touring-Club.

74 Neben Carl Benz, Erfinder des Automobils, 1886.

75 Fabriksbesitzer und 1898 Gründungsmitglied des Ersten Österr. Automobilklubs.

76 Salzburger Zeitung, 17. September 1898.

77 Unione Ciclo Auto Moto in Mailand.

Der Start vor dem Trafoi-Hotel, 1902

prüfender Fachmann den grössten Teil der Wettfahrt im Gefolge der Konkurrenten auf seinem eigenen Automobile mitmachte und auf der ganzen Strecke allerorten mit der grössten Verehrung empfangen und bewillkommt wurde. Herr Daimler wird nun auf Grund seiner persönlichen Wahrnehmungen und Erfahrungen speziell für die Anforderungen des alpinen Bergstrassenverkehres ein neues Bergautomobil bauen und werden wir nicht ermangeln, unseren Lesern hierüber nähere Mitteilung zu machen.[76]

1902 berichtete man bereits von der Planung des ersten Bergstraßenrennens. Die vielen Unglücksfälle auf horizontalen, geraden Straßen veranlassten das Mailänder Sportblatt Gazzetta dello Sport, ein Rennen auf steilen Bergstraßen zu versuchen. Durch die geringere Geschwindigkeit und die kurvenreichen Straßen glaubte man, die Unfälle vermindern zu können. Man wollte ein Rennen von Bormio zum Stilfser Joch veranstalten und nahm bereits Anmeldungen entgegen. Sofort meldeten italienische und französische Autohersteller (Fiat, Roselli, Marchand u.w.) ihre Fahrzeuge an. Von österreichischer Seite stand man der Veranstaltung ablehnend gegenüber. Es war etwas Ähnliches auf Trafoier Seite geplant. Man bemerkte, dass nicht genug Platz für die Fahrzeuge am Joch bestand und dass die 40 bis 70 PS starken Fahrzeuge auf dem kleinen Platz, wo maximal sechs Kutschen parkieren konnten, große Schwierigkeiten zum Bremsen gehabt hätten. Es sei denn, man würde auf dem letzten Teilstück die Geschwindigkeit drosseln. Man vermutete zudem, dass die Veranstaltung nur einen Reklamezweck für die Sportzeitung hatte. Ob das Rennen durchgeführt wurde, konnte nicht ermittelt werden.

Vor dem Ersten Weltkrieg, ab 1910, gab es einige sogenannte Alpenfahrten, bei denen die Teilnehmer mit Motorrädern und Automobilen viele Strecken in vorgeschriebenen Zeiten durchfahren mussten. Bei vielen dieser Veranstaltungen war auch die Stilfser-Joch-Straße im Programm. Die Straße wurde jetzt immer öfter für den Automobil-, Motorrad und Fahrradsport kurzzeitig gesperrt.

Die Coppa delle Alpi

Die Anfänge des legendären Automobilrennens Coppa delle Alpi, das die österreichischen Alpenfahrten in Italien ersetzte, führen uns zurück ins Jahr 1921, als die Unione Ciclo Auto Moto (U. C. A. M.)[77], ein italienischer Automobilclub jener Zeit, diese Veranstaltung ins Leben rief. Es war eine Gleichmäßigkeits- oder Zuverlässigkeitsprüfung über mehrere Tage. Nervenkitzel und Abenteuer waren garantiert, die Teilnehmer mussten beim ersten Rennen, das von Mailand nach Triest führte, schließlich über 2300 Kilometer fahren.

Eine ähnliche Folgeveranstaltung dauerte bis zum Jahr 1989.

Die erste Etappe, die am 9. August 1921 in Turin startete, führte die wagemutigen Fahrer über 480 Kilometer durch die malerischen Alpen, vorbei an atemberaubenden Sehenswürdigkeiten wie dem Stilfser Joch, nach Meran. Die Bedingungen waren anspruchsvoll, die Teilnehmer mussten eine Durchschnittsgeschwindigkeit von 48 km/h einhalten. Die Fahrzeuge wurden in verschiedene Kategorien eingeteilt, 16 mutige Fahrer nahmen das Rennen in Angriff.

Die Überquerung des Stilfser Jochs war zweifellos der Höhepunkt der Etappe, zahlreiche Zuschauer versammelten sich entlang der Strecke; wer mit dem eigenen Fahrzeug auf Joch fuhr, fand kaum einen Parkplatz.

Für die gesamte Etappe wurde eine Zeit von zehn Stunden und zwölf Minuten vorgegeben – und einige der besten Fahrer, darunter Größen wie Ascari und Moriondo, konnten sie einhalten. Sogar der legendäre Enzo Ferrari war auf Alfa Romeo vertreten. Am Ende sicherte sich Claudio Sandonnino in einer ITALA den Sieg. Acht Konkurrenten erreichten das Ziel in Triest.

Im Jahr 1922 wurde die Veranstaltung fortgesetzt; die zweite Etappe von Turin nach Meran führte erneut über

R.A.C.I Milano – Königlicher Automobilclub, 1932

das anspruchsvolle Stilfser Joch. Ein unerwartetes Problem trat auf, als starke Regenfälle und Erdrutsche den Renntag gefährdeten. Doch das Wetter klarte auf und die Straßenarbeiter konnten die Strecke rechtzeitig für das Rennen freigeben.

Die Durchschnittsgeschwindigkeit betrug dieses Mal 49 km/h und nur neun der 27 gestarteten Fahrer erreichten diese Vorgabe. Der Sieg ging schließlich an Pietro Cattaneo in einem Ceirano. 30 Autos waren in Turin gestartet, aber nur 13 erreichten nach 3000 km in Mailand das Ziel.

Die dritte Ausführung des Rennens im Jahr 1923 führte über sechs Etappen von Mailand bis zum Autodrom von Monza, eine Rundfahrt von ebenfalls 3000 km. Der Beginn der zweiten Etappe in Turin war für viele Teilnehmer eine Geduldsprobe und brachte sie in Zeitnot, denn ein Bahnübergangswärter ließ die Schranken bei Zugdurchfahrten bis zu 20 Minuten unten. Die zweite Etappe von Turin nach Meran über 515 km wurde bei dieser Ausgabe mit einem neuen Startverfahren durchgeführt, bei dem die Fahrzeuge im Abstand von zwei Minuten losgelassen wurden. Dies führte zu spannenden Duellen auf der Strecke.

Auf dem Stilfser Joch waren erneut Hunderte von Zuschauern versammelt. An diesem Tag gab es eine unangenehme Überraschung, denn das einzige Gastlokal am Joch, das Ristorante Giogo dello Stelvio, war aufgrund von Grenz- und Lizenzstreitigkeiten geschlossen.

Einigen Fahrern wurde die Jochstraße zum Verhängnis. Im Ziel triumphierte Minoia in einem OM, gefolgt von Garro und Beria auf SPA sowie Ferrari auf Alfa Romeo.

Im Jahr 1924 folgte die vierte Ausführung, bei der die Fahrer von Taliedo bei Mailand bis Fiume in Istrien über 3000 km fuhren. Die fünf Etappen erforderten eine Durchschnittsgeschwindigkeit von 50 km/h und nach jedem Renntag gab es einen wohlverdienten Ruhetag.

Die schwierigste Etappe führte die Teilnehmer von Auronzo nach Meran, mit anspruchsvollen Pässen wie Falzarego, Pordoi, Col Bricon und Mendel. Nur vier Fahrer konnten die vorgegebene Geschwindigkeit von 50 km/h einhalten, was zu vielen Ausfällen führte. Die meistbesuchte Etappe war erneut die Strecke von Meran nach Stresa über das Stilfser Joch und den Apricapass. Nur die Hälfte der Teilnehmer des Vorjahres war in diesem Jahr anwesend.

Auf der fünften Etappe von Meran nach Stresa über 545 km standen nur noch elf Fahrer am Start. Diesmal führte die Route von Trafoi zum Joch; die Straße war durch ein Unwetter am Vortag ziemlich ramponiert. Einige Fahrer mussten mit technischen Problemen kämpfen, bei Bormio ereigneten sich zwei schwere Unfälle. Nur fünf Fahrer erreichten Stresa in der vorgeschriebenen Zeit und Coffani auf OM krönte sich schließlich zum Sieger.

Die fünfte Ausführung der Coppa delle Alpi im Jahr 1925 führte von Taliedo bei Mailand über 449 km nach Asiago. Von den 24 Teilnehmern erreichten 19 den ersten Zielpunkt. Doch beim Start in Meran am 14. August zum Etappenziel nach Turin waren nur noch wenige Fahrer innerhalb des vorgegebenen Zeitfensters.

Während der Fahrt über das Stilfser Joch waren die Vorbereitungsarbeiten für die Jahrhundertfeier des Straßenbaus im Gange. Der Abschluss fand am 16. August im Autodrom von Monza statt und markierte das Ende der nationalen Veranstaltungen.

Die Alpenfahrt, Coppa delle Alpi, 1926

Ab 1926 wurde das Rennen international und vom Internationalen Automobilclub veranstaltet, was zu einer noch größeren Aufmerksamkeit führte.

Das erste Bergrennen von Trafoi zum Stilfser Joch fand am 2. September 1925 statt, um die Jahrhundertfeier der Straße und den neuen Automobilclub Meran zu feiern. Zehn Fahrzeuge nahmen teil: drei Tourenwagen und sieben Rennwagen. Sieger war Gran Cordone Leonino da Zara auf einem Alfa Romeo. In der Tourenwagenklasse gewann Ing. Menestrina aus Trient auf einem Fiat 510.

Besonders beeindruckten die leichten SAM-Wagen, die auch bei der Coppa delle Alpi erfolgreich waren. Das Event lockte viele Zuschauer an. Am Jochparkplatz standen 30 Autos und Gesellschaftswagen aus Bormio, während Busse aus Tirol nur bis Trafoi fahren durften.

Überraschend wurde das Rennen später vom italienischen Automobilclub wegen Regelverstößen annulliert. Unbeeindruckt meldete der Meraner Club für den 1. September 1926 ein weiteres internationales Bergrennen von Spondinig zum Joch über 27,4 km an. Der Volksbote berichtete daraufhin am 2. September 1926:

Gestern war hier ein Auto-Wettfahren ab Spondigna zum Stilfserjoch-Paß, bei dem angeblich ein Franzose Sieger blieb. Er nahm die 27 Kilometer zählende Strecke (Spondigna 885 Meter, Paßhöhe 2760 Meter) in 30 Minuten. Der Sieger durchraste die Strecke. Wie der Blitz schoß der kleine niedere zigarrenförmige Wagen, in welchem nur der Lenker saß, heulend und schnaubend durchs Dorf. Einige Hennen mußten freilich daran glauben, sonst hörte man von Unfällen Gottlob nichts. Vor der Wettfahrt wurden alle daran teilnehmenden Wagen auf unserer Brückenwaage gewogen.

Ab 1928 veranstalteten die Automobilclubs von Italien, Deutschland, Österreich und der Schweiz die internationalen Alpenfahrten um den Alpenpokal, welcher regelmäßig über das Stilfser Joch führte. Die erste Überfahrt erfolgte am 14. August 1928. Die Veranstaltungen dauerten durchschnittlich eine Woche; es waren bis zu 2700 km zu bewältigen. Die Autos wurden in verschiedene Kategorien nach Motorleistung und nach Verwendungszweck wie Personen-, Touren- und Rennwagen eingeteilt. Nur wenige der Gestarteten erreichten das Ziel. 1931 führte die Etappe am 1. August über den Pass. Es brannte ein Wagen aus, ein weiterer fuhr in einer Kurve auf eine Mauer. 1932 waren 107 Fahrer am Start der 2598 km langen Strecke. Die Bergprüfung am Joch musste mit einer Durchschnittsgeschwindigkeit von 35 bis 40 km/h, je nach Motorisierung, bewältigt werden.

Die Internationale Bergmeisterschaft

Nachdem man in Deutschland und Frankreich Geschwindigkeitsrennen auf den Bergstraßen organisiert hatte, wollte sich auch Italien zeigen und nahm am internationalen Kriterium mit dem Stilfserjoch-Bergrennen teil. Der R.A.C.I. (Royal Automobil Club d'Italia) übernahm die Organisation, wobei auch der Meraner Club, welcher schon Erfahrung aufwies, involviert wurde.

Für den **28. August 1932** war der Start geplant.

Die erste Planung sah den Start in Gomagoi vor (18 km), dieser wurde aber nach Trafoi (14 km) verlegt. Zugelassen waren alle offenen Rennwagen von 350 bis 8000 Kubik. Sie wurden in vier Kategorien eingeteilt. Die Vorbereitungen nahmen mehrere Tage in Anspruch. Etwas über hundert Meter vor dem Joch wurde die Straße durch eine kleine Kanzel erweitert. Auf dieser stand das Zielhaus, welches zur Straße hin und zum Tal mit großen Glasfenstern versehen wurde. Darunter wurden die Tribünen für die Ehrengäste aufgebaut. Eine hydraulische Messanlage, die sich bei Berührung durch die Vorderräder auslöste, verbesserte die Zeitabnahme. Die Telefonleitung zum Joch war nach deren Zerstörung im Krieg nicht wiederhergestellt worden. Daher legte man von Trafoi bis zum Pass eine Freileitung neben der Straße mit fünf festen Telefonposten an. Die Straße wurde neu geschottert, die Kehren mit weiteren Sandsäcken geschützt und die Nummern derselben frisch bemalt. Über dem Ziel stellte man riesige Lautsprecher auf, die weitum zu hören waren. Am Renntag wurde die Straße von Trafoi aufwärts um 5 Uhr früh für den Verkehr geschlossen. Von Bormio konnte man bis unter das Joch fahren. Der letzte Abschnitt musste zu Fuß zurückgelegt werden.

Widmung von Hans Stuck, Gast im Hotel Stilfserjoch

Vom 25. bis zum 28. August wurde die Straße von 5 Uhr bis 8 Uhr für die Probefahrten gesperrt. Über 50 Teilnehmer hatte die Startliste zu verzeichnen. Am letzten Tag war Caracciola der Schnellste, gefolgt von Nuvolari und Tadini. Nur der Schweizer Stuber hatte erhebliche Motorprobleme. Die große Hoffnung der Deutschen lag auf Hans von Stuck auf Mercedes, der bereits in den Tagen zuvor seine Fahrkünste unter Beweis gestellt hatte.

Der Renntag übertraf alles am Joch bis dahin Gesehene. Tausende Zuschauer waren auf den Hängen auf beiden Seiten der Straße und auf der rechten Bergseite zu sehen. Die europaweit staatlich geförderte Propaganda und die einzigartige Möglichkeit, ein Bergrennen vom Ziel aus auf dem größten Teil der Strecke verfolgen zu können, hatte sie angezogen.

Das Rennen begann kurz nach 9 Uhr. Aymini legte mit seinem kleinen Zweizylinderauto mit Vorderradantrieb eine hervorragende Zeit von 16 Minuten vor.

Hans von Stuck auf Mercedes-Benz SSKL in den Kehren ohne Betonbelag

In der nächsthöheren Kategorie stellte der Schweizer Karrer diese Zeit ein. Dann kam Hans von Stuck auf Mercedes, der die bis dahin beste Zeit von 15 Minuten und 23 Sekunden und einen Durchschnitt von 54,60 km/h aufstellte. Caracciola, der in den Probeläufen immer vorne lag, büßte auf dem oberen Teil ein wenig Zeit ein und erreichte mit zwei Sekunden Rückstand das Ziel. Er sagte, dass dies ein schweres Rennen für die Motoren gewesen sei, das einem Fahrer einen großen Spaß bereite, er den Spaß jedoch bald verliere, wenn er gewinnen wolle. Nuvolari meinte, dass er immer mit viel Wasser starte, aber immer fast trocken ankomme, wobei er sich unter anderem auf den Kühler bezog.

Die Italiener hofften alle auf Tadini im Alfa Romeo vom Ferrari-Rennstall, der bis zur letzten Kehre auch der Schnellste war. Dort unterlief ihm ein Schaltfehler: Er konnte den dritten Gang nicht sofort einlegen. Damit war er mit zwei Hundertstelsekunden Abstand Zweiter. Sieger wurde damit Hans von Stuck auf Mercedes 7300. Stuck hatte vor dem Stilfser-Joch-Rennen bereits die zum internationalen Zirkus zählenden Rennen am Gaisberg (A), Kesselberg (D) und Klausen (CH) gewonnen.

Dieser erste große Bergpreis am Joch erwies sich als ebenbürtig, wenn nicht interessanter als die übrigen europäischen Rennen und sollte nach Ansicht der Organisatoren auf alle Fälle wiederholt werden. Daraufhin hatte man für den **27. August 1933** die zweite Ausgabe festgelegt. Auch zu dieser internationalen Veranstaltung, durchgeführt vom R.A.C.I., meldeten sich 50 Konkurrenten. Einige Tage vor dem Rennen schneite es ergiebig, sodass es für die Straßenarbeiter viel Arbeit gab. Doch die größte Änderung zum Rennen im Jahr zuvor war auf den Kehren zu verzeichnen. Diese waren im Laufe des Sommers mit einem nach außen erhöhten Betonbelag versehen worden, der eine leichtere und schnellere Befahrung erlaubte. Was für die Fahrzeuge damals von Vorteil war, stellt sich heute in erster Linie für Motorräder und lange Fahrzeuge als Hindernis dar. Dieser Umbau wurde in der Folge auf der gesamten Strecke von Trafoi zum Pass fortgeführt. Die Strecke nach Bormio blieb davon verschont. Der Ordnungsdienst wurde von faschistischen Milizen durchgeführt. Alles, was in der faschistischen Partei von Mailand bis Bozen Rang und Namen hatte, war anwesend. Die ersten Probefahrten der in acht Kategorien eingeteilten Rennwagen wurden zwei Tage vor dem Rennen durchgeführt. Der offizielle Start erfolgte bereits um 8 Uhr. Bei dieser Ausgabe waren sogar drei Frauen, darunter eine junge Marokkanerin, am Start.

Luigi Premoli auf Maserati beim Start in Trafoi, 1934

Der Sieger des ersten Rennens, Hans von Stuck, war nicht dabei. Auch drei weitere Protagonisten, Nuvolari, Borzacchini und Fagioli, waren abwesend. Als Sieger konnte sich Tadini auf Alfa Romeo mit dem neuen Rekord von 15 Minuten, 16 Sekunden und einem Durchschnitt von 55,962 km/h küren. Weitere drei Fahrer, Trossi, Balestrero und Premoli, unterboten den Rekord von Stuck.

Die damals größte Veranstaltung am Pass, die schon bald zu höchster Berühmtheit aufstieg, wurde in der dritten Ausgabe von schlechtem Wetter heimgesucht. Hatte das Stilfser Joch in den vorherigen Ausgaben ideale Tage mit klarem Himmel, strahlender Sonne und perfekter Sicht geboten, zeigte sich die dritte Ausführung **am 26. August 1834** von einer unangenehmen Seite: Es herrschten eisige Temperaturen, starker Regen, Nebelböen und schließlich Schnee, der kurz vor Schluss den siegreichen Tadini mit einem Gestöber begrüßte. Ein außergewöhnlicher Tag – nicht fürs Stilfser Joch, aber für Autorennen, zumal für die offenen Rennwagen. Einige Hundert bis zum Rennende übrig gebliebene Besucher erlebten im Zielbereich die Autos, die bereits von einer dünnen Schicht Schnee bedeckt waren. Es schien, als würde man an einem Wintertreffen teilnehmen, während sich die Skifahrer, die von den nahegelegenen Gletschern heruntergekommen waren, besser in den grauen und kalten Tag einfügten als die Fahrer mit ihren leichten, wasserdichten Anzügen. Die niederen Kategorien konnten durchwegs gute bis hervorragende Zeiten fahren und einige Rekorde brechen. Gesamtsieger bei Schnee- und Graupelschauern blieb wieder Tadini mit einer Zeit von 15 Minuten, 1 Sekunde und 5/10.

Die vierte Auflage fand am **1. September 1935** mit der bis dahin größten Anzahl von Automobilen statt, mit 45 Sportwagen und 25 Rennwagen. Das schöne Wetter, die fertig ausbetonierten Kehren und natürlich die kontinuierliche Steigerung der Motorenleistungen brachten viele neue Rekorde. Tadini verbesserte seine Bestzeit um fast eine Minute auf 14 Minuten, 15 Sekunden, 54/100 und blieb vor Nuvolari zum dritten Mal Sieger. Für die Zeitmessung wurde zum ersten Mal im Zielbereich

78 Tausendsassa, Rennfahrer, Flugpionier unter den Faschisten, starb am 6. Juli 1936 bei einem Attentat in Äthiopien.

Die Aufstellung nach dem Rennen am Joch, 1935

eine Fotozelle eingerichtet. Im folgenden Jahr wurde diese Art der Zeitmessung auch am Start verwendet.

Die fünfte Auflage des Bergrennens wurde nur mehr als nationales Wertungsrennen für den **30. August 1936** festgelegt. Es lief unter dem Namen Arturo-Mercanti-Trophäe[78]. Die Italiener waren unter sich – ohne ausländische Beteiligung. Auch dieses Mal erwies sich Tadini als der Schnellste und stellte auf seinem Alfa Romeo des Ferrari-Rennstalles einen neuen Rekord mit 13 Minuten, 53 Sekunden und 79/100 mit einem Mittel von 60,445 km/h auf. Hinter ihm belegten seine Landsleute Trossi (Maserati) und Biondetti (Alfa Romeo) die Plätze. Im Jahr 1937 wurde das Rennen, die Cronoscalata del o Stelvio aufgrund politischer und organisatorischer Gründe im Zusammenhang mit dem internationalen Klima jener Zeit nicht ausgetragen.

Das vorgesehene sechste Stilfserjoch-Rennen von 1938, wieder als nationale Veranstaltung geplant, wurde durch den italienischen Automobilsportverband vom 28. auf den 21. August vorverlegt, um ein Zusammentreffen mit dem Großen Bergpreis von Deutschland am Großglockner zu vermeiden. Es wurde am **21. August 1938** bei schlechtem Wetter gestartet. Die Temperatur lag am Joch bei sechs Grad. Starker Wind, Nebel und Regen trieben die wenigen Zuschauer, welche zum Teil in Sommerbekleidung anwesend waren, in die Gaststuben. Die Strecke war durch den Regen aufgeweicht. Die größte Herausforderung für die 40 Fahrer stellte neben der schwierigen Einstellung der Vergaser die Betonfahrbahn in den Kehren dar. Diese war von einer rutschigen Schlammschicht bedeckt. An einen neuen Rekord war daher nicht zu denken. Sieger blieb Dusio auf Alfa Romeo in der Zeit von 14 Minuten, 55 Sekunden, 25/100 vor Pintacuda und Severi auf derselben Marke.

Die siebte und letzte Abwicklung wurde am **16. Juli 1939** wieder von Tadini mit 9/10 Sekunden Vorsprung auf G. Lurani auf BMW und Calamai auf Alfa Romeo gewonnen. In einigen Kehren gab es noch hohe Schneewände. Das Wetter war akzeptabel, abgesehen von einem Gewitter am Tag vor den Probefahrten. Dabei hat eine Windböe das Zielhäuschen auf die darunterliegende Straße geschleudert.

Neben diesem motorisierten Ereignis stand das Stilfser Joch bei weiteren Veranstaltungen auf dem Programm, so gingen der Rally-Klassiker Lüttich–Rom–Lüttich von 1931 bis 1960 und die Rally Lüttich–Sofia–Lüttich von 1961 bis 1964 einige Male über den Pass. Einige Male wurde auch von Bormio zum Pass ein Geschwindigkeitsrennen gefahren, und auch von Trafoi hatte man es wieder versucht. Die Zeiten von knapp über 10 Minuten können nicht mit den großen Veranstaltungen verglichen werden, da der Start an der Abzweigung zu den Drei Brunnen erfolgte.

ZUKUNFTSPLÄNE – EIN LOCH UNTER DEM JOCH

Die Ortler- oder Stilfser-Joch-Eisenbahn

Bereits vor der Entwicklung des Automobils veränderte ein anderes Transportmittel das wirtschaftliche und soziale Leben der Bevölkerung, die Eisenbahn, welche den Transport von Menschen und Gütern revolutionierte. Schwer zugängliche Regionen wurden miteinander verbunden. Rohstoffe und Fertigprodukte konnten über weite Strecken in kürzester Zeit geliefert werden. Für die Menschen verkürzte sie vor allem die Reisezeiten, für das Militär wurde sie zum wichtigsten logistischen Mittel. Die Eisenbahn selbst war ein bedeutender technologischer Fortschritt. Der Bau von Strecken erforderte Ingenieurleistungen. Die Einführung von Dampflokomotiven und später elektrischen Zügen trug zur Entwicklung der Technologie bei.

Schon mit der Planung und dem Bau der Brennerbahn[79] kamen erste Befürchtungen auf, dass die Passstraße völlig überflüssig werden könnte:

> […] wird erst die Zukunft recht augenfällig lehren, wenn nehmlich einmal die nun mit völliger Bestimmtheit zu erwartende Eisenbahn von Verona in der Richtung über den Brenner nach Kufstein ihre nähere Wirksamkeit zu äußern beginnen und jenen obgenannten fritwärtigen Thälern ihren bisherigen zum Theil gewohnten Verkehr vollends entziehen wird. […][80]

Erste Planungen zur Untertunnelung des Jochs entstanden durch den Ingenieur Karl Albert Gollwitzer[81]. Dieser wollte Ende des 19. Jahrhunderts eine Zugverbindung von Berlin nach Rom über Augsburg, den Fern- und Reschenpass und durch einen Tunnel unter dem Stilfser Joch verwirklichen.

Als dann die Zugstrecken nach Mals,[82] über den Reschenpass und von Mailand nach Sondrio bzw. Tirano[83] geplant und zum Teil verwirklicht wurden, war es für den Ballungsraum von Mailand – und ganz besonders für den Hafen von Genua – klar, dass eine Verbindung unter dem Stilfser Joch und den Reschen in Richtung München oder Augsburg hergestellt werden musste. Um 1885 wurde auch von österreichischer Seite an den Ausbau einer solchen Strecke gedacht. Dabei gab es wie immer Befürworter und Gegner für ein solches Mammutprojekt. In Tirol kam die Ablehnung von der Brennerbahn und zum Teil auch vom Militär. Hier gab man zuerst der Strecke von Mals nach Landeck den Vorrang. Der wirtschaftliche Nutzen wurde von niemandem in Abrede gestellt.

> Die Fern-Ortler-Bahn hat nun aber noch einen Wert […]: Sie schafft eine für den Dreibund notwendige, militärische Verbindung, denn die drei Mächte Deutschland, Österreich und Italien sind bei militärischen Bewegungen lediglich auf die Brennerbahn angewiesen. […] Deshalb ist die einzige richtige militärisch-strategische Verbindung mit Italien die Fern-Ortler-Bahn. Das Bedürfnis einer zweiten Alpenbahn ist ein allgemein anerkannt dringendes, nicht vom militärischen Gesichtspunkt allein, sondern vom Standpunkt des Handels und Verkehrs.[84]

79 Eröffnet 1867.

80 14. Dezember 1849, Nr. 5064, Straßenbau TLI.

81 * 17. Dezember 1839, † 9. Oktober 1917, Augsburg.

82 Meran–Mals, eröffnet 1906, Vinschgaubahn.

83 Von Colico nach Sondrio 1885, von Mailand nach Sondrio 1894 und von Sondrio nach Tirano 1902 – Veltliner Bahn. Es war weltweit die erste mit Wechselstrom betriebene Bahn.

84 Bozner Zeitung, 1. März 1900.

85 Von R. Moser stammt ein Projekt Sondrio–Vils (Kempten).

86 28 Kilometer östlich vom Gotthardpass.

87 Robert Bernhardt, Die schweizerische Ostalpenbahn in historischer, kommerzieller und volkswirtschaftlicher Beleuchtung, 1903.

88 La Rezia, Band 31, Nr. 28, 12. Juli 1924.

89 Südtirol und Trentino.

90 Der Tunnel hätte mindestens neun bis zehn Kilometer lang sein müssen.

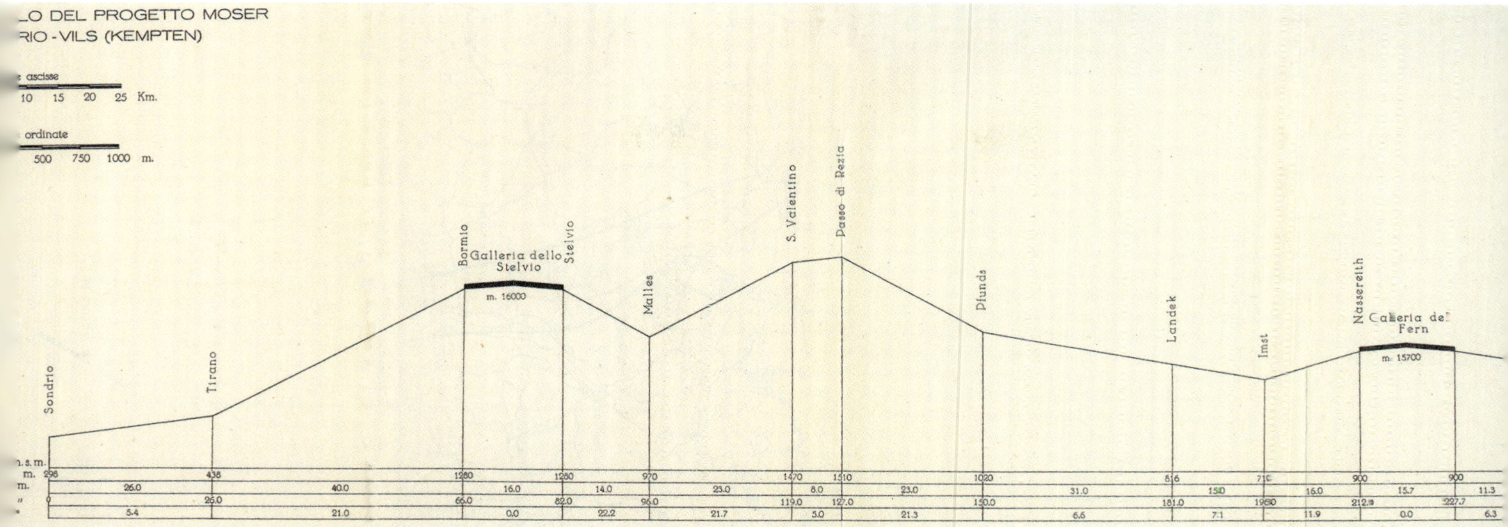

Das Projekt Moser

Der größte Gegenwind kam aus der Schweiz. Diese wollte ihre Pässe und Täler für eine Durchfahrt nutzen. Sie hatte unter der Regie von Ingenieur Robert Moser[85] bereits mehrere Zugstrecken im Bau oder in Planung, darunter auch eine für die Ortler-Bahn mit einer Maximalsteigung von 25 Promille und 250 oder 400 Meter Kurvenradius. Sie befürchtete einen starken Abfluss des Handels. Die Schweiz spielte eine wichtige Rolle als Verbindungsglied zwischen verschiedenen Staaten und wollte alle Verbindungen in ihrem Land vereinigen. Sie schlug vor, dass alle Staaten, die an den zentralen Alpenbahnen interessiert sind, sich für die Neutralisierung der Alpenpässe erklären sollten. Dies würde dazu beitragen, die Handelswege in Friedenszeiten offen zu halten, während man sie im Kriegszustand schließen könnte. In erster Linie wollte man gegen das Fernpass-Ortler-Bahnprojekt kämpfen. Die Schweiz wollte sicherstellen, dass die östliche Alpenbahn durch ihr Gebiet führt (gemeint waren die Splügen- oder Greina-[86] oder Gotthard-Trasse).[87]

Der Rätier[88] veröffentlicht die wörtliche Übersetzung eines Artikels, der von Ingenieur Carlo Gaviraghi im Popolo Valtellinese veröffentlicht wurde. Darin wird, ausgehend von der Prämisse, dass das Projekt des Splügen-Tunnels auch in der Schweiz endgültig begraben ist, leidenschaftlich für den Stilfser-Joch-Tunnel plädiert. Dieser wird:

> […] als vollständig italienischer Pass beschrieben, der dazu bestimmt ist, das neue Italien[89] mit dem Mutterland zu verbinden und die Entfernungen zwischen München und Italien zu verkürzen […] Der Kanton Graubünden, das Land der internationalen Pässe schlechthin, würde so auf den Schrottplatz geworfen werden […].

Geplant wurde in Italien, Österreich und Bayern schon vor dem 20. Jahrhundert. Auch in Innsbruck drängte man auf das Projekt der Fern-Ortler-Bahn als Reaktion auf die Pläne der Schweiz, um eine neue Konkurrenzlinie zur Gotthard- und Brennerbahn zu schaffen. Die bedrohten Gebiete, insbesondere Bayern, setzten sich für eine direkte Normalbahnverbindung vom bayerischen Netz über den tirolischen Fernpass, die Malser Heide und unter dem Ortlerstock zum italienischen Netz ein. Der Durchstich wäre durch einen sechs bis sieben Kilometer langen Tunnel[90] von den Drei Brunnen in Trafoi bis Niblogo bei Sant Antonio in der Val Furba erfolgt. Ein römisches Bauunternehmen hatte bereits im März 1909 die Konzession für eine Normalbahn von Tirano nach Bormio beantragt. Es war ein Abschnitt des Projekts, das auf italienischem Gebiet beginnen und bis Valcava im schweizerischen Münstertal fortgesetzt werden sollte. Dies hätte die Verbindung Bayern–Tirol–Italien hergestellt und den Durchgangsverkehr durch Tirol erleichtert. Aufgrund von Schwierigkeiten mit der Schweiz, welche nur am Splügen-Projekt Interesse zeigte, hatte das Unternehmen auch ein Eventualprojekt von Bormio nach Trafoi ausgearbeitet, das einen zwölf Kilometer langen Tunnel erforderte.

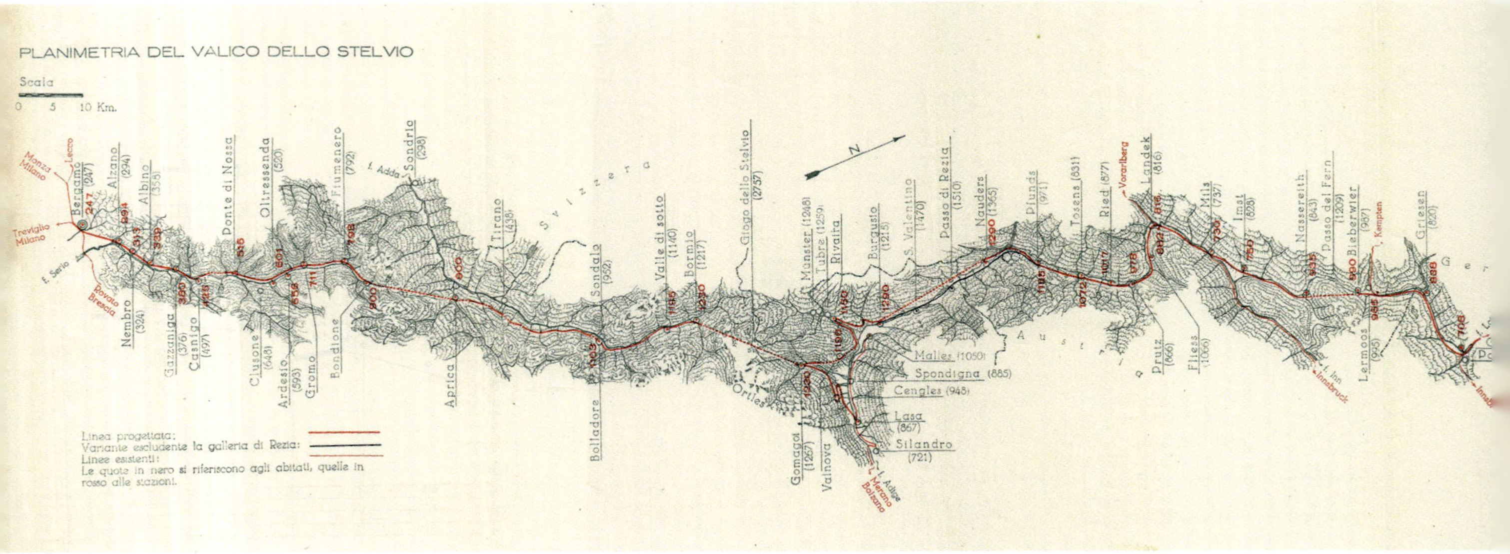

Die Strecke Mailand–Garmisch

Die Baukosten für die Linie Bormio–Mals wurden auf 57 Millionen Lire geschätzt, wobei der Tunnel allein 45 Millionen Lire ausmachte.

Das Projekt einer Bahn von der Töll bei Meran über St. Leonhard (Passeier) und den Jaufenpass nach Sterzing ist ebenfalls aufgetaucht. Es hatte den gleichen Zweck. Eine direkte Verbindung Mailand–München war jedoch etwas länger. Der Jaufen-Tunnel in 1280 m Meereshöhe wäre fünf Kilometer lang gewesen und hätte die Verbindung von München mit Meran und Mailand über Mittenwald–Innsbruck erheblich beschleunigt und verbilligt sowie die Verbindung von Wien durch das Pustertal mit dem Veltlin und dem Engadin verkürzt.

In Mailand hatte sich 1913 unter dem Namen Ferrovia dello Stelvio eine Gesellschaft gebildet, die eine normalspurige Bahn von Tirano, dem Endpunkt der Veltliner Bahn, nach Bormio am Fuße des Stilfser Jochs bauen wollte. Die geplante Linie war 42 Kilometer lang. Der Erste Weltkrieg bescherte den ehrgeizigen Plänen ein Ende.

Am 29. August 1921 kam es im Hotel Bagni Nuovi in Bormio zu einem Treffen aller am Bau der Eisenbahnverbindung unter dem Joch interessierten Körperschaften des Veltlin.[91] Weitere folgten. Es wurden bereits ausführliche Pläne und Studien vorgelegt. Der Grund für die Eile war der Artikel 321[92], der durch Senator Silvio Crespi[93] 1919 im Friedensvertrag von Saint Germain[94] eingefügt wurde, welcher den Bau dieser Verbindung vorsah. Italien war befugt, den Bau zu verwirklichen. Österreich wurde verpflichtet, den Bau auf seinem Territorium fortzusetzen. Sogar einen Teil der Kosten im Vinschgau sollte es tragen, da die Bahnstrecke über den Reschen eine hohe Aufwertung erhalten hätte.

Der Vorstand des Promotorenkomitees auf deutschem Gebiet war der Bürgermeister von Kempten, Otto Merkt. Für die österreichische Planung war Ing. Thurner zuständig.

Die Vorarlberger Volkszeitung schrieb am 29. Januar 1925 unter dem Titel:

91 Die Fern-Ortler-Bahn oder Traforo dello Stelvio.

92 Innerhalb eines Zeitraums von fünf Jahren nach Inkrafttreten dieses Vertrags kann Italien den Bau und die Verbesserung neuer transalpiner Strecken über den Reschenpass und den Predilpass auf österreichischem Gebiet verlangen. Die Bau- und Verbesserungskosten werden von Italien (getragen) vorgeschossen – es sei denn, Österreich möchte die Arbeiten bezahlen. Ein vom Rat des Völkerbundes ernanntes Schiedsgericht wird nach Ablauf der vom Rat selbst festgelegten Frist den Anteil der Bau- und Verbesserungskosten beurteilen, den Österreich Italien erstatten muss, entsprechend der Einkommenssteigerung, die sich aus den genannten Arbeiten im Betrieb des österreichischen Netzes ergeben wird.

93 Crespi wurde zum Präsidenten des Promotorenkomitees ernannt.

94 Unterzeichnet am 7. September 1919 und ratifiziert am 25. September 1920.

95 Direktor der Veltliner Eisenbahn.

Die italienische Regierung und die Reschen-Scheideckbahn.

Die Bozner Deputation, der außer den genannten Herren noch der Präfekturskommissär von Bozen Mossino, Herr Avv. Rivoli, Kaufmann Ammon und der gewesene Präsident der Bozner Handelskammer J. Kerschbaumer angehörten, sprach auch beim Verkehrsminister Ciano vor, wo sie die Frage des Umbaues des Bozner-Bahnhofes und des Baues von Eisenbahn-Wohnhäusern in Bozen zur Sprache brachten. Nachdem die Deputation ihren Vortrag beim Minister Ciano erledigt hatte, begab sie sich zum Minister für öffentliche Arbeiten, Abg. Giuriati. Bei diesem wurde in ausführlicher Weise das Problem der Vinschgau Bahn und ihrer Fortsetzung bis Landeck sowie der Ortler Bahn mit dem Stilfserjoch-Tunnel besprochen. Die Ortler Bahn soll die Verbindung nach Sondrio und weiterhin nach Mailand herstellen. Diese Bahnverbindung ist im Friedensvertrag eigens vorgesehen, da er Österreich zur Duldung des Ausbaues auf österreichischem Gebiete von Reschen bis Landeck verpflichtete.

Minister Giuriati zeigte sich in dieser Frage vollständig orientiert und versprach, diese vor den Ministerrat zu bringen, weil Ende Juli die Frist der österreichischen Verpflichtung hinsichtlich des Ausbaues der Strecke Mals–Landeck abläuft. Es gab sich daher die Notwendigkeit, von Österreich eine Fristverlängerung zu erwirken. Ein diesbezügliches Ansuchen werde von Österreich sicherlich zustimmend beantwortet werden, weil Österreich selbst in jeder Weise interessiert ist, diesen Termin zu verlängern, da die Eisenbahn auch für Österreich nützlich ist und angesichts seiner Wirtschaftslage außerstande ist, sie selber zubauen. Der Minister Giuriati zeigte gegenüber den Wünschen der Deputation volles Verständnis.

Allerdings hätte der Bau innerhalb von fünf Jahren, also bis zum 5. September 1925, fertig gestellt oder begonnen werden sollen. Der Planer der Trasse war Ingenieur Carlo Gaviraghi[95]. Das Projekt sah einen Tunnel von 18,3 Kilometern von Gomagoi bis Bormio unter dem Joch vor. Er hätte die Verbindung zwischen Genua, Mailand und München um 120 Kilometer verkürzt. Der wirtschaftliche Nutzen war offensichtlich. Der Abgeordnete Morelli, ein eingefleischter Faschist, erkannte zudem auch eine schnellere Italienisierung der Tiroler Gebiete. Die Kostenschätzung belief sich auf 345 Millionen Lire. Da man mit einem fristgerechten Abschluss, wie in den Friedensverträgen vorgesehen, nicht mehr rechnen konnte, schlug man die sukzessive Ausgabe von Staatsschatzscheinen vor. Die Bevölkerung des oberen Veltlin erhoffte sich im Zusammenhang mit der Jahrhundertfeier der Stilfser-Joch-Straße eine Zusage zum Bau der Zugverbindung bis Bormio und des anschließenden Tunnels.

Am 15. März 1926 hat Mussolini die Planer und politischen Befürworter des Projektes in Rom empfangen.

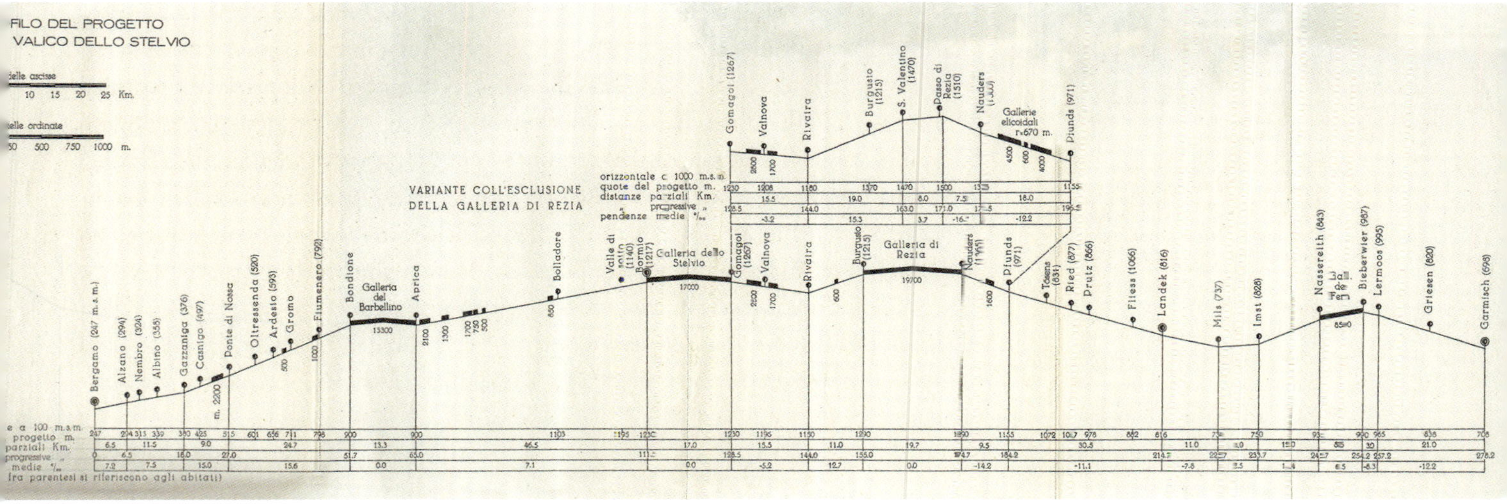

Das Projekt ohne Reschentunnel über Bergamo

Weitere Details wurden besprochen. Unter anderem sollten jetzt alle an der Strecke gelegenen Provinzen, Städte und Gemeinden zur Finanzierung herangezogen und von den verschiedenen Varianten die beste ausgewählt werden. Die Linie erhielt den Namen Stelvio–Resia. Zwei Linien kamen in die engere Auswahl: jene von Mailand über Lecco und das Veltlin sowie jene über Mailand–Bergamo und die Val Seriana mit einem weiteren Tunnel unter den Barbellino[96] nach Tirano. Gleichzeitig entstand auch Widerstand gegen dieses Projekt. Triest, Venedig und auch Turin befürchteten, durch den Hafen von Genua von den wichtigen Schifffahrtsrouten abgeschnitten zu werden. Venedig konnte beruhigt werden, da die Linie über den Reschen mit einer Abzweigung nach Kempten auch eine kürzere Verbindung in die Rheingegend ergab. Wieder andere meinten, dass dieses Vorhaben, wenn es Wirklichkeit würde, zweifellos das großartigste Werk seiner Art darstellen würde, geeignet, das Jahrhundert der Eisenbahnen würdig abzuschließen. Einige glaubten, dass die Eisenbahn angesichts der Teufeleien des Verbrennungsmotors und der Wagnisse der Luftfahrt ihre Pflicht erfüllt hat.

Nach 1926 wurde es ruhig um das Großprojekt. Die wirtschaftliche Situation in Italien verhinderte jede weitere Planung, bis im Jahr 1930 durch den Provinzialrat von Mailand der Auftrag für einen weiteren Versuch an den Ingenieur Filippo Tajani erging. Er fasste alle früheren Projekte zusammen und sah neben den hohen Kosten ein weiteres Problem dieser Bahnverbindung: Man musste drei Alpenübergänge – den Barbellino (2130 m mit 13,3 km), das Stilfser Joch (2758 m mit 17 km), den Reschenpass (1500 m mit 19,7 km) und den Fernpass (1216 m mit 8,5 km) – mit Tunneln unterqueren und dazwischen weiter auf- und absteigende Täler bewältigen. Die gesamte Alpenstrecke wäre die längste aller bis dahin verwirklichten oder geplanten gewesen.

Ein weiteres Problem lag im wirtschaftlichen Vorgehen der Schweiz. Insgeheim wurden den Transportfirmen bei Benützung der Schweizer Zugstrecken erhebliche Rabatte auf den Warenumschlag gewährt. Dasselbe galt für die Häfen von Venedig und Triest. So stellte sich heraus, dass der Transport von Wien nach Mailand über die Schweiz und den Gotthard-Tunnel günstiger war als über Tarvis, obwohl letztere Strecke wesentlich kürzer war. Tajani sah in der Verwirklichung des Projektes nicht nur einen großen Erfolg im Warenverkehr. Auch der Touristenverkehr hätte durch die herrlichen Alpengegenden der Val Seriana, des Veltlins, des Vinschgaus, des Inntales und der deutschen Voralpen einen gewaltigen Aufschwung genommen. Er bemerkte dabei, dass die Trasse niemals so gewählt werden konnte, dass sie, wie von vielen erwartet, für jede an der Strecke liegende Ortschaft eine Haltestelle bereitstellen könnte. Auch stellte er klar, dass dieser Bau niemals von Privaten finanziert werden könnte. Es lag alleine in der Hand des Staates, ihn zu verwirklichen, da nur eine große indirekte Rendite auf nationaler Ebene zu erwarten war. Es wurde weiter geplant und debattiert. Doch es fehlte das Geld und die politischen Ereignisse in Italien ließen alles in den Schubladen verschwinden, Mussolini setzte andere Prioritäten.

96 Oder unter dem Pizzo del Diavolo di Tenda.

97 Engadiner Post, 27. April 1954.

98 Zuständig für die Planung des Splügen- und Stilfser-Joch-Projekts; Vorstand: Advokat Steno Baj.

Der Ortler-Durchstich oder Traforo dello Stelvio

1945 begann man wieder von vorne, doch die Zeit der Eisenbahntunnel war vorbei. Nur die Schweizer Berichterstatter glaubten immer noch daran und befürchteten, dass man in Italien noch großes Interesse an der Untertunnelung des Stilfser Jochs hatte. Grund dafür war, dass die aktuellen Alpenstraßen den steigenden Verkehr bald nicht mehr bewältigen könnten.

Während früher der Splügendurchstich bevorzugt wurde, hat sich die Stimmung in Italien zugunsten eines Tunnels durch das Stilfserjoch geändert. Dies liegt am Tarifproblem, da die zukünftige Stilfserjochbahn länger auf italienischem Gebiet verlaufen würde als die Splügenbahn. Zudem bietet die Strecke Mailand–Stilfserjoch–Vinschgau–Landeck eine ideale Verbindung nach Westdeutschland, Holland, Belgien und Ostfrankreich. Der geplante Tunnel durch das Stilfserjoch wäre etwa 16 Kilometer lang und hätte den Vorteil einer kürzeren Anschlussstrecke auf österreichischem Gebiet im Vergleich zur Splügenroute.[97]

Automobile und Lastwagen hatten den Personen- und Warentransport verändert. Tunnelprojekte für die Eisenbahn wurden von Tunnelprojekten für den motorisierten Verkehr abgelöst. Der Durchstich am Mont Blanc und am Großen Sankt Bernhard wurden geplant und bald verwirklicht.

Im Oktober 1945 trafen sich in Lecco unter dem Vorsitz des Präfekten Corti von Sondrio die Vertreter der Provinzen Mailand, Bergamo, Brescia, Como, Sondrio, Alessandria, Pavia, Novara, Vercelli, Turin und Genua sowie eine große Anzahl von Bürgermeistern. Sie beratschlagten über die Pläne eines Straßentunnels unter dem Kleinen Sankt Bernhard, dem Splügenpass und dem Stilfser Joch. Dabei wurde eindeutig der Strecke unter dem Stilfser Joch der Vorzug gegeben. Man beschloss, die Planungen fortzusetzen. Bis Mitte der 1960er-Jahre – es war die Zeit des stark anwachsenden Verkehrs auf den Straßen – kam man über allgemeine Diskussionen nicht hinaus. Zwanzig verschiedene Alpendurchstiche wurden vorgeschlagen. Während im Piemont und der Schweiz bereits einige Tunnel knapp vor der Fertigstellung waren – der

Vermessungspunkt der S.E.P.I. für den Ortler-Durchstich an der Abzweigung von Bormio nach Livigno

Mont Blanc- und der Große-Sankt-Bernhard-Tunnel, jener unter den Pässen Sankt Gotthard und Kleiner Sankt Bernhard –, lagen die zweifellos großspurigen Pläne in der Lombardei noch in den Schubladen.

1960 gab es bereits ein fertiges Projekt für den Splügen-Tunnel, den aber wenige wollten. Das Stilfser Joch sollte den Vorrang haben. Mailand und das Veltlin drängten auf eine Verbindung nach Norden.

1963 hat dann eine Mailänder Gesellschaft[98] dem Planungsbüro S.E.P.I. aus Trient und der Stromgesellschaft Edison einen Auftrag erteilt. Dieser sah einen Durchstich von Trafoi (auf 1666 m) bis in das Zebrù-Tal (auf 1730 m) östlich von Bormio vor: Länge zwischen 6250 und 6596 Meter, Fahrbahnbreite 7,5 Meter mit zwei Randstreifen und einem Kostenaufwand von 25 Milliarden Lire. Der Plan der Zulaufstrecken sah bei Bormio abschnittsweise zwei übereinanderliegende Fahrbahnen vor. Bei starkem Schneefall hätte die untere Fahrbahn als schneefreie Strecke für beide Richtungen gedient. Doch für die Verwirklichung fehlten die finanziellen Mittel.

Auf Südtiroler Seite stand man diesem Vorhaben eher ablehnend gegenüber. In der Lombardei entflammte erneut der Streit über die Linienführung.

Bergamo wollte über die Val Seriana fahren, Brescia hingegen durch die Val Camonica. Während man in der Lombardei weiter diskutierte, hatte das Piemont bereits drei Großprojekte zu Frankreich und Richtung Schweiz verwirklicht. Auch der Splügen-Durchstich war wieder im Gespräch. Der Schweizer Kanton Graubünden hatte vom Bund dazu lediglich für die Finanzierung einer Eisenbahn eine Zusage. Die Lombardei hätte für die Zulaufstrecke ab Colico viel Geld aufwenden müssen.

Am 20. September 1964 kam es zu einem denkwürdigen Treffen in Bormio, an welchem Unterstaatssekretär und Senator Athos Valsecchi, der Abgeordnete Zappa, der Präfekt von Sondrio, der Bürgermeister von Bormio, Renzo Pelosi, und der Bürgermeister von Schlanders, Erich Müller, als Präsident der Talgemeinschaft Vinschgau mit weiteren politischen Vertretern teilnahmen. Zahlreich war auch die Vertretung der Mailänder Wirtschaft und Politik. Wieder wurden die Politiker aufgefordert, endlich einen Gesetzesvorschlag in Rom für die Verwirklichung des Tunnels einzubringen. Dies geschah dann im Oktober. Auf Südtiroler Seite wurden jetzt auch verschiedene Varianten diskutiert. Hier nannte man ihn den Ortler-Durchstich. Für den Bau der Brennerautobahn nach Meran und durch das Passeiertal machten sich die Meraner Wirtschaftstreibenden und Politiker stark. Daher sprach man auch von einer Verbindung der Stilfser-Joch-Strecke nach Meran. Im Juli 1965 wurde das Projekt der Staatsstraßenverwaltung ANAS zur Begutachtung übergeben. Die Strecke verlief jetzt über Bergamo durch die Val Camonica und unterquerte den Apricapass mit einem weiteren acht Kilometer langen Tunnel. Die Autobahn von Mailand nach München erhielt in Tirol den Namen Ulm–Mailand und in Italien Autostrada del MEC[99]. Die Finanzierung des Ortler-Durchstiches sollte zu 50 Prozent durch den Staat und für den Rest durch die betroffenen Regionen, Provinzen und Gemeinden erfolgen. Der Kostenvoranschlag war auf 27 Milliarden Lire gestiegen. Am 23. Januar 1967 wurde in einem weiteren Treffen in Mailand das Projekt auch mit dem Landeshauptmann von Tirol, Eduard Wallnöfer, einem Befürworter der Verbindung, besprochen. Es folgten Gespräche in Innsbruck mit italienischen, österreichischen und bundesdeutschen Vertretern. Am 1. Oktober 1968 wurden die Zufahrtsstrecken, für welche eine Schnellstraße mit zwei getrennten Fahrbahnen vorgesehen war, auf eine einzige reduziert, da die Kostenvoranschläge auf 60 Milliarden Lire gestiegen waren. Tirol hat bei der Erneuerung der Oberinntaler Straße einen zehn Kilometer langen Teil davon, zwischen Prutz und Tösens, verwirklicht. Die Verbindung über Brescia und die Val Camonica wurde wieder gelöscht.

1971 war wieder ein Jahr mit etlichen Treffen dies- und jenseits der Alpen. Die Mailänder Promotoren hofften jetzt auf die Unterstützung von Bayern und Nordtirol, da von Rom nur leere Versprechungen zu erwarten waren. 1978 waren die Kosten auf 160 bis 410 Milliarden Lire gestiegen. Gleichzeitig kam jetzt ein offizieller Gegenwind vom Landwirtschaftsminister Giovanni Andrea Marcora[100]. Dieser lehnte das Projekt mit der Begründung ab, dass noch nie Studien über die Umweltverträglichkeit erhoben wurden, ganz besonders, da dieser Eingriff große Teile des Stilfser-Joch-Nationalparkes betraf. Den Vorbehalten schlossen sich auch Umweltverbände an. Im Rahmen der Arge Alp wurde über das Vorhaben unter Mitwirkung des bayrischen Ministerpräsidenten Franz Josef Strauß und des Südtiroler Landeshauptmanns Silvius Magnago ebenfalls gesprochen. Die Talgemeinschaft Vinschgau war an der Stilfser-Joch-Durchstich-Gesellschaft mit 500.000 Lire beteiligt.

99 Mercato Europeo Comune.

100 Minister für Landwirtschaft DC, * 28. Dezember 1922, † 5. Februar 1983.

Der Bergsturz bei S. Antonio Morignone

101 Juni 1980.

102 * 14. März 1918,
† 3. November 2010.

103 Die Wasserkraft, 3. Band, 1909.

104 La filovia dello Stelvio, Alessandro Albè/Sergio Viganò.

Für das Aus des Projekts war ein Sinneswandel der Südtiroler Bevölkerung ausschlaggebend. Die Gründe, warum der Ortler-Durchstich nicht mehr durchgeführt werden sollte, wurden von Silvius Magnago – obwohl zuerst Befürworter des Projekts – genannt. Er sprach von einem „Umdenken aufgrund eines gestiegenen ökologischen Bewusstseins und der Angst vor einem Ausverkauf des Vinschgaus“[101]. Nach dem großen Bergsturz vom Monte Coppetto bei Morignone, am 28. Juli 1987, und der monatelangen Sperre der Straße ins oberer Veltlin wurden die alten Pläne wieder aus der Schublade geholt. Sämtliche Betroffene auf lombardischer Seite wollten die sofortige Verwirklichung des Traforo dello Stelvio. Die ANAS war bereit, die Arbeiten in Angriff zu nehmen. Bei einem Treffen in Prad sprach sich sogar Südtirols Landeshauptmannstellvertreter Alfons Benedikter[102] für einen Durchstich aus; er war als Gegner großer Straßenbauvorhaben bekannt. Allerdings war er „im Moment nur für einen einspurigen Tunnel wie von La Drossa nach Livigno, was praktisch einem Nein gleichkam. 1990 wurde der Durchstich in einer Wirtschaftsstudie für den Vinschgau von Prof. Gottfried Tappeiner für Personenkraftwagen und Kleintransporter bis 7,5 Tonnen als erstrebenswert bezeichnet.

Heute wird wieder von Zugverbindungen gesprochen. Auch wenn die Mobilität auf der Schiene zukunftsweisend und ökologisch sinnvoll erscheint, dürfte eine Umsetzung des Tunnels mehr als fraglich sein.

Die Filovia am Kreuzungspunkt an der Galerie bei den Bädern

Hochspannungsstütze am Signalkopf

Die Straßenbahn

Ein zukunftsweisendes Projekt wollte den Autoverkehr von Spondinig über Prad bis Trafoi verringern oder sogar verbieten. Dafür sollte in Gomagoi ein großes Elektrizitätswerk gebaut werden. Ein Konsortium, bestehend aus den Gemeinden Prad und Stilfs, wollte einerseits die Bevölkerung mit elektrischem Licht versorgen, andererseits aber auch Strom für ein Fahrzeug ähnlich einem Oberleitungsbus gewinnen. Im Jahr 1908 sollte das Projekt umgesetzt werden.

Elektrizitätswerk Stilfs-Trafoi. Ein aus den Gemeinden Prad und Stilfs in Vintschgau und einer Anzahl Interessenten bestehendes Konsortium hat ein Gesuch eingebracht, nach welchem von einem bei Gomagoi zu erbauenden großen Elektrizitätswerk einerseits die genannten Gemeinden mit elektrischem Licht und motorischer Kraft versehen werden sollen, anderseits eine geleislose elektrische Bahn mit Oberleitung vom Bahnhof Neuspondinig bis zum Trafoihotel betrieben werden soll. Die Bahn führt durchwegs die Stilfserjochstraße benützend durch Prad und Gomagoi, woselbst sie die Sperre durchfährt, und endigt nächst dem Trafoi Hotel. Zur Erzeugung des hierzu notwendigen elektrischen Stromes ist eine Wasserkraftanlage bei Gomagoi projektiert.[103]

Aus den ambitionierten Plänen wurde nichts. Es gab Meinungsverschiedenheiten über die benötigten Stromleistungen. Ausschlaggebend war wohl die fehlende Finanzierung.

Auf der Veltliner Seite verliefen Projekte anders und dienten anderen Zwecken.[104] Bereits während des Ersten Weltkrieges wurden Pläne erstellt, um die Verbindung von Tirano, der letzten Zugstation, bis Bormio für den militärischen Nachschub zu nutzen. Es wurde ein Transportsystem ohne Schienen gewählt, welches über zwei Oberleitungen den Gleichstrom bezieht und mit dazu modifizierten Lastautos und Bussen befahren werden konnte.

Filovia-Endstation bei Tre Barracch

Der Zulauftunnel vom Gaviapass beim Braulio-Wasserfall

105 Azienda Elettrica Municipale aus Mailand; 2008 fusionierten AEM aus Mailand und ASM aus Brescia zur A2A.

106 Drei Baracken.

107 Pelton- und Francis-Turbinen mit 19-MW-Leistung.

108 Società anonima elettrificazione Lecco.

Diese Bahn wurde im November 1918 fertiggestellt. Es waren 34 elektrische Fahrzeuge, sogenannte Filocarri in Betrieb.

Für eine zweite Ausbauphase einer Oberleitungs-, Lastwagen- und Buslinie waren dann reichlich Finanzmittel zur Verfügung. Als die AEM[105] die großen Kraftwerke, Staumauern und Wasserstollen im obersten Talschluss des Veltlin, im Fraele- und Braulio-Tal in Angriff nahm, wurde die Anlage erneuert und verlängert. Sie reichte von Tirano bis zur Station Tre Baracche[106] an der fünften Kehre der Stilfser-Joch-Straße, fünf Kilometer über Bormio. Am 31. Jänner 1939 suchte die AEM um eine Konzession beim Staat und bei der ANAS an, welche sie am 15. März erhielt. Ende Jänner 1940 war die Bahn betriebsbereit. Start in Tirano (435 m ü. M.), weiter nach Bormio (1220 m ü. M.) und bis Tre Baracche (1583 m ü. M.). 1941 kam eine Seitenstrecke von Bormio durch das Valdidentro nach Fraele an den San-Giacomo-Stausee zur Arbeitersiedlung Digopoli auf 1839 m dazu.

Auf der Strecke fuhren zwei- und dreiachsige Filocarri mit einer 11-Tonnen-Zuladung der Marke Fiat 672F und 666F. Sämtliches Material für die großen Kraftwerke und Staumauern wurde damit befördert. Ein Filocarro konnte 24 Behälter zu je 400 Kilogramm Zement befördern.

Für den Personentransport waren es Filocorriere mit 28 Sitzplätzen. Zuerst durfte nur eigenes Personal befördert werden, später einigte man sich mit der Autobusfirma Perego auf den Transport auch anderer Fahrgäste.

An der Station Tre Baracche bestand ein zweispuriger Wendeplatz. Von dort führte eine Seilbahn mit automatisch auskuppelbaren Materialwagen über sieben Kilometer mit 450 Höhenmetern zur großen Staumauer von San Giacomo di Fraele. Die Staumauer wurde 1950 fertiggestellt. Eine zweite Seilbahn verlief parallel zur Jochstraße bis auf die halbe Höhe der Spondalunga und war 3,4 Kilometer lang. Dort befand sich die Baustelle für den 33 Kilometer langen Zulaufstollen bis zum Gaviapass. Dieser sammelt sämtliche Gewässer, welche westlich der Ortlergruppe von den Gletschern in die Bäche Gavia, Forni, Zebrù und Frodolfo fließen. Mit dem Braulio-Bach fließt das Wasser wieder in den Felsen und gelangt ins Becken von San Giacomo. Jahrzehntelang ergab das Wasser am Braulio einen grandiosen, tosenden Wasserfall, bis es 1985 für ein Fließkraftwerk im Berg verschwand.[107]

1950 wurden die letzten Arbeiten an den Wasserkraftwerken durchgeführt. Am 27. August wurden sie mit dazugehörigen Staubecken feierlich eingeweiht. Die Bahnlinie wurde schon vorher nur mehr abschnittsweise verwendet. 1954 wurden das Staubecken erweitert und ein neues Kraftwerk in Premadio errichtet. 1960 standen dann nur mehr die Strommasten, welche teilweise zur Straßenbeleuchtung umfunktioniert wurden. Der Platz an den Tre Baracche wurde zur Mülldeponie von Bormio und dem Stilfser Joch.

Mit dem Bau der Elektrizitätswerke Glurns/Schluderns wurde 1947 von der Firma SAE[108] mit großem Aufwand für den Stromriesen Montecatini eine 230-KV-Hochspannungsleitung über das Stilfser Joch gebaut. Sie erreicht nach 220 Kilometern Cesano Maderno bei Mailand. Um 1990 dachte man an ihren Rückbau, da der Stromverlust auf dieser langen Leitung zu groß war. Die Energiekrisen und der Bau von neuen Überlandleitungen und Umspannwerken am Reschen führten zu einer Wiederaufwertung der Trasse. Während der sogenannten Bombenjahre Anfang des Jahrzehnts wurde sie dreimal getroffen. Am 20. März 1962 war es ein Masten am Blockhaus über der IV. Cantoniera, der ein zweites Mal am 3. September 1963 beschädigt wurde. Die Bombenleger kamen voraussichtlich über die Schweizer Grenze, welche knapp daran vorbeizieht. Daraufhin wurde dem Strommasten ein Betonkorsett verpasst. Einige Jahre später, im September 1979 kam es zu einem weiteren Anschlag auf die Fernleitung, diesmal auf dem Abschnitt zwischen Schluderns und den Gschnair Höfen.

DAS
STIL
JOCH

im 20. Jahr

Am Pass im Juni 1951

Die touristische Entwicklung

HOTEL FERDINANDSHÖHE

Am Stilfser Joch, auf der majestätischen Ferdinandshöhe, existierte bis zum Ende des 19. Jahrhunderts lediglich ein bescheidenes Rotterhaus zur Notverpflegung. In den Reisebeschreibungen jener Zeit wurde immer wieder darauf hingewiesen, dass sie dürftig bis unzureichend war.

Doch gegen Ende des Jahrhunderts entstand gegenüber ein kleines Gebäude – die Osteria delle tre lingue –, die Dreisprachenhütte. Die Wände der Hütte waren mit Hunderten von Visitenkarten tapeziert, welche von den Durchreisenden dort angebracht wurden. In diesem schlichten Gebäude, das von der Besitzerin Paolina Ortler Trabucchi[109] geführt wurde, die bereits im Alter von drei Jahren nach Bormio gekommen war, wurden Speisen und Getränke unter einfachsten Bedingungen serviert. Paolina, eine gebürtige Trafoierin, war mit Pietro Trabucchi aus Bormio verheiratet. Im Jahr 1896 erhielt sie von der Gemeinde Bormio eine Lizenz für den Verkauf von Speisen und Getränken sowie für den Bau eines kleinen Gebäudes.[110] Kurz darauf wurde neben der Osteria noch ein kleines Häuschen errichtet, das als Schlafstätte diente. Trabucchi wollte bereits 1897 auf der Dreisprachenspitze – an der Stelle der ehemaligen Garibaldi-Baracke – eine kleine Wirtschaft eröffnen. Dies wurde ihr von der Gemeinde Bormio wegen des unsicheren Grenzverlaufes aber verwehrt.

Warum es jedoch nicht schon viel früher zur Errichtung eines größeren Gebäudes am Joch kam, hatte verschiedene Gründe. Zum einen plante und baute Donegani auf der IV. Cantoniera, damals bekannt als Santa Maria, ein größeres Gebäude für die Post, den Pferdewechsel und die Verpflegung. Dieser Ort war strategisch bedeutender als das Joch selbst.

Es war kein Zufall, dass das Rotterhaus am Stilfser Joch zunächst nicht in den Plänen von Donegani vorgesehen war.

Das Hotel Ferdinandshöhe im Bau, Herbst 1897

109 * 4. Oktober 1876, † 9. März 1920, Vater: Ignatz Ortler, Mutter: Theresia Thöni.

110 La Valtellina, 19. Dezember 1996, andere Quellen erwähnen das Häuschen einige Jahre früher.

111 * 19. März 1776 in Graun, † 3. Februar 1863 in Innsbruck.

Der Bauplatz des Hotels Ferdinandshöhe

Schließlich gab es bereits seit vielen Jahrhunderten eine Notunterkunft auf der Braulio-Ebene, die von Reisenden auf dem Weg ins Münstertal frequentiert wurde. Dieser Weg war nach wie vor stark frequentiert und hatte eine lange Tradition. Für einen Aufenthalt schien der höchste Übergang den Erbauern der Straße zu unwirtlich.

Bis zum Jahr 1825 bestand lediglich eine einfache Holzbaracke, die als Unterkunft für die zahlreichen Arbeiter am Joch diente. Erst nach der Zerstörung des Posthauses auf den Wendeln nach der 5. Kehre, in der verhängnisvollen Nacht vom 30. November auf den 1. Dezember 1825, entschied man sich, das Rotterhaus am Joch nach denselben Plänen wie die anderen Gebäude zu errichten. Es sollte in erster Linie den Arbeitern dienen. Für Pferde und Reisende waren die Unterkünfte tiefer im Tal geplant.

Zusätzlich zu dem Haus wurde ein größerer ebener Platz geschaffen, man nannte ihn das Rondeau, auf dem Kutschen abgestellt und gewendet werden konnten. An der Stelle, an der man das Hotel baute, wurde ein großer Schotterhaufen gelagert, der für die Reparatur der Straße benötigt wurde. Weiter hinten, in Richtung des Ebenferners, der damals fast bis zum Pass reichte, wurde eine Tränke für Schafe eingerichtet. Die Bedeutung des Jochs als Rastplatz für Mensch und Tier nahm zu.

Die Postverwaltung in Innsbruck hatte Pläne für den Bau eines Hospizes, für das der Ingenieur und Baudirektionsadjunkt in Innsbruck, Josef Duile,[111] ein Projekt entwarf. Das Vorhaben wurde allerdings nie umgesetzt. Durch die wachsende Bedeutung des Stilfser Jochs als Übergang und wegen der neuen Grenze änderte sich die Situation.

Bis zur Einigung Italiens im Jahr 1861 bestand keine unmittelbare Notwendigkeit, ein weiteres Gebäude am Joch zu errichten. Das Haus auf der IV. Cantoniera erfüllte seinen Zweck und die Pächter hatten kein Interesse an weiterer Konkurrenz in der Nähe. Als die Grenze nach der Abtrennung der Lombardei von Österreich zum Joch verlegt wurde, verlor man das Interesse an der Erhaltung der Straße und insbesondere an der Errichtung eines neuen Gebäudes. Lediglich das Militär brachte Vorschläge für den Bau eines Hauses ein, das auch seinen Bedürfnissen gerecht werden sollte. Die Straße verfiel allmählich und es bedurfte des Drängens der nahegelegenen Dörfer und Gewerbetreibenden, eine halbwegs intakte Straße wiederherzustellen.

Der Grundstein für die Entwicklung des Stilfser Jochs als weiterhin bedeutende Durchgangsroute war gelegt. Mit dem zunehmenden Fremdenverkehr im Vinschgau, insbesondere im Ortlergebiet, sowie dem Bau neuer, großer und luxuriöser Hotels in Trafoi und Sulden – wie den Hotels Trafoi und Sulden – und der Erweiterung und Verbesserung der bestehenden Unterkunftsmöglichkeiten stieg auch der Reiseverkehr über die Stilfser-Joch-Straße zur Ferdinandshöhe rapide an. Der Ruf nach einer angemessenen Unterkunft und Restauration auf dem höchsten Punkt der Straße wurde immer dringlicher. Bisher diente die Straße hauptsächlich als Verbindung ins Veltlin und

Einsame Kutsche vor dem Hotelbau

nach Mailand, doch nun kamen der Ausflugsverkehr zur Passhöhe und den leicht zugänglichen Gletschern sowie die Faszination einer Fahrt über dieses großartige Bauwerk hinzu. Die Ferdinandshöhe hatte einen magnetischen Reiz entwickelt, der die Reisenden anzog. Selbst Rufs, der Obmann des k. u. k. Budgetausschusses, hegte den Wunsch, auf der Ferdinandshöhe eine angemessene Unterkunft zu errichten (Wien 1896). Dies unterstrich die wachsende Bedeutung dieses Standorts.

Im Tal hatten sich zu diesem Zeitpunkt bereits mehrere Unternehmer mit dem Gedanken zusammengefunden, ein Hotel auf dem Joch zu bauen. Dieser Entschluss wurde nicht nur durch den stark zunehmenden Touristenstrom angetrieben, sondern auch durch die Sorge der lokalen Wirtschaftstreibenden. Sie fürchteten, dass auswärtige Unternehmen, die in den letzten Jahren große Investitionen in Hotels für wohlhabende Gäste getätigt hatten, die Oberhand gewinnen könnten. Die lokalen Unternehmer wollten deren Einfluss entlang der Stilfser-Joch-Straße nicht zulassen. Ein weiterer ausschlaggebender Faktor für den Bau eines Hotels war der in Aussicht gestellte und teilweise bereits begonnene Ausbau der Stilfser-Joch-Straße. Diese Pläne zur Erweiterung der Straße schufen optimale Bedingungen für den steigenden Verkehr und eröffneten neue Möglichkeiten für den Tourismus. Die Zeit war reif für eine gastliche Unterkunft auf der Ferdinandshöhe. Doch welches Schicksal würde das Hotel erwarten? Welche Hürden und Triumphe würden die mutigen Unternehmer auf ihrem Weg zum Bau dieses außergewöhnlichen Hotels erleben? Sie waren guten Mutes, optimistisch und hatten die notwendigen Mittel zur Verfügung.

Die Initiatoren dieses ehrgeizigen Bauprojekts waren zwei Unternehmer aus dem Tal: Ludwig Ortler aus Prad, Grund- und Mitbesitzer des Hotels Schöne Aussicht und Josef Ortler, k. u. k. Postmeister in Trafoi. Zusammen wagten sie sich auf unbekanntes Terrain und hatten einen gemeinsamen Traum – ein Hotel zu errichten, das die Besucher des Stilfser Jochs mit Komfort und Tiroler Gastfreundschaft verwöhnen würde.

112 Der Burggräfler, 6. Mai 1897.
113 Verein für Alpenhotels in Tirol.
114 Wagnerfenster.

1897

Es war Februar 1897, als sie voller Tatendrang die Firma „Hotel Post Trafoi-Ferdinandshöhe Josef Ortler" im Handelsregister von Bozen für das Gast- und Schankgewerbe sowie den Personentransport eintrugen. Mit diesem Schritt gaben sie ihrer Vision eine rechtliche Grundlage und machten ihre Absichten offiziell.

Die beiden Gründer waren sich bewusst, dass ihr Vorhaben aufgrund der Herausforderungen, die es mit sich brachte, große Eile erforderte. Sie handelten entschlossen und erwarben im Verlauf des Sommers Holz im Wert von mehr als 1000 Gulden. Die Baupläne wurden akribisch erstellt. Zudem erhielten sie von der Gemeinde Stilfs und der Bezirkshauptmannschaft Meran die begehrte Baugenehmigung. Alles schien perfekt vorbereitet zu sein.

Doch dann lief es nicht so glatt, erfährt man in einem Bericht aus jener Zeit:

> Alles nur Erdenkliche wird jetzt zur Hebung des Fremdenverkehrs installiert und auch von Seiten der Behörden auf jede Weise unterstützt und befördert; aber wenn man um den zahlreichen, gewiss rechtlichen Beschwerden von Seiten der Touristen ein Ende machen und für Menschen und Thiere auf dem sehr frequenten und wichtigen Punkte Unterkunft schaffen soll, so werden den Unternehmern auf alle möglichen Arten Prügel unter die Füße geworfen. Wahrhaftig, das kann nur in Tirol vorkommen. Nicht umsonst ist die Schweiz dem Tirolerland in Bezug auf Fremdenverkehr weit überlegen.[112]

Bestimmte Kräfte – in erster Linie die Gesellschafter und Promotoren Theodor Christomannos und Otto Schmid von den neuen Komforthotels in Trafoi und Sulden[113] sowie die Vertreter des Straßenärars – wollten den Bau verhindern, da diese selbst solche Pläne schmiedeten.

Es gelang den Herrn Ludwig und Josef Ortler aber dennoch, auf der Ferdinandshöhe am 30. Dezember 1897 eine Fläche von 800 Klafter links und rechts der Straße aus dem Grundstück 2675, welches der Gemeinde Glurns gehörte, zum Preis von 1400 Gulden zu erwerben.

Die Straße wurde am 25. Juni 1897 für den Fuhrverkehr geöffnet, ab dem 2. Juni war sie begehbar. Die Bauvorbereitungen und der eigentliche Bau des Hotels begannen bereits in diesem Sommer.

Die Bauphase des Hotels war von zahlreichen Schwierigkeiten geprägt, die in dieser Höhe auftraten: Wetterumschwünge, Schneefälle und extreme Temperaturen erschwerten die Arbeiten erheblich. Zudem war der Transport aller benötigten Baumaterialien und der Verpflegung äußerst aufwendig. Steine und Wasser wurden auf der westlichen Seite des Hotels nahe dem Ebenferner entnommen. Diese Entscheidung führte wenige Jahre später und nach dem Ersten Weltkrieg zu weiteren Komplikationen und jahrelangen Streitigkeiten, insbesondere im Zusammenhang mit der Wasserversorgung und Grenzfragen.

Die Arbeiter lebten zunächst in kleinen Holzverschlägen und bald in einem Gebäude auf der westlichen Seite des Hotels, das später als Schweine- und Pferdestall genutzt wurde.

Zunächst musste ein Teil des Felsens durch Sprengungen abgetragen werden, um Platz für die Fundamente zu schaffen. Der Rohbau mit dem Dach wurde bis zum Jahr 1898 abgeschlossen. Im Spätsommer wurde bereits der Restaurantbetrieb aufgenommen. Das unterste Geschoss konnte nur für die Hälfte der Fläche ausgeführt werden. Der Aushub des Felsens hätte zu hohe Kosten und viel Zeit benötigt. Dort befanden sich die Küche, der Keller, Lokale für die Bediensteten und eine Kutscherschwemme.

Auf der ersten Etage die auch vom Pass aus zugänglich war, befanden sich der Speisesaal, ein Raum für den Besitzer sowie ein Raum für die k. u. k. Postablage und das Zollamt. Die beiden oberen Stockwerke umfassten jeweils elf Gästezimmer und darüber vier Mansardenzimmer mit insgesamt 65 Betten. Am westlichen Ende des Flurs befanden sich die Toiletten. Im Dachgeschoss gab es drei Unterkünfte für die Dienstboten und einen ungenutzten Bereich, der bei schlechtem Wetter zum Aufhängen der Wäsche genutzt wurde. Die Einrichtung war der Zeit entsprechend. In den Zimmern standen zwei bis drei Betten, ein Tisch, zwei Nachtkästchen mit Topf, ein Waschtisch mit Schüssel und Wasserkrug, ein Kleiderständer aus Eisen oder Rohr und zwei Rohrstühle. Die Fenster hatten doppelte Scheiben[114] und in Weiß und Rot bemalte Fenstertüren. Einige wenige hatten einen Holzofen. Die Einrichtung wurde zum größten Teil von lokalen Tischlern hergestellt. Lediglich die Rohrstühle und Sessel wurden von Industriebetrieben gekauft.

Kaufvertrag

Abgeschlossen zwischen der Stadtgemeinde Glurns als Verkäuferin und den Herrn Ludwig Ortler und Josef Ortler Gutsbesitzer und letzterer auch k. k. Postmeister in Trafoi als Käufer. Infolge dessen verkauft und übergibt Josef Wegmann Bürgermeister, Anton Trauner Gemeinderath und Alois Niederholzer Gemeindeausschuss als Vertreter der Stadtgemeinde Glurns und die Herrn Ludwig Ortler und Herr Josef Ortler kaufen und übernehmen zum künftigen Eigenthum: Aus G.P. Nr. 2675 der Gemeinde Stilfs zwei Parthien Grund im Ausmaße von zusammen 800 Klafter und zwar ein Theil links und ein Theil rechts der Landstraße auf der Ferdinandshöhe, wie selbe nach vorliegender Planscizze vorläufig abgemarkt erscheint; die endgültige Abmarkung und Vermessung wird sich auf spätere Zeit im Sommer 1898 vorbehalten. Falls sich bei dem verkauften Grund die Nothwendigkeit herausstellen sollte, dass aus Zweckmäßigkeitsgründen zur Arondierung dieses Besitzes eine größere Grundfläche, den gleichen Preis per Klafter zu überlassen, um welchen obige 800 verkauft wurden. Der vereinbarte Kaufpreis besteht per Klafter 1 f. 75 xr. somit zusammen 1400 f. sage Eintausend vierhundert Gulden. Diesen ganzen Kaufpreis per 800 f haben die Herrn Käufer zu Händen der Vertreter der Stadtgemeinde Glurns bezahlt, weshalb diese hiefür bestens quittieren. Im Übrigen erfolgt die Übernahme dieses Grundes mit heutigem Tage ohne Haftung für eine bestimmte Beschaffenheit desselben. Dürfen die Herrn Käufer die nothwendigen Steine und Sand aus dem Gemeindegrunde entnehmen, ohne jedoch irgendwelchen Schaden anzurichten, auch können die Herrn Käufer das nötige Wasser welches sich vorfindet durch eine event. anzulegende Wasserleitung ohne Beschädigung des Gemeindegrundes – beziehen – die Schaftränke darf jedoch, auf keine Weise beeinträchtiget werden. Die Herrn Käufer haben auch alle event. auf das Kaufsobjekt fallende Steuern und Gemeindeumlagen, sowie auch alle Kosten der Kaufseinrichtung und die Eigenthumsübertragungs Gebühren aus Eigenen unabbrüchig vom Kaufpreise zu bezahlen. […][115]

An die Stadtgemeinde – Vorstehung
in Glurns

Derselben wird hiemit nach eingeholter Verkaufsbewilligung des h. Tiroler-Landes-Ausschusses d. 30. Dezember 1897 N. 26138 und auf Grund des Gutachtens der Culturverständigen die erbetene Bewilligung zur Abstücklung von 800 Klafter^2 aus Grd. Parz. N° 2675 der Gemeinde Stilfs und zwar ein Theil links und ein Theil rechts der Straße: wie dies aus rückfolgender Skizze ersichtlich ist: behufs Verkaufes an Herrn Josef Ortler, Hotelbesitzer in Trafoi ertheilt.

Meran am 20. Juli 1898
Bezirkshauptmannschaft Meran
gesehen und genehmigt! vom Tiroler Landesausschuss
Innsbruck 30. Dezember 1897
der Landeshauptmann Brandis

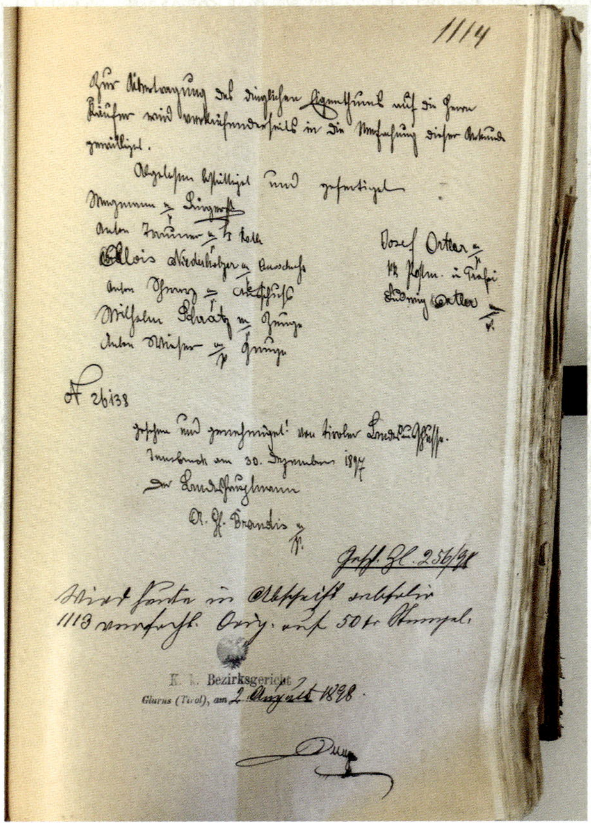
1114

26138

K. k. Bezirksgericht
Glurns (Tirol), am 2. August 1898

Letzte Seite vom Kaufvertrag für den Baugrund, 1897

115 Verfachbuch Gericht Glurns/Mals, 1898/2 Fol. 1112, Südt. Landesarchiv Bz.

116 Postablage oder Postexpedition ist eine untergeordnete Dienststelle (der Franzenshöhe) zur Abwicklung des Postverkehrs.

117 Postbotenfahrt des Hotelteilhabers und Postmeisters Ortler aus Trafoi.

In den folgenden Jahren wurde das Hotel mehrmals umgebaut. Bereits im zweiten Jahr nach der Fertigstellung mussten ein größerer Stall und eine Remise für Kutschen auf der Westseite neben dem kleinen Stallgebäude errichtet werden. Über diesen Stallungen wurden weitere acht Zimmer und ein Anbau mit Toiletten geschaffen, die hauptsächlich den Kutschern und Chauffeuren vorbehalten waren. Der ursprünglich geplante Satteldachstuhl erhielt auf der Südseite ein Zwerchdach, wodurch zusätzliche Zimmer entstanden.

Der Fremdenverkehr nahm von Jahr zu Jahr zu und bei schönem Wetter herrschte reges Treiben mit verschiedenen Kutschen und Karren für den Warentransport auf dem kleinen Parkplatz am Joch. Bald waren auch die ersten motorisierten Fahrzeuge auf der Passstraße unterwegs. Nach dem Bau des Hotels wurden in der Nähe weitere kleine Baracken errichtet, darunter neben dem alten Rotterhaus ein kleines Holzhaus eines Fotografen aus Bormio. Dort hat er auch die ersten Souvenirs verkauft.

Das Hotel entwickelte sich weiter und der Erfolg war nicht mehr aufzuhalten. Doch welche weiteren Herausforderungen und Entwicklungen würden die Geschichte des Hotels auf dem Stilfser Joch prägen? Hier folgt eine Zusammenfassung des Geschehens, aufgelistet nach Jahre.

1898

Die Straße wurde am 7. Juli eröffnet und am 15. Oktober wieder geschlossen. Mit großem Eifer wurde an der Komplettierung des Hotels gearbeitet; der Restaurantbetrieb und einige Zimmer waren im Lauf des Sommers betriebsbereit. In diesem Jahr verbot die Bezirkshauptmannschaft von Meran das Fahren mit Fahrrädern auf der Strecke vom Joch talwärts. Die ersten Automobile unter der Leitung von Baron Teodor Liebig fuhren von Trafoi bis zum Weißen Knott. Der Herbst war außergewöhnlich mild, im November blühten auf den Almen noch einmal die Anemonen.

1899

Die Straße war vom 18. Juni bis Anfang Oktober offiziell geöffnet. Da es im Herbst keine nennenswerten Niederschläge gab, blieb der Pass bis zum 8. Dezember befahrbar. An einen so trockenen Herbst konnte sich kaum wer erinnern. Lediglich in den Dreißigerjahren des 19. Jahrhunderts – erzählte man sich – soll es ähnlich gewesen sein.

Nach der Fertigstellung des Hotels verlief die erste Saison sehr erfolgreich. Am 25. Juli fuhr der erste Motorwagen problemlos von Bormio über das Joch bis nach Prad. Die gesamte Fahrtzeit betrug drei Stunden. Herr Richard Ritter von Stern fuhr dabei eine Voiturette. Am selben Tag fuhr auch der Zeremonienmeister des italienischen Königs, Giuseppe Conte Tozzoni, zusammen mit seiner Frau und ihrer eigenen Equipage von Bormio nach Trafoi.

Die Ferdinandshöhe und ihre Straße erlebten in diesen Jahren einen wahren Pioniergeist. Neue Fahrzeuge eroberten die Strecke und das Hotel wurde zu einem beliebten Anlaufpunkt für Reisende aus nah und fern. Die Zukunft auf diesem durch die Grenze geteilten höchsten Alpenpass schien rosig, die Straße auf Tiroler Seite wurde mit Hochdruck ausgebaut und eine weitere Zufahrtstraße aus der Schweiz stand vor der Verwirklichung.

1900

Die Straße war vom 9. Juni bis zum 12. November geöffnet. Zu Beginn der Saison wurde im Hotel eine Acetylengasbeleuchtung installiert. Am 1. August wurde die k. u. k. Sommerpostablage[116] im Hotel Ferdinandshöhe eröffnet es gab eine zweimalige Verbindung mit dem k. u. k. Post- und Telegraphenamt auf der Franzenshöhe. Die Post wurde vom Hotel Ferdinandshöhe bis zur Franzenshöhe im Briefbeutel (Felleisenpost) befördert. Der Dienst wurde bis zum 30. September aufrechterhalten und für die folgenden Jahre bestätigt. Es gab eine Verbindung mit der Stelviopost[117] bis zum 30. September und eine zweite Verbindung mit unentgeltlicher Briefpostbeförderung durch

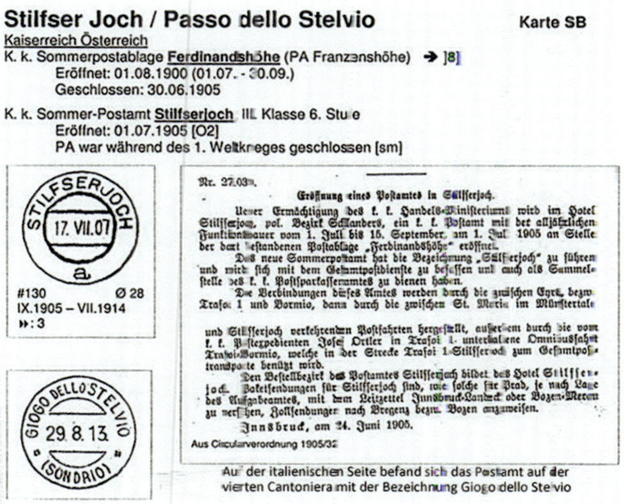

Poststempel am Joch

Die Ferdinandshöhe im Juni 1900 mit wenig Schnee

die Postkutschenpächter bis zum 15. September. Ambros Karner wurde als Geschäftsführer der Postablage bestimmt (nicht für die Hotelführung). Am 30. August fuhr Erzherzog Eugen von der Franzenshöhe zur Ferdinandshöhe.

Die Ferdinandshöhe war nicht nur ein Ort des Aufbruchs und der Entwicklung, sondern auch Schauplatz von Tragödien und Herausforderungen. Die Gefahren der Natur und die Risiken des Bergsteigens waren allgegenwärtig und verlangten den Menschen Mut und Entschlossenheit ab. Doch trotz dieser Widrigkeiten hielt der Strom der Besucher an und das Hotel Ferdinandshöhe wurde zu einer festen Größe in der Region.

Am 19. August ereignete sich ein Unfall, wie er am Joch noch nie zuvor vorgekommen war. Bonislaus Kotula, ein 48-jähriger Pflanzengeograf und pensionierter Gymnasialprofessor, sowie Andreas Kotula, ein Beamter der österreichischen Staatsbahnen in Innsbruck, wollten die Geisterspitze besteigen. Sie begannen ihre Tour von der Franzenshöhe aus über den Signalkopf. Dann wählten sie den unteren Teil der Naglerspitze als Aufstieg und seilten sich vor dem Betreten des Gletschers an. Plötzlich stürzte Bonislaus in eine Gletscherspalte. Andreas berichtete später von dem Vorfall:

„Mein Bruder trat in eine überschneite Gletscherspalte und sank schnell ein, wobei er seinen Bergstock von sich warf. Plötzlich spürte ich einen starken Schmerz in meiner Brust und dachte, dass alles vorbei sei und mich mitreißen würde. Da fiel mir mein Taschenmesser ein, ich zog es und schnitt das Seil durch, wobei das Messer abbrach. Ich rannte sofort zur Dreisprachenhütte, um Hilfe zu holen […].“

In der Hütte traf er den Maurermeister Vinzenz Tschenett aus Stilfs, der zusammen mit Josef Asper und anderen Arbeitern, die am Bau des Hotels Ferdinandshöhe beschäftigt waren, sofort zur Naglerspitze aufstiegen. Unterwegs trafen sie auf den Bergführer Franz Thöni aus Trafoi, der mit einem Gast von der Geisterspitze zurückkehrte. Thöni stieg erneut mit den anderen auf und stellte fest, dass sie allein nicht

118 Im Französischen wörtlich für „Tisch“ oder „Speisen“ des Gastgebers. Der daraus entstandene Begriff „Tableto“ wurde später für die Zeit der Essenausgabe verwendet.

119 Gutsbesitzer in Prad und Teilhaber am Hotel Schöne Aussicht in Trafoi.

viel ausrichten konnten. Der junge Josef Asper lief daraufhin zur Franzenshöhe und telegrafierte von dort aus nach Trafoi, um weitere Bergführer mit den notwendigen Seilen herbeizurufen. Thönis Bruder und der Bergführer Mazagg kamen auf das Joch. Als sie die Unglücksstelle erreichten, seilte sich Mazagg in die Spalte ab. In einer Tiefe von 25 Metern und im Gletscherwasser liegend fand er die Leiche von Bonislaus Kotula. Beim Herausziehen verfing sich das Seil mehrmals im Schnee. Zwei weitere Helfer mussten sich in die Spalte abseilen. Um 3 Uhr nachmittags war der Verunglückte schließlich geborgen. Die Bergführer bemerkten, dass die Gletscherspalte mit 15 Zentimetern Schnee bedeckt war.

1901

Die Saison begann mit einem sehr guten Sommergeschäft, ließ jedoch gegen Ende merklich nach. Im Speisesaal wurde, wie in allen viel besuchten Restaurants, zur Bewältigung der Nachfrage die Table d'Hôte[118] eingeführt. Dies war im Gegensatz zur À-la-carte-Auswahl ein Menü mit fixem Preis und festen Speisen, welches kaum Abweichungen erlaubte. Die Gäste saßen zusammen an langen Tischen. Am Tischanfang saß der Direktor oder der Besitzer. Jeder wollte in seiner Nähe Platz nehmen. Dies führte oft zu einem größeren Durcheinander. À la carte wurde nur selten serviert, die Preise dafür waren höher.

Die letzte Postkutsche fuhr am 28. September über das Joch. Die Umbrailpassstraße auf 2505 m über dem Meeresspiegel wurde am 12. Juni fertiggestellt. Ihre Bauzeit erstreckte sich von 1898 bis 1901. Sie ist die höchste Passstraße der Schweiz. Auf Anfrage der zuständigen Behörden von Sondrio und Bormio beschloss die Regierung in Rom, die Stilfser-Joch-Straße auf der Veltliner Seite im Winter bis zum Umbrailpass freizuhalten. Damit gab es jetzt wieder eine Möglichkeit, wenn auch nicht kontinuierlich, die Straße zur Überfahrt ins Val Müstair mit Schlitten oder zu Fuß auch im Winter zu benützen.

1902

Am 23. Januar verstarb der Mitbesitzer Ludwig Ortler[119]. Der Sohn Josef trat an seine Stelle. In der Todesfallaufnahme ist das gesamte Inventar vom Hotel Ferdinandshöhe und dem Hotel Schöne Aussicht in Trafoi aufgelistet. Daraus ist ersichtlich, dass die Einrichtung und das Inventar einen gepflegten und für die damalige Zeit gut ausgestatteten Betrieb ermöglichten.

Ferdinandshöhe im Juni 1902, viel Schnee

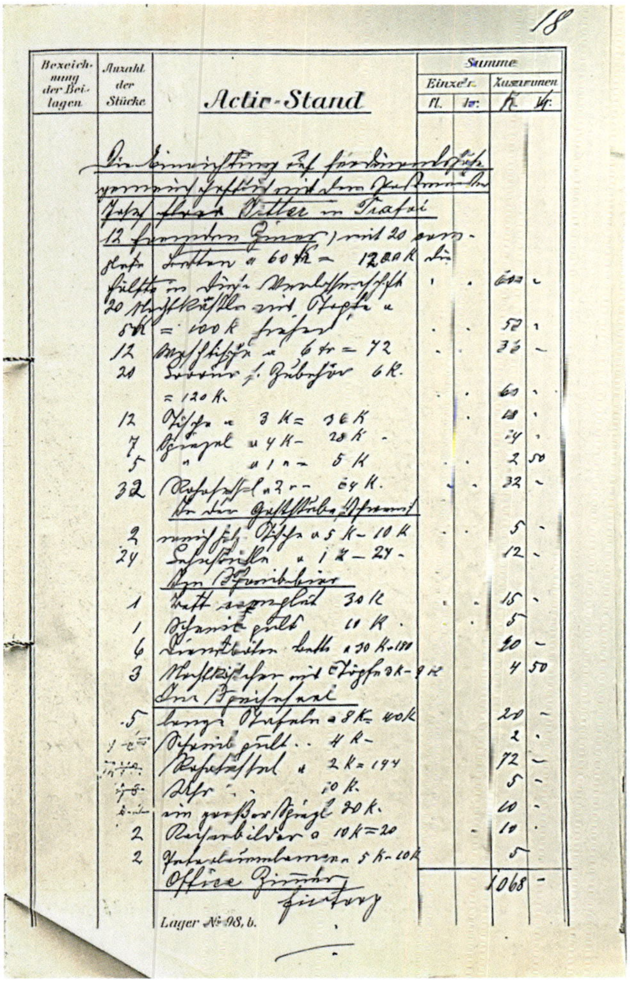

18

Bezeichnung der Beilagen	Anzahl der Stücke	Activ-Stand	Einzeln fl.	Einzeln kr.	Zusammen K	Zusammen h
					1068	–

Lager № 98, b.

Die Einrichtung auf der Ferdinandshöhe gemeinschaftlich mit dem Postmeister Josef Ortler in Trafoi, 1902

Vorübergehend wurde Alois Karner aus Prad als Direktor eingestellt. Der verflossene Winter war schneereich, die Straße und das Hotel konnten erst am 26. Juni geöffnet werden.

Das Verkehrsaufkommen nahm weiter zu. Die Saison wurde als sehr gut bezeichnet, auch aufgrund der Fertigstellung der in den letzten Jahren begonnenen Umbrailpassstraße. Am 20. August gab es ein gewaltiges Gewitter mit Murenabgängen. Der Saisonbetrieb war ursprünglich bis zum 20. September geplant. Aufgrund eines herrlichen Spätherbstes wurde die Bewirtung der Durchreisenden bis Ende Oktober verlängert. In den ersten Jahren befand sich auch im Winter ein Aufseher mit Gehilfen im Hotel, die einfache Speisen und Übernachtungsmöglichkeiten garantierten. Ein Touristenbett kostete im Mehrbettzimmer zwei Kronen. Auch die Postkutschenfahrten von Santa Maria über den Umbrail wirkten sich positiv aus. Die Fahrpläne sahen folgende Abfahrten vor:

Abfahrt Santa Maria: morgens	um 7.00 Uhr, nachmittags um 3.30 Uhr
Ankunft Ferdinandshöhe: morgens	um 11.30 Uhr, abends um 7.30 Uhr
Abfahrt Ferdinandshöhe: morgens	um 5.25 Uhr, abends um 4.30 Uhr
Ankunft Santa Maria: morgens	um 6.35 Uhr, abends um 6.00 Uhr

Für diesen Postdienst war Emile Rousette in Santa Maria zuständig. Vom Oberengadin aus wurden sogar direkte Verbindungen über das Joch nach Trafoi angestrebt, jedoch zeigte das Münstertal kein großes Interesse daran.

1903

Das Hotel war in diesem Jahr vom 18. Juni bis zum 20. September geöffnet. Es verzeichnete einen hohen Zustrom von Touristen. Am 25. Juli speisten 104 Personen im Hotel, darunter Erzherzog Eugen. Er besichtigtet neben dem Hotel auch den Ebenferner.

Es wurde deutlich, dass die Besitzer den großen Arbeitsaufwand im Hotel nicht mehr bewältigen konnten. Einer von ihnen war k. u. k. Postmeister und führte gleichzeitig das Hotel Schöne Aussicht in Trafoi. Der andere hatte in Prad einen großen landwirtschaftlichen Besitz zu verwalten und war ebenfalls am Hotel in Trafoi beteiligt. Daher beschlossen sie, für die kommende Saison einen Geschäftsführer einzustellen und fanden in dem weitbekannten Ehepaar Josef und Antonie Draßl[120] die passenden Kandidaten. Dies war ein Glücksfall für das Hotel. Sie waren mit ihrem Betrieb, dem Weißen Rössl am Wolfgangsee, in finanzielle Schwierigkeiten geraten. Daher suchten sie eine Alternative in ihrer Heimat. Frau Antonie war eine hervorragende Köchin und Herr Josef war in jungen Jahren ein bekannter Touristenführer. Sie waren bestens für diese Stelle geeignet und führten das Hotel Ferdinandshöhe von 1904 bis einschließlich 1908. Frau Antonie, bereits damals weithin bekannt als die Wirtin des Weißen Rössls am Wolfgangsee, erlangte anschließend große Berühmtheit. Über sie schrieben 1908 die Schriftsteller Oskar Blumenthal[121] und Gustav Kadelburg das erfolgreiche Lustspiel „Im weißen Rössl". 1930 komponierte Rolph Benatzky[122] ein vielbesuchtes Singspiel, 1960 entstand mit dem Schauspieler und Entertainer Peter Alexander in der Hauptrolle ein erfolgreicher Spielfilm über das Weiße Rössl. Viele prominente Gäste und Adelige kamen jetzt wegen der Geschäftsführerin auf die Ferdinandshöhe, darunter gleich zu Beginn im Juni 1904 Erzherzog Ferdinand Karl und Erzherzogin Maria Annunziata.

120 Antonie geborene Kompatscher, * 14. August 1850 in Bozen, † 22. Januar 1941 im Pardatscherhof (Patscheiderhof) in Obermais; zuerst Hotel Rainer in Obermais, dann Weißes Rößl am Wolfgangsee, Schnalserhof, Ferdinandshöhe, Forst bis Kriegsbeginn, Jocher, nach Friedensschluss 16 Jahre lang Hotel San Vigilio auf dem Vigiljoch, Restaurant St. Valentin.

121 * 13. März 1852 in Berlin; † 24. April 1917 in Berlin-Wilmersdorf.

122 * 5. Juni 1884 in M. Budwitz, † 16. Oktober 1957 in Zürich.

123 Kopierbuch Emile Rousette, Bibliothek Valchava, CH.

Atonie Draßl auf dem Vigiljoch

Zeitungsreklame, 1907

Anfang September fuhr auch der rumänische König über das Joch. Zeitweise war das Gedränge am Pass so groß, dass die Kutschen kaum noch Platz fanden.

Der Postdienst von Santa Maria zum Joch wurde mit fünfgespannten Sitz-Cupe-Landauern mit neun Sitzen und bei Bedarf mit zusätzlichen Beiwagen für acht Passagiere gewährleistet.

Auch für die Pferde wurde der Stall zu klein. Die Postpferde hatten das Recht, sich nach der Auffahrt im abgeschlossenen Teil des Stalles auszuruhen. Dieses Privileg wurde jedoch einige Male den Pferden aus Santa Maria verwehrt, woraufhin sich der Posthalter Rousette beim Direktor des Hotels beschwerte.

S. Maria, 5 Juli 1903

Herrn Direktor Karner Ferdinandshöhe

Wie mir mein Postillon Fink gestern sagte, hat ihm Ihr Stallknecht verboten die Postpferde über Mittag in den uns von Herrn Ortler vorgesehenen Stall unterzubringen Die Pferde mussten im äusseren Stall verbleiben, wo die Lohn Kutscher ein und ausgehen, so dass die erhitzten Pferde sich leicht erkälten können.

Es ist begreiflich, dass wir die Gesundheit unserer Pferde nicht von den Launen eines naseweisen Stallknechtes abhängig machen können. Dazu wird uns auch die Postdirektion nicht zwingen.

Es steht in unserem Vertrag, dass bei Nebelständen der Ausgangspunkt der Route zu jeder Zeit geändert werden kann. Falls uns nicht der versprochene Stall auch über Mittag zur Verfügung steht, so wären wir gezwungen, bei der Direktion vorstellig zu werden. Es ist üblich, dass die Postpferde immer den gleichen Stall haben, und zwar nicht den schlechtesten. Sollte es auf Ferdinandshöhe nicht der Fall sein, was ich jedoch nicht glaube, so werden wir uns zu helfen wissen.

Mein Postillon hat vorläufig die Weisung, falls ihm der versprochene Stall nicht zur Verfügung steht, sofort wieder einzuspannen und zur IV. Cantoniera zurück zu kommen.

Ich erwarte sofortigen Bericht, wie es mit der Sache steht.

Indessen gezeichnet mit freundl. Grüße
Achtungsvoll Postpferdehalterei Umbrail St. Maria
Rousette Emile[123]

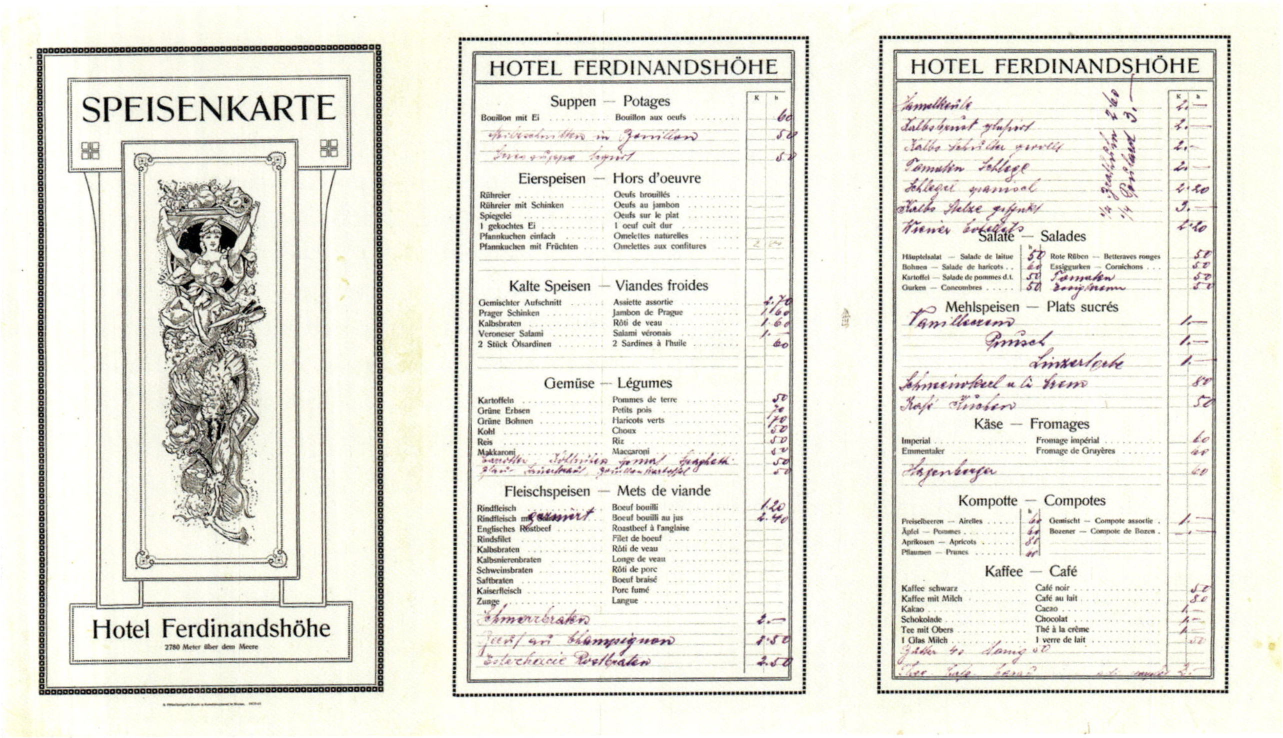

SPEISENKARTE

Hotel Ferdinandshöhe
2780 Meter über dem Meere

HOTEL FERDINANDSHÖHE

K h

Suppen — Potages
Bouillon mit Ei ... Bouillon aux oeufs ... 60

Eierspeisen — Hors d'oeuvre
Rühreier ... Oeufs brouillés
Rühreier mit Schinken ... Oeufs au jambon
Spiegelei ... Oeufs sur le plat
1 gekochtes Ei ... 1 oeuf cuit dur
Pfannkuchen einfach ... Omelettes naturelles
Pfannkuchen mit Früchten ... Omelettes aux confitures

Kalte Speisen — Viandes froides
Gemischter Aufschnitt ... Assiette assortie ... 2.70
Prager Schinken ... Jambon de Prague ... 1.60
Kalbsbraten ... Rôti de veau ... 1.60
Veroneser Salami ... Salami véronais ... 1.—
2 Stück Ölsardinen ... 2 Sardines à l'huile ... 60

Gemüse — Légumes
Kartoffeln ... Pommes de terre ... 50
Grüne Erbsen ... Petits pois ... 70
Grüne Bohnen ... Haricots verts ... 70
Kohl ... Choux ... 50
Reis ... Riz ... 50
Makkaroni ... Maccaroni ... 50

Fleischspeisen — Mets de viande
Rindfleisch ... Boeuf bouilli ... 1.20
Rindfleisch garniert ... Boeuf bouilli au jus ... 2.40
Englisches Rostbeef ... Roastbeef à l'anglaise
Rindsfilet ... Filet de boeuf
Kalbsbraten ... Rôti de veau
Kalbsnierenbraten ... Longe de veau
Schweinsbraten ... Rôti de porc
Saftbraten ... Boeuf braisé
Kaiserfleisch ... Porc fumé
Zunge ... Langue

HOTEL FERDINANDSHÖHE

K h

Salate — Salades
Häuptelsalat — Salade de laitue ... 50
Bohnen — Salade de haricots ... 60
Kartoffel — Salade de pommes d.t. ... 50
Gurken — Concombres ... 50
Rote Rüben — Betteraves rouges ... 50
Essiggurken — Cornichons ... 50

Mehlspeisen — Plats sucrés
Linzertorte ... 1.—

Käse — Fromages
Imperial ... Fromage impérial ... 60
Emmentaler ... Fromage de Gruyères ... 60

Kompotte — Compotes
Preiselbeeren — Airelles ... 60
Äpfel — Pommes ... 60
Aprikosen — Apricots ... 80
Pflaumen — Prunes ... 60
Gemischt — Compote assortie ... 1.—
Bozener — Compote de Bozen

Kaffee — Café
Kaffee schwarz ... Café noir ... 50
Kaffee mit Milch ... Café au lait ... 80
Kakao ... Cacao ... 1.—
Schokolade ... Chocolat ... 1.—
Tee mit Obers ... Thé à la crème ... 1.—
1 Glas Milch ... 1 verre de lait ... 50

Die Speisekarte des Hotels

Rousette hat im folgenden Jahr den Dienst nicht mehr verrichtet, auf ihn folgte sein Kompagnon Huder, welcher am Bau der Umbrailstraße maßgeblich beteiligt war.

1904

Das Hotel lief unter der Führung des neuen Direktorenehepaars vom 14. Juni bis zum 20. Oktober. Die Handschrift der Familie Draßl hat man gleich im Speisesaal verspürt. Anstelle der Table d'Hôte wurde der À-la-Carte-Service eingeführt. Die langen Tische wurden durch kleinere ersetzt. Anstelle des fixen Essens gab es eine Speisekarte mit Auswahl von mehreren Speisen. Beim Diner, dem Abendessen, bot man auch einen À-Part-Service an, d. h., die Hauptspeisen und Beilagen wurden getrennt im Silberservice serviert.

Am 4. Juli stattete Erzherzog Eugen dem Hotel einen kurzen Besuch ab. Er kam über Finstermünz, Santa Maria und den Umbrailpass zum Joch. Von hier fuhr er dann nach Meran ab.

Am 24. August gab es einen starken Schneesturm; eine Radfahrerkompanie des 12. Bersaglieri-Regiments unter dem Kommando von Hauptmann Berruto erreichte erschöpft und mit Erfrierungen den Pass. Für den Aufstieg von Bormio benötigten sie in voller Ausrüstung und mit den 28 Kilogramm schweren Fahrrädern, welche auf Grund des Schnees zum größten Teil geschultert wurden, sieben Stunden. Für kurze Zeit wärmten sie sich im Hotel, durften dort aber wegen der Grenzüberschreitung nicht lange bleiben und mussten bei noch stärkerem Sturm wieder nach Bormio zurückkehren. Viele zogen sich dabei starke Erfrierungen an den Beinen zu. 1909 kam es zu einem ähnlichen Fall.

Bis zum 27. August gab es weitere Schneefälle, sodass die Schneehöhe auf der Straße über einen halben Meter betrug. Die am Pass ankommenden, stark unterkühlten

124 Sayajirao Gaekwad III (* 10. März 1863, † 6. Februar 1939) war von 1875 bis 1939 Maharaja von Baroda.

125 Ottone Brentari, * 4. November 1852, † 17. November 1921, italienischer Irredentist und Schriftsteller aus Strigno (TN), studierte in Wien, Innsbruck und Padova. Er veröffentlichte (1890–1902) einen Führer „Il Trentino illustrato" in fünf Bänden und 1905 die Broschüre des italienischen Touringclubs „Intinerario – Profilo dello Stelvio" mit detaillierter Beschreibung des Jochs. Seine Mutter war eine Enkelin von Ing. Luigi Negrelli, dem Planer des Suez-Kanals, welcher schon beim Stilfser-Joch-Straßenbau 1825 als Dolmetscher anwesend war.

126 Gemeint ist das Rotterhaus.

Gäste stürmten die zwei Gastlokale im Hotel. Direktor Draßl war gezwungen einzugreifen, da sich die Frierenden um die Plätze an den wärmenden Öfen rauften.

1905

Der vorangegangene Winter war niederschlagsreich. Daher verzögerte sich die Öffnung der Straße und des Hotels, wo man erst am 27. Juni die Lokale öffnen konnte. Dafür war der Herbst sehr mild und erlaubte die Fortführung der Saison bis zum 7. November.

Besonders im Monat August waren viele Fremde am Stilfser Joch. Insgesamt war es wieder eine sehr gute Saison.

Vom 1. Juli bis zum 15. September wurde ein reguläres Postamt im Hotel eingerichtet, welches den Gesamtpostdienst gewähren musste und auch als Sammelstelle der Postsparkasse zu dienen hatte. Mit der Führung wurde Alois Karner aus Prad beauftragt. Auch die Zollexpositur für den Sommer wurde von der Franzenshöhe auf die Ferdinandshöhe verlegt.

Für Aufregung sorgte Mitte September die Überfahrt des indischen Maharaja von Baroda [124].

Die farbigen Diener mit ihren turbanähnlichen Kopfbedeckungen sowie die Frauen in bunten, langen seidenen Saris bildeten das Gefolge. Für die einheimische Bevölkerung war dies ein Riesenspektakel.

Der Aufstieg des Fremdenverkehrs am Stilfser Joch wurde unterschiedlich bewertet. Dies ersehen wir aus einer Feststellung des Schriftstellers, Patrioten und Historikers Ottone Brentari[125], welcher am 20. August 1905 nach einigen Jahren der Abwesenheit im holzgetäfelten Salon des Hotels seine Betrachtungen niederschrieb und später im Corriere della Sera veröffentlichte. Er war mit der Namensänderung des Passes in Ferdinandshöhe ebenso wenig einverstanden wie mit den aktuellen Zuständen diesseits und jenseits der Grenze. Lag die Erhaltung der Straße bis 1859 noch vollständig in den Händen der lombardischen Verwaltung, so konnte er für die Tiroler Seite, welche in den vergangenen Jahrzehnten dem Verfall preisgegeben war, feststellen, dass sie auf der gesamten Strecke erneuert war. Selbst das Dorf Trafoi, welches früher aus wenigen Hütten bestand, glänzte jetzt mit hervorragenden Hotels. Während er von Bormio zum Joch nur zwei Bergwanderer aus Mailand traf, gingen oder fuhren von Tiroler Seite jeden Tag Tausende deutsche Touristen, Studenten, Professoren und Herrschaften aus weiteren Ländern zum Pass hoch. Österreich verstand, diesen Zustrom auszunützen – und verbesserte die Straße. Überall auf den Mauern sah man die Jahreszahlen der Renovierungen eingemeißelt.

Weitere offensichtliche Veränderungen fielen dem italienischen Patrioten Brentari auf:

1. Vor Jahren war der österreichische Zoll unterhalb des Joches auf der Franzenshöhe installiert, der italienische Zoll hingegen oben am Pass. Jetzt sind die Österreicher oben und die Italiener tiefer auf der IV. Cantoniera.
2. Auf der Tiroler Seite des Passes entstand das große Hotel Ferdinandshöhe, wo man gerade zum Genießen der überwältigenden Aussicht eine Veranda baut. Das Ristorante Stelvio[126] auf italienischer Seite bleibt geschlossen, weil der Genio Civile (das Staatsbauamt als Besitzer) zu hohe Mieten verlangt.
3. Bis zum Pass kommen die italienischen und österreichischen Postkutschen, aber es gibt nur einen gelbschwarzen österreichischen Briefkasten, also muss jeder, der eine Karte nach Italien senden will, zuerst eine österreichische Briefmarke kaufen und die Karte über Österreich nach Italien senden.
4. Italienisch sei hier nichts mehr, schreibt Brentari; es gebe eine Holzhütte, das Ristorante tre lingue, sie trage aber folgende deutsche Aufschrift an der Eingangstür: „Hier kehren wir ein – und trinken ein Glas – feinen Veltliner Wein". Dann stehe noch eine weitere Hütte da, die einst Casa delle tre lingue geheißen hat, jetzt Casa delle Dreisprachenhütte. Daneben gibt es, aufgestellt von einem Betrieb in Bormio, eine der im Veltlin letzthin häufig aufgestellten übergroßen Reklametafeln, vollgeschrieben, aber alles nur auf Deutsch. Es zeigt dies eine klägliche Unterwerfung dem Fremdenverkehr gegenüber, es fehlt jedes bisschen Patriotismus, wie er in anderen Staaten normal wäre.

Weiter meint er;

„[…] weil der Pass zur Hälfte italienisch und österreichisch ist, müsste doch der gelbschwarzen Fahne, dem gelbschwarzen Briefkasten und den österreichischen Zöllnern die Tricolore, ein italienischer Briefkasten und ein ebensolcher Zöllner, wenn nicht sogar ein mit rotem Federbusch geschmückter Carabiniere gegenübergesetzt werden."

Viel Bewegung am Joch, im Vordergrund das Lasttier zur Versorgung des Hotels Dreisprachenspitze

5. Auf der Cima delle Tre Lingue (heute auch Pizzo Garibaldi) wurde ein neues Hotel unter derselben Führung wie am Pass eröffnet. Das Hotel sollte genau an dem Punkt errichtet werden, wo sich die drei Grenzen treffen, aber Österreich erlaubte dies nicht und daher steht es jetzt in der Schweiz. Demnächst wird bis dorthin eine Fahrstraße gebaut.

1905 Postalisches: Ueber Ermächtigung des h. k. Handelsministeriums wird im Hotel „Stilfserjoch" pol. Bezirk Schlanders, ein k. k. Postamt mit der alljährlichen Funktionsdauer vom 1. Juli bis 15. September am 1. Juli 1905 an Stelle der dort bestandenen Postablage „Ferdinandshöhe" eröffnet. Das neue Sommerpostamt hat die Bezeichnung „Stilfserjoch" zu führen und wird sich mit dem Gesammtpostdienste zu befassen und auch als Sammelstelle des k. k. Postsparkassenamtes zu dienen haben. Die Verbindungen dieses Amtes werden durch die zwischen Eyrs, bzw. Trafoi1 und Bormio, dann durch die zwischen St. Maria im Münsterthale und Stilfserjoch verkehrenden Postfahrten hergestellt, außerdem durch die von k. k. Postexpedienten Josef Ortler in Trafoi 1 unterhaltenen Omnibusfahrt Trafoi-Bormio, welche in der Strecke Trafoi 1–Stilfserjoch zum Gesammtposttransporte benützt wird. Die Fahrordnung dieses Postkurses ist die nachfolgende: Eyrs ab 6 Uhr Früh, Stilfserjoch an 2.25, Bormio an 5.35 Nachm. Bormio ab 7 Uhr Früh, Stilfserjoch an 1 Uhr, Eyrs an 6.15. Trafoi 1 ab 7.30 Früh, Stilfserjoch an 12 Uhr Mittags, Bormio an 5.30 Uhr Abends. Bormio ab 7.30 Uhr Früh, Stilfserjoch an 12 Uhr Mittags, Trafoi an 6 Uhr Abends. St. Maria (Schweiz) ab 7.30 Früh, und 12.30 Nm. Stilfserjoch an 11.30 Früh und 4.30 NM., Stilfserjoch ab 2.30 NM. Und 6 Uhr abends, St. Maria an 4 Uhr NM. und 7,30 Abends. Den Bestellbezirk des Postamtes Stilfserjoch bildet das Hotel „Stilfserjoch".

Bozner Nachrichten 01.07.1905

127 Ferdinand Pio Maria (1869–1960), Herzog von Kalabrien, Prinz von Bourbon-Sizilien; 1897 Heirat mit Prinzessin Maria von Bayern (1872–1954).

Baubeginn der Veranda, davor der Kaiser-Obelisk auf dem „Kanzele“, 1906

Opa Ambros (l.) bei einer Aussprache mit österreichischen und italienischen Grenzbeamten 1913

1906

Im verflossenen Winter wurden alle Essensvorräte, die Federbetten und die gesamte Wäsche von Schmugglern geraubt. Bei der Eröffnung im Frühjahr, am 26. Juni, gab es sehr viel Schnee. Es war wieder eine gute Sommersaison. Die Gastlokale waren dem Touristenansturm aber nicht mehr gewachsen. Daher wurde auf der Südseite vor dem Speisesaal eine große Veranda mit Panoramafenstern errichtet. Im folgenden Jahr wurde sie gegen die Straßenseite hin verlängert. In diesen beiden Speiseräumen fanden bis zu 200 Personen Platz. Der untere Teil der auf Säulen stehenden Veranda blieb zunächst offen, um den Zugang zu den dahinter liegenden Stallungen zu ermöglichen, wurde jedoch später ebenfalls geschlossen.

Am 25. Juni war der Herzog von Kalabrien[127] im Hotel zu Gast. Er ist mit dem Automobil angereist.

Am 17. und 18. Oktober gab es starke Schneefälle, welche am darauffolgenden 19. Oktober zu einer vorläufigen Schließung geführt haben. Anschließend stellte sich wieder gutes Wetter ein, sodass am 27. Oktober die Straße und das Hotel wieder geöffnet und erst am 11. November wegen erneuter starker Schneefälle endgültig gesperrt wurden. Das Personal und die Zollwächter mussten daraufhin bis zum 16. November auf dem Joch ausharren. Erst dann konnten sie durch meterhohen Schnee zu Fuß nach Trafoi absteigen.

1907

Geöffnet nach einem neuerlich schneereichen Winter vom 15. Juni bis zum 28. September, anschließend bis Mitte Oktober mit eingeschränktem Betrieb. Am 10. Oktober herrschte starkes Schneetreiben, es fiel über ein halber Meter Schnee, die Straße musste gesperrt werden. Nach drei Tagen war sie wieder befahrbar und schneefrei. Am 27. Oktober trat die Wintersperre ein.

Dass die Führung des Hotels nicht immer einfach war, beweist ein Vorfall am 14. Juni, dem Tag vor der Öffnung des Hotels. Die Straße war bis zu diesem Tage noch nicht vom Schnee geräumt. Rudolf Baron Freiherr von Hartlieb hatte einen Besuch zum Zwecke der Besichtigung der bereits in den vergangenen Jahren ausgeführten Ausbesserungsarbeiten an der Straße mit einer Gruppe deutscher Techniker aus Prag auf dem Programm. Daher wurde alles unternommen, bis zu diesem Termin die Straße wenigstens teilweise zu öffnen, was auch mit großer Anstrengung gelang. Anschließend wollte der Baron mit Ing. Fohn nach Trafoi zurückkehren. Die Techniker aus Prag starteten am Morgen zu Fuß von der Franzenshöhe, wo sie genächtigt hatten, und erreichten das Joch gegen Mittag. Von dort beabsichtigten sie, mit einem weiteren Fußmarsch nach Bormio abzusteigen. Die italienische Regierung hatte auf spezielles Ansuchen des Barons von Hartlieb eine schmale Fußspur bis zur IV. Cantoniera austreten lassen, da auch diese Seite noch nicht gänzlich vom Schnee geräumt war.

Am Joch kamen sie um die Mittagszeit an, in der Erwartung, ein stärkendes Mahl einnehmen zu können. Sie fanden das Hotel Ferdinandshöhe verschlossen, weder zum Essen noch zum Trinken war etwas da. Vor ihrer Weiterreise vom Joch sahen sie dann, wie tief unten vom Tal die ersten Proviantwagen hochfuhren.

Was war geschehen? Die Straße war mit höchster Anstrengung wegen des Besuches erst am Vortag um 18 Uhr freigeschaufelt worden. Vom Besuch der honorigen Gruppe wurde lediglich der Wächter im Hotel unterrichtet. Für ihn bestand keine Möglichkeit, diese Nachricht weiterzuleiten. Herr Draßl und die Besitzer wussten von der Reise der Techniker nichts. Sie stellten unmissverständlich klar, was vom Gesetz vorgegeben war:

Die zu dieser Zeit im Hotel anwesenden Wächter dürfen nur Wein und Schnaps an die Schneeschaufler resp. Straßenarbeiter billigst verabreichen.

Zu den bekannteren Gästen zählte man im August Prinz Schwarzenberg mit Familie sowie die Prinzessin Marie von Savoyen.[128]

1908

Geöffnet vom 15. Juni bis zum 21. September. Die Straße ist bereits Anfang Mai befahrbar. Die ersten Gäste in diesem Jahr kamen aus München mit dem Automobil aufs Joch. Einen Schneefall von über einem Meter verzeichnete man Anfang Juli, wodurch die Überfahrt wegen Lawinenabgängen für Tage gesperrt blieb. Am 30. Juli wurde die lange ersehnte und von den Hoteliers zum größten Teil selbst finanzierte Telefonverbindung nach Spondinig fertiggestellt.

Wie es an einem Tag in der Hochsaison am Joch zuging, wird in einer deutschen Frauen- und Modezeitung geschildert:

Die Gäste waren von Trafoi zu Fuß bis aufs Joch aufgestiegen. Ihr Wagen war nicht fahrbereit und der Chauffeur musste ihn reparieren. Am Pass angekommen, gingen einige zur Dreisprachenspitze hoch. Zwei Damen erklärten sich auf Anraten eines Begleiters bereit, im Hotel Ferdinandshöhe einstweilen einen Tisch für das Mittagessen zu reservieren. Die Truppe auf der Dreisprachenspitze wanderte von dort noch ein wenig weiter und genoss die herrliche Aussicht auf die Gletscher und den Ortler. Als sie sich zum Abstieg auf den Pass machten, sahen sie, dass dort bereits eine ganze Wagenburg aufgefahren war. Und nachdem sie in den Speisesaal traten, waren sie froh, dass ihre Begleiterinnen den Ratschlag befolgt und einen Tisch in Beschlag genommen hatten. Lachende, schwatzende und lärmende Menschen saßen dicht gedrängt an den Tischen und redeten in allen Sprachen. Die Kellner und die Mädchen schossen hin und her. Selbst der Wirt musste einspringen, wenn die Not am größten war. Und noch immer kamen neue Gäste, den Wirrwarr vermehrend. „Das soll nun ein Genuss sein", meinte eine der beiden die den Tisch wie eine Löwin verteidigt hatte. „Ich glaubte, hier einen reservierten Tisch zu finden, und musste mir erst mit Geld und guten Worten diese Ecke erobern. Wo wart ihr denn so lange?" Sie speisten, dann kam der Chauffeur und meldete, dass ein Defekt am Auto ihn noch für Stunden festhalten würde. Zur gleichen Zeit verfinsterte sich der Himmel, und als dann noch einer der Gäste vom möglichen Schneefall sprach, verbreitete sich diese Ankündigung wie ein Lauffeuer im überfüllten Saal. Diese Meldung beschleunigte den Aufbruch. Die einen verlangten sofort nach dem ausstehenden Essen,

128 Innsbrucker Nachrichten, 28. August 1907.

129 Großvater des Autors.

Waschschüssel vom Hotel

die anderen schluckten ihres hastig hinunter und jeder verlangte nach der Abrechnung. Das Chaos war wie immer bei solchem Wetter perfekt. Die Reisegruppe wollte die Reparatur des Autos nicht mehr abwarten. Sie fühlten sich ohnehin auf ihren Füßen sicherer als im geflickten Wagen mit glatten Reifen. In wenigen Minuten waren sie draußen, wo ihnen eisige Luft entgegenschlug. Vom Ortler her zogen schwarze Wolken auf und in Kürze begann es zu schneien. Rasch knöpften sie den Wettermantel zu, zogen die Kapuzen über die Ohren und schritten jauchzend ins Tal. Im Hotel verblieben wenige Touristen. Für das Personal war Aufräumen und Abwaschen angesagt. Die Hausdiener waren den Wagenlenkern und wenigen Kutschern behilflich. Alle hofften, dass es nur ein kurzes Schneegestöber geben würde, und jedem war klar, dass er sich für das alltäglich wiederkehrende Durcheinander vorbereiten musste.

In diesem Sommer machte Erzherzog Eugen mit dem Herrn Draßl einen Ausflug auf die hohen Gipfel über der Ferdinandshöhe.

1909

Das Hotel wurde am 15. Juni geöffnet und am 24. September geschlossen. Die Schließung der Straße erfolgte am 2. November. Trotz des großen Zustroms von Touristen wurde es immer schwieriger, den Hotelbetrieb zu führen. Der Großteil der Gäste stieg nach der Ankunft am Joch zuerst auf die Dreisprachenspitze und verzehrte dort Speisen und Getränke. Dies und der Abgang der Familie Draßl führten dazu, dass sich die Besitzer der beiden Hotels Ferdinandshöhe und Dreisprachenspitze für eine Rationalisierung der Betriebe zu mehreren Aussprachen trafen. Der Verantwortliche für die Poststelle im Hotel, Alois Karner, kannte die Tücken beider Betriebe und trat nachdrücklich für einen Zusammenschluss ein. Vor dem Beginn der kommenden Sommersaison wurde für beide Hotels eine genaue Auflistung des Inventars angeordnet. De facto wurden die beiden Hotels bereits in diesem Jahr gemeinsam geführt. Am 7. Mai 1910 kam es dann zu einem offiziellen Zusammenschluss der beiden Häuser. Es wurde die Gesellschaft „Hotelverein Stilfserjoch GmbH." mit Sitz in Trafoi gegründet. Die Mitglieder der Gesellschaft waren:

Josef Ortler, Posthotelbesitzer in Trafoi und zur Hälfte Mitbesitzer des Hotels Ferdinandshöhe;

Josef Ortler, Sohn des Ludwig Ortler (aus Prad), zur Hälfte Mitbesitzer auf der Ferdinandshöhe am Stilfser Joch;

Ambros Karner[129], Gastwirt zur Sonne in Glurns (heute Gasthof zur Post) und zur Hälfte Besitzer des Hotels Dreisprachenspitze und sein Bruder

Alois Karner, Postgasthofbesitzer in Prad und zur Hälfte Besitzer des Hotel Dreisprachenspitze.

Das Gesellschaftskapital betrug 160.000 Kronen, wovon jeder Gesellschafter ein Viertel besaß. Die Bewertung des Hotel Ferdinandshöhe ergab an Liegenschaften 50.000 Kronen und an Fahrnissen (an beweglichen Gütern) 70.000 Kronen, die des Hotels Dreisprachenspitze an Liegenschaften 40.000 Kronen und 40.000 Kronen an Fahrnissen. Daraus ergab sich, dass Herr Ambros und Herr Alois Karner an die anderen beiden 40.000 Kronen ausbezahlen mussten. Zur Abzahlung dieser Schuld wurde eine jährliche Tilgungsrate von 2000 Kronen mit vier Prozent Verzinsung je Schuldner beschlossen. Zur Geschäftsführung wurde ein Gesellschafter für jeweils zwei Jahre ernannt. Für die ersten zwei Jahre war dies Josef Ortler, der Sohn von Ludwig Ortler, sowie Alois Karner als sein Stellvertreter. Der Vertrag enthält viele Sicherungsklauseln und unter anderem folgende besonderen Verpflichtungen:

Was die von den einzelnen Gesellschaftern betriebenen Fahrtunternehmungen betrifft, so werden sie durch diesen Vertrag nicht berührt, sondern nach wie vor einzeln fortgeführt. Kein Gesellschafter darf sich weder persönlich noch als Gesellschafter im Umkreis von einem Kilometer vom Stilfserjoch weg gerechnet, an irgendeinem

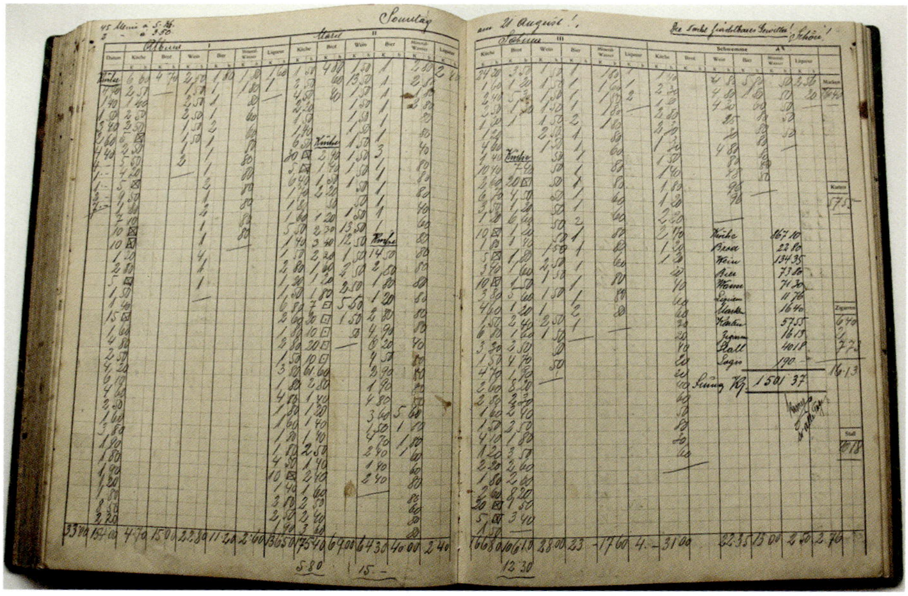

Inkasso-Register 1910

Konkurrenzunternehmen jeglicher Art beteiligen, also insbesondere weder an Hotelbetrieben noch an Fahrtunternehmungen; bei Fahrtunternehmungen gilt jedoch dieses Verbot nur für solche Fahrten, welche von der Ferdinandshöhe weg, oder zur Ferdinandshöhe hinführen sollen.

Ambros Karner

Ein weiteres interessantes Detail im Vertrag war:
Herr Josef Ortler Sohn des Ludwig, besitzt in Prad eine eigene Waschküche; die Gesellschaft ist verpflichtet, währen der ersten fünf Jahre von heute angefangen die gesamte Hotelwäsche in dieser Waschküche reinigen zu lassen, wofür Herr Josef Ortler die bisher üblichen Preise zu berechnen hat.[130]

Die kleine Waschküche steht heute noch hinter dem Haus von Walter Kaserer in Prad.

Als Geschäftsleiter wurde Ambros Karner gegen ein Entgelt von 1600 Kronen engagiert, Josef Ortler besorgte die Passagiereinschreibungen und hatte während der geschlossenen Saison die Geschäftsführung. Dafür erhielt er den Pauschalbetrag von 800 Kronen. Als Präsident der Gesellschaft wurde für dieses Jahr Alois Karner aus Prad gewählt.

1910

Im Winter wurde der Pass von einer ungewöhnlichen Menge Schnee zugedeckt, sodass die Straßen erst am 23. Juni geräumt werden konnten. Das Hotel öffnete kurz zuvor seine Türen, schloss jedoch bereits am 18. September. Die Wetterkapriolen hielten an, nach der Straßenöffnung fiel erneut Schnee mit starkem Wind – vom 2. bis zum 4. Juli sowie am 11. und 12. Juli. Am 10. August erlebten die Besitzer nach einem schlimmen nächtlichen Gewitter und schönem Tageswetter das höchste Einkommen des Jahres – zufriedenstellende 1501,37 Kronen[131]. Ambros Karner, der das Hotel führte, kommentierte dies im Inkassoregister lakonisch mit einem „So alle Tage".

130 Archiv Gfrei.

131 Laut österreichischem Währungsrechner im Jahr 2023 10.846 €.

132 Siehe Grenzen.

133 Siehe Bericht über das Automobil.

Ein Schweizer, welcher über den Umbrail kommend zur Dreisprachenspitze aufstieg, schilderte seine Eindrücke vom Joch wie folgt:

> „Wir sind heute nicht allein da, was äußerlich schon der Umstand beweist, daß auf der Paßhöhe 7 Postkutschen, 6 Automobile (fast oder gar alle aus Italien herauf), 25 gewöhnliche Kutschen, und 2 Dampfvelos stehen. Von den letztern hat mich eines um ein Haar überfahren; daß es nicht geschah, habe ich nicht dem Hund von Fährmann, sondern einem Herrn zu verdanken, der mich auf die Seite riß. – Die Volksmenge oben glich einem großen Jahrmarkt und die Bewegung zu und von der Dreisprachenspitze war die reinste Völkerwanderung, was umso richtiger gesagt ist, als man im Gewühl alle bekannten und auch unbekannten Sprachen hörte."

Bereits damals zeichnete sich ab, dass die folgenden Jahre eine düstere Entwicklung nehmen würden, die 1915 in einem schrecklichen Szenario endete. Reisende gerieten unter Spionageverdacht, insbesondere Touristen, die über das Stilfser Joch nach Italien weiterreisen wollten. Sie wurden penibel auf Feldstecher und Operngläser überprüft. Besaßen sie solche, wurde ihnen die Weiterreise verwehrt. Die einzige Option für jene, die dennoch weiterreisen wollten oder mussten, bestand darin, ihre Gläser im Hotel am Joch zu deponieren oder sie per Post nach Hause zu schicken. Gleichzeitig sperrten die Österreicher weite Gebiete für Wanderer.

Im Spätherbst desselben Jahres verzeichnete das Hotel erneut einen Einbruch mit mutwilliger Zerstörung von Einrichtungsgegenständen. Dies wurde von einer Patrouille der Gendarmerie festgestellt, die am 3. Januar 1911 auf den Pass stieg. Auch der Wirt der III. Cantoniera hatte dies bemerkt und gemeldet.

1911

Das Hotel hatte vom 21. Juni bis zum 20. September vollen Betrieb. Daraufhin wurde die Straße aufgrund starker Schneefälle nur mehr bis zur Franzenshöhe geräumt. Dennoch blieben die Hotels am Joch mit beschränktem Angebot bis 8. Oktober geöffnet, jenem Tag, an dem auch die Straße endgültig geschlossen wurde. Im Januar wurde zum wiederholten Male eingebrochen, Mobiliar beschädigt und Verschiedenes entwendet.

Für die Lenker der Frachtfuhrwerke wurde eine eigene Preisliste eingeführt: Das Frühstück kostete 20 Heller, das Mittag- und Abendessen mit einem Viertel Wein 80 Heller und das Bett 30 Heller.

Im Sommer wurden die Grenzen – zuerst zwischen Österreich und der Schweiz am 22. August und am 25. August 1911 zwischen Österreich und Italien – vermessen. Während die Vermessung zur Schweiz ohne größere Probleme erledigt wurde, konnte man für den italienisch-österreichischen Grenzverlauf keine Einigung finden. Es stellte sich zudem heraus, dass der westlich gelegene Teil des Hotels, im Besonderen die Stallungen und Garagen, laut italienischer Vermessung auf italienischem Gebiet lagen. Die Italiener hätten diesen Abschnitt zu Gunsten des Hotels bereinigt, wenn die Österreicher einer Kompromisslösung für die Dreisprachenspitze zugestimmt hätten.[132] Die Probleme mit dem nicht geklärten Grenzverlauf haben sich bis in die 1990er-Jahre immer wieder bemerkbar gemacht. Bis zum 22. Juli 2005 konnte keine Einigung über den Grenzverlauf gefunden werden.

Kurioses berichtete auch der Graubündner Generalanzeiger vom 2. September 1911. Ein starkes Gewitter mit Murabgängen hatte am 26. August die Straße zwischen Prad und Trafoi und von der IV. Cantoniera nach Bormio unpassierbar gemacht. In Trafoi und am Pass waren viele Touristen mit ihren Automobilen anwesend. Für diese stand nur mehr die Strecke über dem Umbrailpass nach Santa Maria zur Weiterfahrt offen.[133]

1912

Geöffnet ab dem 22. Juni. Am 8. September gab es einen Verkehrsunfall beim Rangieren auf dem vereisten Parkplatz vor der Garage des Hotels. Das Auto stürzte ins darunterliegende Tal. Der Chauffeur wurde daraufhin schwer verletzt ins Hotel gebracht. Die Besitzer des Wagens waren vorher ausgestiegen. In diesem Jahr wurde auch von weiteren Hotelbauten auf der Ferdinandshöhe oder der Dreisprachenspitze gemunkelt. Dieses Vorhaben sollte von einer internationalen Gesellschaft aus Italienern, Österreichern und Schweizern ausgeführt werden. Am Pass war der Bau an jener Stelle geplant, wo sich heute die Finanzkaserne befindet.

1913

Am 6. Juli war König Friedrich August von Sachsen zu einem kurzen Besuch am Stilfser Joch. Es war ein Aufstieg zur Geisterspitze geplant. Dieser konnte aber wegen des schlechten Wetters nicht durchgeführt werden, sodass nur

Nachricht an Oma Luise Karner
Die italienische Seite des Jochs mit den ersten Verkaufsständen und der Cantoniera. Opa Ambros schreibt auf der Postkarte am 26. Juni 1912 an Oma Luise nach Glurns, dass der Hund Sultan „mit dem Knechte nach Prad zurückgelaufen" ist, schönes Wetter ist und das Geschäft gut läuft, Kamillen könnten sie noch viel brauchen und den Salat sollen sie sofort senden.

eine kleine Mahlzeit im Hotel eingenommen werden konnte. Der Sommerpostkurs über den Umbrail von Santa Maria aufs Stilfser Joch wurde wegen zu geringen Verkehrs eingestellt.

Für dieses Jahr wurde Josef Ortler aus Prad als Geschäftsführer bestimmt.

1914

Die Grenze zu Tirol wird von den Italienern befestigt. Knapp unter dem Joch werden die ersten Schützengräben ausgehoben und mit Stacheldraht versehen. Anfangs kommen noch Gäste zum Joch. Auch die Postfahrten nach Bormio werden ab 25. Juni eingeführt. Doch das Drama, welches Europa überzog, war auch am Pass spürbar, wenngleich – wie überall – auch hier Euphorie herrschte. Die Innsbrucker Nachrichten schreiben am 30. Juli:

> Viele reichsdeutsche Herren, die am Stilfserjoch waren, sind gestern eiligst abgereist, weil sie in St. Maria, Bormio, Tirano Gerüchte von einer Mobilisierung Deutschlands erfuhren und befürchteten, ihre in Innsbruck oder Bozen lagernde Post könnte eine Einberufung enthalten. Ihre Kriegsbegeisterung und ihre lebhaften Sympathien für Österreich wirken hocherfreut […].

Die Sommersaison hat sehr bald merklich nachgelassen.

Die Abrechnung erfolgte bereits am 13. Juli. Am 23. August wurde das Rechnungsjahr geschlossen. Anschließend hat man das gesamte Silber, viele wichtige Einrichtungsgegenstände und die Wäsche nach Prad ins Magazin von Ambros Rungg gebracht. Auch das Anlegen der üblichen Vorräte für den Winter und die ersten Tage der Frühjahrsöffnung blieben aus. Als Vormerkung für 1915 wurde angeführt, dass der Postmeister Ortler von Trafoi dem Hotel Ferdinandshöhe noch 26 Säcke Hafer schuldet.

1915

Am 5. April 1915 wurde eine Generalversammlung des Hotelvereins Stilfserjoch einberufen. Zur Versammlung sind sämtliche Mitlieder erschienen, mit Ausnahme von Josef Ortler aus Prad, welcher infolge seiner Militärpflicht nicht erscheinen konnte. Zum Gegenstand der Tagesordnung wurde Folgendes protokolliert:

Verlangen des Postmeisters Ortler seinen Gewinn bzw. Gesellschaftsanteil beim Hotelverein Stilfserjoch so lange pfandweise zu überlassen, bis die Bürgen gedeckt sind u. z.:

1. Für einen Betrag von K. 24.000.- bei der Raiffeisenkasse in Stilfs wobei die Bürgen Herr J.J. Wallnöfer Praderhof in Prad und Fräulein Antonia Ortler in Trafoi verzeichnet sind.

2. Für einen Betrag von K. 8.000.- bei der Sparcasse in Schlanders wobei die Bürgen Alois Karner in Prad und Herr Friedrich Angerer in Gomagoi verzeichnet sind:

Beschluss:

Die Gesellschafter haben dies zur Kenntnis genommen und sind mit dem Verlangen einverstanden, wenn hirbei keinerlei Hypotek aufgerichtet noch der Gesellschaftsvertrag in irgendeiner Weise rechtlich beschädiget oder beeinträchtiget wird.

Josef Ortler Postm. Ambros Karner Alois Karner

Laut dem Notariatsakt vom 16. April 1915 der den Anteilbuch beiligt wurde die ‚Verpfändung des Josef Ortlerischen Geschäftsanteiles durchgeführt

Prad am 17. April 1915 Alois Karner

Gomagoi, alle Häuser wurden gesprengt

Zu Pfingsten, am 23. und 24. Mai, begannen die offenen Kampfhandlungen zwischen Italien und Österreich. Daraufhin wurde auf der Tiroler Seite die Stilfser-Joch-Straße an mehreren Stellen durch Sprengungen unterbrochen (Hohe Mauer, Bärengraben ober dem Weißen Knott, eine Kurve am Tartscher Lahner, die erste Brücke nach Trafoi sowie sämtliche Häuser neben der Sperre in Gomagoi). Die Zerstörungen an der Straße mussten mit großem Aufwand im Herbst 1915 wiederhergestellt werden. Vom Hotel konnte nur mehr ein geringer Teil der restlichen Einrichtungsgegenstände in Sicherheit gebracht werden.

Am 1. Juni begannen die Kämpfe am Stilfser Joch. Anfangs kam es zu einigen kleineren Zwischenfällen mit Grenzübertritten. Die Österreicher starteten einen Angriff auf die Wachablöse der Italiener, welche in der Cantoniera am Pass einquartiert waren. Bereits am folgenden Tag kam es zu einem weiteren Scharmützel, worauf sich die Italiener auf die IV. Cantoniera zurückzogen.

Das Hotel wurde von österreichischen Truppen requiriert und diente anfänglich als Krankenstation. Diese musste aber bald aufgegeben und auf die Franzenshöhe verlegt werden, später auch in eine Baracke unter der Dreisprachenspitze. Man glaubte, in den Kellern eine bombensichere Unterkunft zu haben, was sich aber als Trugschluss herausstellte. Das Joch konnte in den folgenden Jahren nur wegen eines nicht genehmigten Überraschungsangriffes Anfang Juni 1915 und der anschließend durchgehenden Besetzung des Monte Scorluzzo durch Hauptmann Andreas Steiner verteidigt werden. Das Schicksal des Hotels Ferdinandshöhe war dennoch besiegelt. Am 12. Juni wurde es mit den ersten aus der Nähe der III. Cantoniera abgefeuerten Granaten beschossen.

Grenzbefestigung am Pass

Der erste Kriegswinter

Am 15. Juni erwiderten die Österreicher das Feuer und beschossen die IV. Cantoniera. Am 2. Juli gab es ein sehr starkes Granatfeuer der Italiener (62 Stück in einer halben Stunde). Im August war das Dach schon reichlich durchlöchert, im Spätherbst und im darauffolgenden Jahr wurde das Hotel vollständig zusammengeschossen.

In den italienischen Medien hatte man wiederholt die Behauptung aufgestellt, dass das Hotel Ferdinandshöhe weitsichtig mit dem ursprünglichen Zweck der Unterbringung von Soldaten gebaut wurde und die Besitzer daher für die Erbauung auch eine Unterstützung von der österreichischen Regierung erhalten hatten. Das war falsch. Der einzige Grund für den Bau des Hotels waren der florierende Fremdenverkehr, die einmalige Lage des Bauplatzes und die Sicherung der Poststation. Die Besitzer hatten im Tal hierfür die Monopolstellung.

Allerdings könnte diese Behauptung auf eine frühere Meldung zurückgehen: Nach dem Krieg 1848/49 wurde im Jahr 1851 das Gerücht verbreitet, dass auf dem Wormser Joch ein Gasthof errichtet werden sollte. Dieser könnte auch zum Zweck einer etwaigen Unterbringung von Militär geplant gewesen sein. Die Heeresführung hat dann andere Verteidigungspläne erstellt und in den Jahren 1860/61 die Festung bei Gomagoi und später Verteidigungsanlagen auf der Prader Alm errichtet.

Ungebetene Gäste

Das Hotel war nur in den Sommermonaten geöffnet, aber im Winter drangen zum Ärger der Besitzer immer wieder ungebetene Besucher ein. Es war üblich, im Herbst Lebensmittel in Konserven, Wein und Schnäpse für den Beginn der nächsten Sommersaison in einem frostsicheren Keller einzulagern. Dies war bestimmten Personen bekannt. Darunter waren hauptsächlich Schmuggler und zwielichtige Gestalten, welche im Winter über die Berge zogen. Zur Vermeidung von größeren Schäden und für in Not geratene Durchreisende wurden in der Schwemme, welche über den Winter als Notquartier offenblieb, auch einige Vorräte gelagert.

Im Frühjahr 1902 hat man sich am Getränkevorrat bedient, im Winter 1906 wurde alles Essbare sowie Betten und Wäsche gestohlen. Im März 1907 wurde wieder ein Einbruch verzeichnet; der Besitzer des Hotels Dreisprachenspitze machte sich über Santa Maria und den Umbrailpass auf, die Diebe zu stellen – allerdings ohne Erfolg.

Das Hotel Ferdinandshöhe vor und nach dem Krieg

Im Jänner 1911 war der Wirt der III. Cantoniera am Joch auf der Pirsch und bemerkte dabei, dass Einbrecher mehrere Tage dort gehaust hatten. Sämtliche Fenster waren eingeschlagen, alle Türen aufgebrochen und in der Küche und im Speisesaal wurden große Schäden angerichtet. Auch eine Militärpatrouille hatte dies bemerkt. Bei Bekanntwerden dieses Vorfalls hat man sofort Knechte und Helfer zu den dringendsten Wiederherstellungsarbeiten sowie zur Abdichtung der Fenster aufs Joch geschickt. Fast in jedem Winter wurden die Hotels Ferdinandshöhe und Dreisprachenspitze von Einbrechern heimgesucht.

Trefflich schildert ein Leser der Innsbrucker Nachrichten die Zustände während des Winters:

Niedliche Zustände herrschen an Tirols Westgrenze am Stilfserjoch. Das wenige Meter von der italienischen Grenze auf österreichischem Boden gelegene Hotel Ferdinandshöhe dient, da Österreich während der Wintermonate vom Oktober bis März die zwei Zollwächter zurückzieht den italienischen Schmugglern zum willkommenen Unterschlupf. In Banden bis zu 20 Personen mit geschmuggeltem Kaffee und Saccharin bis an die Zähne bewaffnet mit Flinten, Revolvern und Stiletts [...] Sie kommen von der Schweizer Grenze auf österreichisches Gebiet und wandern über den Ebenferner ins Kälbertal. Im Hotel Ferdinandshöhe machen sie Rast, richten sich dort häuslich ein und verzehren mit Wonne Polenta und was sie an Essbarem vorfinden. Das ganze Silberzeug des Hotels muß Im Herbst eingepackt und nach Prad zurückgeliefert, der Wein muß aus Sicherheitsgründen vermauert werden, da sich sonst die italienischen Schmuggler daran gütlich tun. Einmal – vor vier Jahren – vergaßen die Maurer, die den Wein vermauert hatten, die eisernen Stemmeisen. Als der Hotelbesitzer in Begleitung des Arztes von Prad und mehreren anderen Herren im Dezember 1905 mit Schiern auf die Ferdinandshöhe kamen, war der Wein bereits ausgetrunken; die Schmuggler hatten nämlich mit Hilfe der Stemmeisen die Mauer aufgebrochen und den Wein aus der Gefangenschaft befreit. Der Sack Polenta, der nach Mustern der Sibirischen Bauern- dort um sich vor Gewalttätigkeiten der entsprungenen Häftlinge, hier um sich vor Gewalttätigkeiten der Schmuggler zu sichern – in der Küche zurückgelassen wird, war bereits verbraucht. Alle Einrichtungsgegenstände fanden sich in gräulicher Unordnung, der Fußboden abscheulich beschmutzt vor. Es wäre hoch an der Zeit, daß diesem Unwesen von Seiten Österreichs Einhalt getan würde. Wenn schon auf der Ferdinandshöhe über Winter kein Zollwächter wegen angeblicher Verproviantierungsschwierigkeiten gehalten werden kann, sollten doch wenigstens in Trafoi Zollwächter, Gendarmerie, und Militär im Winter zurückgelassen werden und regelmäßige Schituren auf die Ferdinandshöhe unternehmen, um zum Schutze österreichischen Eigentums nach Möglichkeit beizutragen.[134]

Schmugglerrast

134 Innsbrucker Nachrichten, 16. April 1809.

DAS HOTEL DREISPRACHENSPITZE

Das Ortlergebiet und besonders die Straße über das Stilfser Joch wurden für die Alpintouristen und all jene, welche ohne übermäßige Anstrengung in große Höhe wollten, zu einem Muss. Verschiedene Unternehmer versuchten daher, am Pass Fuß zu fassen. Dies war aber wegen des knappen Grundes auf Tiroler Seite nicht möglich. Die beste Position wurde bereits vom Hotel Ferdinandshöhe belegt.

Dabei hatte sich herausgestellt, dass fast jeder Gast auf die darüberliegende Dreisprachenspitze kletterte, einmal wegen der viel schöneren Aussicht, nicht nur auf die Ortler-, sondern auch auf die Bernina- und Disgrazia-Gruppe, die Ötztaler Alpen und die Gletscher. Es bestand auch der Reiz, einen Fuß auf Schweizer Territorium zu setzen. Dies und seine guten wirtschaftlichen Kontakte zu den Schweizer Freunden ermunterte den Postwirtssohn Ambros Karner, auf dieser Aussichtsspitze ein Hotel zu errichten. Ambros Karner war ein rühriger Wirt. Sein Bruder Alois war im elterlichen Hotel Zur Neuen Post in Prad beschäftigt. Die Idee wurde mit Nachdruck umgesetzt. Ursprünglich wollte er das Hotel auf Schweizer und österreichischem Grund, also über die Grenze verlaufend, errichten. Österreich erlaubte dies aber nicht. Am 3. September 1902 gelang es ihm, 300 Quadratmeter Baugrund zum Preis von 390 Schweizer Franken gleich neben der schweizerisch-italienisch-österreichischen Grenze auf der Dreisprachenspitze am Beginn des Breitkammes auf 2843 m von der Gemeinde Santa Maria/Val Müstair zu erwerben.

Die Grenzsteine mit der Inschrift I-CH 1 und CH-2-A befanden sich direkt vor dem Hotel.

1902

Noch im September wurde mit den Aushubarbeiten begonnen, damit die Fundamente bereits Mitte Oktober fertiggestellt werden konnten.

1903

In diesem Sommer konnte wegen unvorhersehbarer bürokratischer Schwierigkeiten seitens der italienischen Grenzbehörde der Weiterbau erst im September wieder aufgenommen werden. Es dürfte in diesem Jahr außerdem Alois Karner vom Gasthof Zur Post in Prad, der Bruder von Ambros Karner, mit 50 Prozent Beteiligung in die Gesellschaft eingetreten sein. Ein genaues Datum ist nicht bekannt. Es wurde auch gemunkelt, dass es einen Schweizer Teilhaber in der Gesellschaft gab, dies wurde aber umgehend dementiert.

Hotel Dreisprachenspitze

1904

Die größten Schwierigkeiten mit den italienischen Behörden konnten im Frühjahr überwunden werden. Im Oktober wurde das Dach errichtet. Der Bau gestaltete sich um einiges schwieriger als jener des Hotels Ferdinandshöhe. Die Transporte vom Joch zur 80 Meter höher gelegenen Baustelle waren nämlich ausschließlich über einen schmalen Saumpfad möglich. Ein Teil des Baumaterials wurde über den Bergrücken vom Umbrailpass hochgebracht, der größte Teil jedoch von der Ferdinandshöhe. Steine waren reichlich vorhanden. Die Sandgewinnung war schwieriger als angenommen, da nur sehr wenig aus dem bestehenden Erdreich ausgewaschen werden konnte.

Erbaut wurde ein kleineres Hotel mit zwei Stockwerken und einem mit Schlafräumen ausgebauten Dachstock. Auf jeder Etage waren acht Zimmer vorhanden.

Im ersten Stock lagen die Küche, der Speisesaal und weitere Räume für die Besitzer, auf der Ostseite ein kleines Untergeschoss mit Kellern. Vor dem Hotel nach Süden hin wurde eine schöne Terrasse angelegt. Daneben setzte man auf einen Steinsockel eine kreisrunde, aus Marmor angefertigte Panoramaplatte, auf welcher sämtliche rundherum zu sehende Bergspitzen mit Höhenangaben und Richtungspfeilen angebracht waren.

Die Öffnungszeiten des Hotels für die folgenden Jahre stimmen größtenteils mit jenen des Hotels Ferdinandshöhe und der Straße zusammen. Die Verproviantierung des Hotels von der Tiroler Seite her war für die Schweizer nicht relevant und konnte ohne Probleme von beiden Ländern aus erfolgen.

1905

Am 22. Juli 1905 wurde das Hotel Dreisprachenspitze eröffnet. Auch wenn die Straße in diesem Jahr wegen der starken Schneefälle im Winter erst gegen Ende Juni freigeschaufelt werden konnte, gelang es dennoch, das Hotel vor Beginn der Hochsaison zu öffnen. Es wurde in den österreichischen Blättern als das zweithöchste Hotel in den Alpen und das höchste im Kaiserreich bezeichnet – obwohl es (wenn auch nur um wenige Meter) außerhalb lag.

1906

Der Mitbesitzer des Hotels, Ambros Karner, kauft in diesem Jahr von der Gemeinde Glurns den Gasthof Zur Sonne, später Postgasthof. Das Maiser Wochenblatt schreibt:

Und sehr zu begrüßen ist es, daß der hiesige Gasthof „Sonne und Post" wieder in tüchtigen Händen ist. Der jetzige Besitzer Herr Ambros Karner, hat als Hotelier noch von der Dreisprachenspitze her glänzendes Renommee und nicht minder seine geschäftsgewandte und liebenswürdige Frau, eine Tochter der Frau Wohlwend vom Schweizerhof in Schluderns. Vereine und Versammlungen wählen, wie seit langem nicht mehr, wieder die schönen und großen Saallokalitäten der „Sonne" und für Touristen, wie illustren Passanten und Gäste ist der Gasthof nun ebenfalls komfortabel eingerichtet.

Rechts Oma Luise und Opa Ambros Karner auf der Dreisprachenspitze

Der Gasthof in Glurns wurde in den vorhergehenden Jahren von Anna Mendini geführt. Sie geriet einige Male in finanzielle Schwierigkeiten, sodass sie Konkurs anmelden musste. Das Städtchen hatte den Anschluss an den Fremdenverkehr verpasst. Die frühere Bedeutung durch die Märkte und den Handel über das Wormser Joch war verloren gegangen. Es befand sich jetzt abseits der Touristenroute, welche über Schluderns zum Hauptort im Tal, nach Mals, führte. Im Herbst nach der Schließung des Hotels auf der Dreisprachenspitze wurde der Mitbesitzer, Alois Karner, beim Abtransport von leeren Weinfässern in Spondinig in einen schweren Unfall verwickelt: Ein Fass fiel vom Wagen, worauf die Pferde scheuten und das Gefährt umfiel. Darauf saß sein Sohn; Alois wollte ihn retten und kam unter die Fuhre, wobei er sich erhebliche Verletzungen zuzog. Der Kleine blieb unverletzt.

Gasthaus Sonne – Post Glurns

1907

Für den Betrieb war eine eigene, durchgehende Versorgung mit Mauleseln und Packpferden vom Joch hinauf zur Dreisprachenspitze unerlässlich. Die Tiere konnten anfänglich im Stall des Hotels Ferdinandshöhe untergebracht werden, der sich aber bald als zu klein erwies. Daher errichtete man in einiger Entfernung auf Tiroler Boden einen größeren Stall, für welchen ein Grundstück von der Gemeinde Glurns gepachtet wurde. Vom Pass zum Hotel sollte eine breite neue Straße mit drei Kurven angelegt werden, weil sie aber ausschließlich italienisches Gebiet betroffen hätte, wurde sie nicht verwirklicht.

Rechts im Bild der Pferdestall auf Tiroler Boden

Barackenlager mit requiriertem Pferdestall, 1916

Am 3. August war Erzherzog Leopold Salvator zu Besuch auf der Dreisprachenspitze. Im Herbst blieb das Hotel einige Tage länger geöffnet als das Hotel Ferdinandshöhe.

1908

Die Sommersaison begann am 28. Juni. Im Laufe des Jahres wurde durch den Bau einer längeren Wasserleitung in Richtung Umbrail die schwierige Wasserversorgung einigermaßen gelöst. Sie wurde als die höchste in den Alpen bezeichnet.

Am 22. August wurde die Grenze zwischen der Schweiz und Österreich neu vermessen, am 25. August traf sich die österreichisch-italienische Grenzkommission zur Vermessung der Grenze zwischen dem Stilfser Joch und der Dreisprachenspitze. Auf der Dreisprachenspitze gab es bei dieser Vermessung keine Probleme, da die Grenzsteine klare Auskunft gaben und der italienisch-schweizerische Abschnitt bereits im Jahre 1863 geregelt worden war. Anders verlief es bei jener zwischen Österreich und Italien. Im Dezember wurde im Hotel eingebrochen.

135 Siehe Bericht Hotel Ferdinandshöhe.

1909

Der Fremdenzustrom war von Anfang an ausgezeichnet und man plante daher eine Erweiterung des Baus. Durch den Zukauf von 98 Quadratmeter Grund war das dann 1910 möglich. Die Terrasse und der Speisesaal wurden erweitert. Ambros Karner bewies unternehmerischen Weitblick und strebte sogar einen Zusammenschluss mit dem Hotel am Pass an.

Die Geschäftsleitung des Hotels erhielt ein Gehalt von 800 Kronen.

1910

Es kommt zum offiziellen Zusammenschluss der Gesellschaften und es entsteht die „Hotelverein Stilfserjoch GmbH".[135] Der Zubau konnte fertiggestellt werden. Es wurde Max Ortler als Direktor eingestellt.

Die Telefonleitung aufs Joch

Am 11. Dezember 1905 wurde bei der Fremdenverkehrsversammlung in Neuspondinig das Interesse bezüglich der Erstellung einer Telefonverbindung nach Trafoi, Sulden und auf die Ferdinandshöhe ausgelotet. Die entscheidende Versammlung fand dann am 12. Jänner 1906 statt. Es wurde festgestellt, dass eine Verbindung über Prad–Gomagoi nach Sulden und nach Trafoi über die Ferdinandshöhe bis nach Bormio gesichert war, zumal die hohe Summe des Kostenvoranschlages von 11.000 Kronen von den Interessenten gezeichnet wurde. Ein Gesuch wurde daraufhin an die k. u. k. Post- und Telegraphendirektion gestellt.

Am 15. Juni 1907 wurden die ersten zwei Telefone in Trafoi in Betrieb genommen. Eines im Post-Hotel mit der Nummer Trafoi 1 und eines im Trafoi-Hotel mit der Nummer Trafoi 2. Für die Fertigstellung der Leitung auf die Ferdinandshöhe benötigte man ein weiteres Jahr. Am 30. Juli 1908 wurde diese von der k. u. k. Post und Telegraphendirektion Innsbruck unter der Leitung des k. u. k. Baukommissars Ing. Alois Lorenz fertiggestellt. Die Telefonnummer war Trafoi 3.

Vom Pass bis zur Dreisprachenspitze wurde sie dann von den Besitzern Karner in Eigenregie erstellt. Das Telefon auf der Dreisprachenspitze war eine einmalige Angelegenheit. Dafür stand vor der Terrasse des Hotels auf Tiroler Boden ein kleines Holzhäuschen, in welchem sich das Telefon befand. Außen war eine große Glocke für die eingehenden Anrufe angebracht.

Das Hotel nach der Erweiterung mit dem Telefonhäusl

Das Telefonhäusl auf österreichischem Territorium

Der Einbau des Telefons direkt im Hotel Dreisprachenspitze wurde von der k. u. k. Post- und Telefonverwaltung verboten, da die von der Ferdinandshöhe hochführende Leitung über die Landesgrenze geführt hätte. Ambros Karner umging geschickt dieses Verbot. Er meinte daraufhin:

> „Wenn sie mir keine Telefon Abonnementen Station in meinem Hotel auf Schweizer Boden genehmigen, dann errichte ich eben eines auf österreichischem Boden",

was er auch sofort verwirklichte, indem er vor der Terrasse eine Zelle aufstellte. Man musste daher bei jedem Anruf über die Grenze ins Telefonhäuschen laufen. Später wurde darin ein Holzofen eingebaut. Das Häuschen stand auch

Das erste Telefon am Joch

Das Münzfernrohr auf Schweizer Boden

nach dem Krieg noch da und wurde von den italienischen Grenzwächtern als Wachhäuschen zur Kontrolle der grenzüberschreitenden Touristen verwendet.

Die Telefonleitung war nur für das Ortlergebiet ausgelegt und hatte von Spondinig vorerst keine weitere Verbindung zu anderen Orten. Für die Verwirklichung der Telefonverbindungen im Vinschgau von Meran bis nach Landeck vergingen weitere fünf Jahre, weil sich die betroffenen Gemeinden nicht mit größeren Summen (max. 5000 Kronen) an den Kosten beteiligen wollten. Die Leitung von Spondinig bis Meran wurde erst am 22. Juli 1912 fertiggestellt.

1911

In Grenznähe wurde von Österreich ein Fotografierverbot erlassen. Auf den dafür von den österreichischen Behörden aufgestellten Tafeln wurde der Text zuerst auf Italienisch und an zweiter Stelle auf Deutsch geschrieben. Dies störte gar einige, andere wiederum verlangten Tafeln in den vier Weltsprachen. Damit die Gäste ohne Probleme die umliegenden Berge besser betrachten konnten, hat man auf der Terrasse vor dem Hotel ein langes Fernrohr aufgestellt. Es befand sich auf Schweizer Boden und konnte so ohne Probleme benutzt werden. Da es noch keinen automatischen Münzeinwurf gab, hat man unter dem Rohr eine Kassette angebracht, auf welcher zu einem Obolus aufgefordert wurde.

In diesem Jahr wurde durch die Gemeinde Santa Maria und das Militär auch das ca. 1,5 bis zwei Meter breite Sträßchen vom Umbrailpass bis zum Hotel fertiggestellt.

1912

Man ahnte bereits, dass sich etwas Unheilvolles anbahnen würde. Immer wieder wurden militärische Übungen in der Nähe abgehalten. Im Bereich Goldsee sowie auf der Kleinbodenalm baute das österreichische Militär mit Hochdruck Verteidigungsstellungen.

1913

Die österreichische Verwaltung beschließt, die Gegend von der Dreisprachenspitze über den Breitkamm bis zur Korspitze und hinunter bis zur Tartscher Alpe und zur Stilfser-Joch-Straße als Sperrgebiet einzurichten. Auch das Fotografieren wird verboten.

Diese Verordnung musste im Hotel ausgehängt und den Touristen mitgeteilt werden. Wer allerdings über den Bergrücken auf die Rötelspitze kraxeln wollte, hatte kein Problem. Er konnte dies über Schweizer Territorium machen.

1914

Der in den letzten Jahren im Hotel tätige Direktor Max Ortler musste mit dem II. Landesschützenregiment gegen Ende der Saison zum Wehrdienst an die Ostfront und geriet am 10. Dezember 1914 in Lemberg in Gefangenschaft, von wo er anschließend nach Tobolsk in Sibirien verlegt wurde. Er ist wahrscheinlich im Jänner 1916 in Petropaulowak in Gefangenschaft gestorben.

Der Fremdenzustrom war in diesem Jahr merklich zurückgegangen. Der Beginn des Krieges wurde bereits erwartet. Im Gesellschafterbuch wurden Details geregelt:

„Für das Hotel Dreisprachenspitze erliegen die Zimmer, Keller Schlüssel, Untereingang auf Zimmer Nr. 26 in einer Kiste unter dem Bett. Die Schlüssel vom Haupteingang erliegen in Ferdinandshöhe auf Nr. 38 in einer Kiste bei den übrigen Schlüsseln von Ferdinandshöhe. Die Schlüssel vom Schweizerstall v. Garagethor, Eingang, Keller, Cassaschlüssel, Schrankschlüssel vom Cassiertisch, die Schlüssel v. Portierpult sind auch dort. Alle diese hat Finanzwach Oberaufseher Domenicus Augustin übernommen". „Weinvorrath ist beiläufig Liter 300. Sechs leere Fässer erliegen noch oben (2 im Unterg. 3 Kohlenraum 1 Keller) wären abzuführen. In 2 Baggen sind noch Wein vorhanden, sollen in Faß abgezogen werden. Das Holz auf Dreisprachenspitze soll unter Dach."

Die Jahresabrechnung erfolgte bereits am 23. August, da das Hotel vorzeitig geschlossen wurde.

Waschschüssel und Krug

1915

Das Hotel wurde unter keinem guten Vorzeichen eröffnet. In unmittelbarer Nähe wurde gekämpft, das Haus lag sogar zwischen den zwei kriegsführenden Parteien. Wer aber glaubte, dass sich nach Kriegsbeginn niemand mehr in diese gefährliche Zone getraut hätte, irrte, denn die Gäste kamen am Anfang noch zahlreich über die Schweizer Straße, Es waren vor allem Gaffer, welche die ersten Kriegshandlungen jenseits der Grenze beobachteten und sich zum Teil selbst oft in Gefahr brachten, da sich die Geschosse beider Seiten auch auf Schweizer Territorium verirrten. Schweizer Grenzwachen versuchten, die unvorsichtigen Kurgäste so gut es ging im Zaum zu halten. Am Ende waren die Grenzwachen die einzigen Dauergäste im Hotel.

Am 25. Juni 1915 stattete der österreichische Thronfolger Erzherzog Karl Franz Josef den hier oben stationierten Soldaten einen Besuch ab. Bei seiner Fahrt zur Ferdinandshöhe musste er mehrere Male seinen Wagen verlassen und zu Fuß jene zerstörten Straßenstücke passieren, welche einen Vormarsch der Italiener hätten verhindern sollen, die jetzt für das eigene Heer aber ein Hindernis waren.

Im Hotel selbst wurde im Laufe des Sommers das Schweizer Militär einquartiert. Rund um das Hotel wurden die Stellungen der Österreicher ausgebaut. Es entstanden Wohn- und Sanitätsbaracken, Munitionsmagazine

Schweizer Konzert am Jahrestag des italienischen Treuebruchs auf der Dreisprachenspitze

und Werkstätten, ja, ein ganzes Dorf wurde erstellt. Der Stall des Hotels wurde vom österreichischen Militär requiriert. Gleich unter dem Hotel wurde die Bergstation der Drahtseilbahn von Trafoi zur Franzenshöhe und weiter bis hierher errichtet. Daneben – geschützt durch das Hotel und die Schweizer Grenze – stand das Feldlazarett. Diese Sanitätsbaracke befand sich direkt unter dem Hotel auf der Trafoi zugewandten Seite. An dieser Stelle konnte sie nicht von italienischen Geschossen getroffen werden, da diese unweigerlich über Schweizer Territorium hätten schießen müssen.

Schweizer Wachposten auf der Rötelspitze

1916

Die Schweizer Armee besetzte das Hotel Dreisprachenspitze endgültig mit Grenztruppen, um zu verhindern, dass die beiden Kriegsparteien, Österreich und Italien, diese Ecke für eine Abkürzung auf Schweizer Boden für ihre Kriegstaktik benutzen konnten.

Am Mittwoch, 14. Oktober 1916, feierten die Österreicher den Geburtstag des Kaisers, während die Italiener diesen Anlass zu einem starken Feuer nutzten. Dabei trafen etliche Kugeln auch das Hotel. Vor dem Hotel hielt der 23-jährige Schweizer Füsilier Georg „Giorgie" Cathomas Wache. Er wurde von einer Kugel getroffen und verstarb trotz sofortiger Hilfe auch von österreichischen Sanitätern auf seinem Posten. Er war einer der zwei gefallenen Schweizer Soldaten im Ersten Weltkrieg.

Am 4. Juni 1916 kam Erzherzog Salvator zu einer Visite auf die Dreisprachenspitze.

Immer wieder berichteten die Schweizer Blätter, dass österreichische und italienische Soldaten den Grenzabschnitt um die Dreisprachenspitze für eine Flucht in die Schweiz nutzten. Bei den Österreichern waren es hauptsächlich Kroaten und Ungarn, es waren aber auch russische Gefangene dabei.

1917

Am Freitag, 16. März, stieg in den Morgenstunden vom Dachstuhl des Hotels plötzlich starker Rauch auf. Von der österreichischen Seite kamen sofort 50 Mann den wenigen im Hotel logierenden Schweizern zu Hilfe (einige Quellen berichten, dass sich zum Zeitpunkt niemand im Hotel aufgehalten hätte). Die Schweizer Truppen erhielten innerhalb von 40 Minuten weitere Verstärkung von den Stellungen am Umbrailpass. Der Brand war im Dachstuhl ausgebrochen und hatte sich zum Glück nicht sehr schnell ausgebreitet. Ein Teil der Helfer begann, alles Mobiliar von den Zimmern ins Freie zu bringen. Teilweise wurde es auch aus den Fenstern geworfen. Andere bildeten eine Kette und trugen mit Zeltplanen, Kisten, Kübeln und allen möglichen Gefäßen Schnee zum Löschen des Feuers auf den Dachboden. Wieder andere kletterten auf das Dach, schlugen mit Pickeln und Äxten Löcher und entfernten die brennenden Schindeln und Balken. Da kein Wasser vorhanden war, wurden in den oberen Stockwerken sämtliche Fußböden mit einer dicken Schneeschicht bedeckt. Der Dachstuhl stürzte über zwei Zimmern vollständig ein. Das Hotel konnte aber dank der massiven Bauweise zum größten Teil gerettet werden. Der Dachstuhl wurde in der Folge wieder so weit hergerichtet, dass keine weiteren Wasser- und Schneeeinbrüche mehr zu befürchten waren. Für die Wiederherstellung des Daches stellte das österreichische Heer Zimmerleute und Tischler zur Verfügung, war es doch auch in seinem Interesse, dass das Haus weiterhin als Stützpunkt für die Schweizer Soldaten benutzbar war. Wären diese abgezogen, hätte das italienische Militär die Möglichkeit ausgenützt, über Schweizer Territorium die Stellungen am Breitkamm zu beschießen.

Ein Schweizer Soldat berichtet, dass ihm ein Österreicher nach den Löscharbeiten mit einem großen Bild entgegenkam und dieses gegen die Bezahlung von 20 bis 40 Kronen mitnehmen wollte. Er hatte es sich beim Ausräumen auf die Seite gelegt. Der Schweizer ließ das nicht zu und hängte die Madonna mit dem Jesuskind wieder an ihre ursprüngliche Stelle.

Die Brandursache konnte nie ermittelt werden. Es waren zu diesem Zeitpunkt keine Soldaten im Hotel. Von Schweizer Seite wurde später mitgeteilt, dass es sich um einen Kamindefekt handelte. Am Tag vorher brannte in Trafoi das große Trafoi-Hotel bis auf die Mauern nieder.

Am 16. September 1917 war Kaiser Karl unter größter Geheimhaltung zum Besuch der Truppen auf der Ferdinandshöhe und Dreisprachenspitze. Er fuhr von Prad mit dem Auto bis kurz vors Joch und ging dann über die

Besuch des Kaisers Karl auf der Dreisprachenspitze

Die Sanitätsbaracke und das versetzte Telefonhäuschen

Die Gedenktafeln auf Schweizer Boden und an ihrem ursprünglichen Platz

letzte Biegung bis zur Ruine des Hotels Ferdinandshöhe. Dort erinnerte er sich noch, hinter welcher zerschossenen Fensterhöhle er Jahre vorher logiert hatte.

Anschließend stieg er zur Dreisprachenspitze hinauf und inspizierte sämtliche Unterkünfte bis zum sogenannten Lempruch-Dörfl.

1918

Unter der Hotelterrasse nach Trafoi hin wurden zwei Gedenktafeln für die im IV. Reservebataillon des ungarischen Infanterieregiments Nr. 29 „Freiherr von Laudon" hier kämpfenden ungarischen Soldaten und im Gedenken an den Besuch Kaiser Karls I. am 16. September 1917 aufgestellt.[136]

136 Dazu gibt es eine ausführliche und interessante, von Dipl. Ing. Heinz König aus Wien unter dem Titel „Gedenke o Wanderer" erstellte Biografie, welche im Jahre 2012 in Prad vorgestellt wurde.

1919–1920

Die Schweiz beschloss, die auf ihrem Territorium gegrabenen Schützengräben wieder teilweise zuzuschütten. Die Unterkunftsbaracken sollten abgebrochen, das gewonnene Material wiederverwendet werden. In diesen sogenannten Soldatenstuben waren von den Insassen während der langen Wintermonate mit handwerklichem Geschick geschnitzte und gemalte Tafeln gefertigt worden. Man machte den Vorschlag, sie in dem Hotel Dreisprachenspitze auszustellen.

Der Aufstieg zum Hotel glich einem Schlachtfeld mit Schützengräben und Stacheldrahtverhauen links und rechts des Weges. Überall lagen Granatsplitter und nicht verschossene Munition, gleich hinter dem Haus sogar einige Munitionskisten mit der in schwarzer Schablonenschrift gedruckten Aufschrift: „Explosiv! Wenn leer zurück nach Wöllersdorf!"

Im Hotel Dreisprachenspitze war den ganzen Sommer hindurch der Restaurationsbetrieb geöffnet. Es war der einzige Ort am Joch, wo man etwas zum Essen und Trinken bekam. Die Zimmer wurden nur teilweise vergeben, da ein Teil des Mobiliars beim Brand zerstört worden war. Man zählte 20 Tische, 30 Sessel, 15 Waschkästen, 30 Bettstellen, zwölf Nachtkästchen, etwas Abwaschservice, zwei leere Weinfässer und zirka zehn Kubikmeter Brennholz. Es wurde beschlossen, eine Feuerversicherung abzuschließen, und zwar für die Zeit von Juni bis Oktober in der Höhe von 15.000 Sfr., für die übrigen Monate über 8.000 Sfr.

Gleichzeitig versuchte man, den Betrieb zu veräußern, wofür man keine Käufer fand.

Am 9. März 1920 berichtete die Engadiner Post, dass das Hotel Dreisprachenspitze zum Verkauf ausgeschrieben sei.

1921–1923

Auch in den folgenden beiden Sommern blieb der Schankbetrieb im Hotel geöffnet.

Mit dem Wiederaufbau des Hotels Stilfserjoch – Passo Stelvio auf dem Joch und den immer schwierigeren Zollformalitäten wegen des neuen italienischen Grenzverlaufs wurde der Gastbetrieb eingestellt. Sämtliche Holzbalken, Bretter und alles verwendbare Baumaterial sowie noch vorhandenes Mobiliar wurden anschließend von der Dreisprachenspitze hinunter aufs Joch gebracht. Sie dienten dort dem Wiederaufbau des Hotels Stilfserjoch.

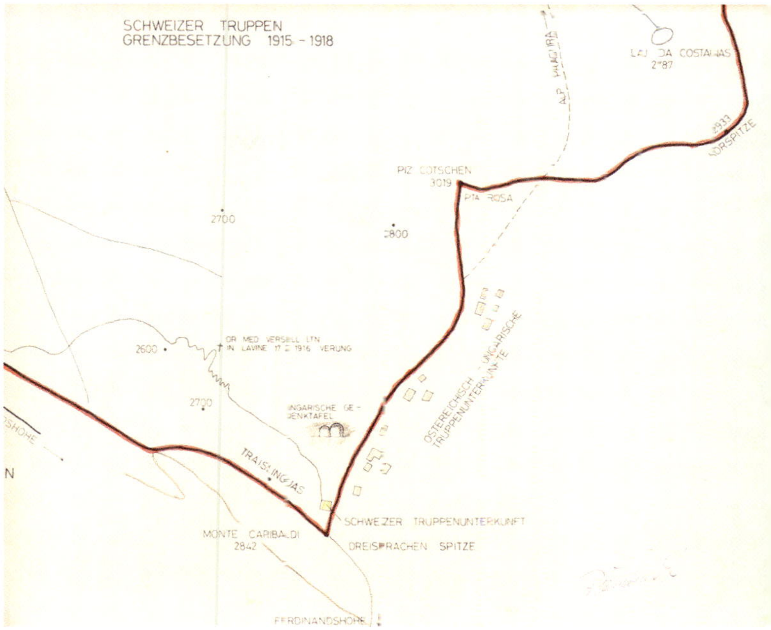

Schweizer Stellungsplan

Auch der Dreiländergrenzstein wurde entfernt. Man schrieb:

> Dort, wo Italien und Oesterreich mit der Schweiz zusammenstoßen, erhob sich vor dem Albergo delle Tre Lingue ein Grenzstein, der an seinen drei Seiten die Namen der drei Nachbarländer trug. Er wurde in einer heißen Mainacht von italienischen Reservisten umgestürzt.

Das Mauerwerk blieb bestehen, zerbrach jedoch in den folgenden Jahren. Viele Steine verwendeten die Besitzer der neuen Dreisprachenhütte, des Rifugio Garibaldi, auf lombardischem Territorium. Auch der kreisrunde und heute sehr ramponierte Panoramastein aus Marmor wurde dorthin verfrachtet.

Im Jahre 1947 waren nur mehr einige Grundmauern vorhanden.

Die Familie Karner hat wiederholt versucht, einen neuen Betrieb zu eröffnen, was ihr wegen dauernder Schwierigkeiten von Seiten verschiedenster Behörden nicht mehr gelungen ist. Am 11. September 1951 hat die Mitbesitzerin des Stilfserjoch-Hotels, Rosa Karner, von der Gemeinde Glurns fast 1900 Quadratmeter Grund erworben, um eine Fahrstraße auf die Dreisprachenspitze anzulegen oder einen Sessellift zu bauen. Diese Vorhaben konnten dann nicht mehr verwirklicht werden, weil die Staatsstraßenverwaltung ANAS auf eben diesem Grund

Sämtliches Holz wurde für den Neubau am Pass verwendet

ein Enteignungsverfahren zwecks Errichtung von fixen Verkaufsständen für die Andenkenhändler eingeleitet hatte. Diese Enteignung wurde nie durchgeführt, weil die Vertragsbedingungen nicht eingehalten wurden (siehe getrennten Bericht).

In den 1950er- und 1960er-Jahren wurde um eine genaue Vermessung und einen weiteren Zukauf des Grundes zwecks Errichtung eines Gebäudes in der Gemeinde Santa Maria angesucht. Auch hierfür konnte kein positiver Bescheid erhalten werden.

Im Frühjahr 2015 wurde der Baugrund vom Autor dieses Buches und seiner Schwester kostenlos an die Gemeinde Val Müstair zurückgegeben.

137 1 Krone 1914 = ca. 6,80 € (2023).

Rundum-Panorama von der Dreisprachenspitze

Der langsame Zerfall

Jahr	Einnahmen Kr. Ferdinandshöhe u. Dreisprachenspitze	Betriebs- u. Bauspesen inkl. Dreisprachenspitze	Überschuss von Ferdinandshöhe	Gewinnausschüttung inkl. Dreisprachenspitze
1909	75.414,08	68.352,12	12.159,06	12.159,06
1910	72.061,00	57.456,00	14.605,00	21.454,00
1911	82.411,82	57.512,97	24.889,85	34.000,00
1912	74.118,36	59.022,10	15.096,26	24.000,00
1913	75.485,47	54.777,17	20.708,30	32.000,00
1914	31.603,59	12.702,36	13.769,68	12.000,00[137]

Reste des Hotels Ferdinandshöhe und Gletscher, 1922

Die Hotelruine, rechts die Baracke des Ristorante Giogo

DAS HOTEL STILFSERJOCH

HOTEL PASSO DELLO STELVIO ODER HOTEL GIOGO DI STELVIO

Für die Besitzer des Hotels Ferdinandshöhe wurden mit dem Ersten Weltkrieges die schlimmsten Befürchtungen wahr. Das Hotel hatte dem schweren Artilleriebeschuss durch die Italiener nicht standgehalten und wurde vollständig zerstört. Vom Hauptgebäude blieben nur mehr Mauerreste übrig. Beim rückwärtigen, zum Gletscher hin gelegenen Nebenbau waren die Außenmauern noch einigermaßen intakt. Dieses Gebäude wurde als Erstes wiederhergestellt und diente den Handwerkern und Pferden als Unterkunft.

Die Gesellschafter hatten bereits während der Kampfhandlungen laufend Informationen über den Zustand des Gebäudes erhalten. Alois Karner gelang es zudem in dieser Zeit, über die Schweiz zur Dreisprachenspitze hochzusteigen, von wo aus er das Hotel begutachten und die desaströse Lage am Joch einschätzen konnte.

Nach Beendigung der Kämpfe und der Übernahme des südlichen Landesteils von Tirol durch Italien berieten die Gesellschafter, wie es weitergehen sollte. Am 3. November 1918 wurde die Gegend rund um das Stilfser Joch – wie ganz Südtirol – kampflos den Italienern übergeben. Am Anfang bestand noch eine vage Hoffnung, dass Südtirol zu Österreich zurückkehren konnte. Mit dem Frieden von St. Germain am 10. September 1919 und mit der formalrechtlichen Annektierung Südtirols am 10. Oktober 1920 war die Sachlage aber eine andere.

Daraufhin hofften die Gesellschafter des Hotelvereins Stilfserjoch, Josef Ortler, Postmeister aus Trafoi, Josef Ortler, Gutsbesitzer aus Prad, Ambros Karner, Wirt im

138 Erstellt von den Miteigentümern Ortler. Der Schaden, verursacht durch das italienische Militär, belief sich auf 26.311 Lire, der des österreichischen Militärs auf 70.619 Lire.

Beginn des Wiederaufbaus (links); Wiederaufbau der Garage hinter den Trümmern als erste Unterkunft und Baustofflager (rechts)

Hotel Sonne (später Posthotel) in Glurns und sein Bruder Alois Karner, Postmeister in Prad, auf eine Wiedergutmachung der Schäden. Sie stellten an das Bezirksgericht von Glurns einen „Beweissicherungsantrag zum Zwecke der Schadensfeststellung". Dieser war nicht so umfangreich wie der Antrag für das Hotel Schöne Aussicht[138] in Trafoi, wo man die Schäden, die vom österreichisch-ungarischen Militär oder durch die italienischen Soldaten verursacht wurden, getrennt auflisten musste.

1920

Am Anfang bestand für einen Schadenersatz so gut wie keine Hoffnung. Man fasste daher den Entschluss, mit den Besitzern der Bagni Nuovi in Bormio, den Familien Berbenni und Arandini gemeinsam eine Gesellschaft zum Neuaufbau und zur Führung des Hotels zu gründen. Mit diesen hatte man bereits früher engere Kontakte gepflegt und zusammengearbeitet. Miteinbezogen werden sollte auch das Hotel Dreisprachenspitze. Das Gebäude stand noch, hatte durch den Brand und die Requirierung der Schweizer Armee aber größere Schäden erlitten; es hätte aber in kurzer Zeit wieder zufriedenstellend hergestellt werden können.

Im Protokoll der Generalversammlung vom 30. September 1920 wurde festgehalten:

Der Hotel Verein ist bereit den gegenwertigen Besitz am Stilfser Joch, und zwar Grund und Boden nebst Dreisprachenspitze, so wie Alles heute liegt und steht mit zugehörigen Grund mit allen Rechten und Lasten wie bisher genossen an die Gesellschaft der Bäder in Bormio zur Hälfte zu verkaufen und zwar um den Preis von Lire 100.000. Dieser Betrag soll längstens innerhalb eines Vierteljahres des Überlassungsvertrages der bisherigen Gesellschaft „Hotel Stilfserjoch" entrichtet werden, nimmt die Gesellschaft der Bäder von Bormio als Miteigentümer an, und zwar zur Hälfte des ganzen Besitzes am Stilfserjoch. Alle Kriegsentschädigungen, welche an den H.V. St. zur Auszahlung gelangen, sind alleine Eigentum der Kontraten (Konsorten) Karner und Ortler.

Sämtliches Holz und Kriegsmaterial, welches von Seite der italienischen Regierung erworben wurde, gehört zu gleichen Teilen dem Hotel Verein Stilfserjoch und den Bädern von Bormio. Der von Josef Ortler und Barpenni (Berbenni) mit Arandini und Degasperi abgeschlossene Vertrag wird ebenfalls als gemeinsame Sache angenommen und sollen die Kassen der Materialanlieferung und des schon begonnenen Baracken Baues am Stelviopasse sofort zur Hälfte Hotel Verein Stilfserjoch zur Hälfte Bäder von Bormio gedeckt werden.

Die Reste des Rotterhauses, dahinter das Ristorante Giogo di Stelvio

Weiterhin macht das Hotel Stilfserjoch die Bedingungen, dass für Sommersaison 1921 das Hotel Dreisprachen von beiden Teilen Hotelverein Stilfser Joch und Bäder von Bormio in einem für den Fremdenverkehr entsprechenden Zustand hergestellt wird, so, dass in dem Hotel zirka 25 Fremdenbetten in Betrieb gestellt werden können, die notwendigsten Adaptierungen vorzunehmen.

Die Antwort der Bäder wurde bis spätestens 15. April 1921 erwartet.
Im Falle die Badgesellschaft auf den gesagten Kaufpreis eingehen und dies Erklären uns mitgeteilt wird, so ist der hiesige Hotelverein bereit, gegen annehmbaren Preis die noch vorhandenen Inventargegenstände als: Bett und Tischwäsche, Decken, Blumaux, Kissen und Silberbestecke zu überlassen. Seit Kriegsbeginn ist das Hotel Ferdinandhöhe steuerfrei und das Hotel Dreisprachen ist mit Franken 50.000 fürs Gebäude versichert. Die Spesen für Steuer Versicherung und sonstigen Abgaben betragen im Jahre 1920 ca. Frs. 450.-

Umbrail und Dreisprachenspitze.
Vom Platzkommando in Santa Maria sind zurzeit Ausweiskarten zum Besuche der interessanten Grenzecke am Umbrail und der Dreisprachenspitze erhältlich. Die Tour ist sehr lohnend. Die Gegend ist momentan noch ganz im Kriegszustand-. Die zahlreichen Schützengräben sind unaufgeräumt, und es findet sich in ihnen noch viel Kriegsmaterial. Das Hotel auf der Dreisprachenspitze hat naturgemäß, während des langen Aktivdienstes immer von unsern Soldaten benützt, gelitten. Es trägt auch zahlreiche Kriegsspuren. Namentlich die Südfront weist viele Geschoßeinschläge auf. Traurig sieht das ehemalige schöne Hotel Ferdinandshöhe am Kulminationspunkte der Stilfserjochstraße aus. Es sind nur einige Mauerreste übriggeblieben. Dagegen hat das Hotel Franzenshöhe am Straßenabstieg nach Trafoi den Krieg überdauert, ebenso die Payerhütte am Ortler droben. Die italienische vierte Cantoniera auf Umbrail, von den Österreichern stark beschädigt, wird zurzeit wieder aufgebaut. Das ehemalige

139 Neue Züricher Zeitung, 29. August 1919.

140 Der Tiroler, 24. August 1820.

141 Dieser wurde während des Krieges im Verteidigungswall am Joch verbaut und nachher ins Tal gebracht, wo er bei den ersten Brücken ober Gomagoi im Straßengraben endete. Neue Freie Presse, 14. August 1923.

142 K. u. k. Ministerium des Inneren, 26. September 1913, Nr. 36294.

österreichische Barackenlager der Grenze entlang auf der Dreisprachenspitze dient nun einer Abteilung Italiener zur Unterkunft, die die österreichischen Stellungen am Stilfserjoch ausräumen müssen und dabei reichlich Beute machen. Direkt östlich des Hotels Dreisprachenspitze, nur wenige Schritte von der Grenze entfernt, haben die Österreicher 1918 ihren am Stilfserjoch gefallenen Helden eine Gedenktafel errichtet; die weiße Marmortafel ist in Felsen eingelassen und trägt eine ungarische und· deutsche Inschrift. Schweizerischerseits halten auf Umbrail und Dreisprachenspitze noch etwa ein Dutzend Freiwillige die Grenzwache, die sich mit den Italienern ausgezeichnet stellen.[139]

Mitte August verzeichnete man in Trafoi und Sulden nur etwa 350 Urlauber. Die Zusammensetzung der Gästeschicht hatte sich zur Vorkriegszeit wesentlich geändert. Waren es früher noch sehr viele Wohlhabende mit zum Teil kurzer Aufenthaltsdauer, so kamen jetzt länger verweilende Sommerfrischler der Mittelschicht, welche vor allem Ruhe suchten,

„die durch das vorherrschende südländische Temperament mitunter etwas zu stark für uns kühlere Tiroler aufgepeitscht wird“[140].

Die Urlauber, darunter immer mehr italienische Gäste, vorwiegend aus dem Mailänder Raum, gaben im Durchschnitt auch weit weniger aus.

1921

Als Erstes wollte man den Restaurationsbetrieb mit Verabreichung von Speisen und Getränken wieder aufnehmen. Dafür hatten die Besitzer anfänglich einen Ausbau der Stallungen in der Dependance hinter der Hotelruine ins Auge gefasst. Dieses Gebäude wurde aber dringend als Schlafraum für die Arbeiter, als Stallung und Lager für Baumaterialien benötigt. Man entschloss sich daher, ein Einkehrlokal zu errichten, welches vorübergehend dazu dienen sollte, und beauftragte eine Firma aus Bormio mit dem Bau einer größeren Holzbaracke bis Ende 1921. Gleichfalls hat man den Auftrag zur Adaptierung der Autogarage und der Stallungen hinter dem zerschossenen Hotel beschlossen.

Über den gewählten Standort des Restaurants bestanden Zweifel, da die Präfektur in Sondrio die bestehenden Grenzen zwischen der Gemeinde Bormio und Stilfs infrage stellte. Der Grund, auf welchem die Baracke stand, konnte daher nicht eindeutig der Gemeinde Stilfs bzw. Glurns zugeordnet werden. Zieht man eine gerade Linie vom ehemaligen Grenzstein[141] zwischen der Lombardei und Tirol zu den Grenzsteinen auf der Dreisprachenspitze, so lag das Restaurant auf Südtiroler Seite, berücksichtigt man die Wasserscheide, ist dies nur teilweise der Fall. Zur Absicherung allfälliger zukünftiger Schwierigkeiten wurde die Gesellschaft der Bäder von Bormio zu 50 Prozent mit einbezogen. Man wollte so auch Grenzstreitigkeiten ausweichen. Die Besitzer beabsichtigten, mit dem Bau einem weiteren, schon früher angekündigten Übel zuvorzukommen, denn schon Jahr 1913[142] wollte dort eine italienische Gesellschaft ein Hotel erbauen. Die gemeinsame Führung mit den Bädern erwies sich gleich als schwierig.

Am 10. März 1921 hat die italienische Reichsstraßenverwaltung an die Gesellschafter die Einladung zur Offertlegung betreffend die Verpachtung des Hotels Franzenshöhe gestellt, die daraufhin folgende Vorgaben verlangten:

a.) das Hotel Franzenshöhe soll von der Straßenverwaltung in betriebsfähigem Zustande hergestellt werden.
b.) Die Einrichtungsgegenstände für Restaurantierungszwecke als Speisesaal, Küche, Schwämme, Ex Möbel sind ebenfalls von der Straßenverwaltung beizustellen
c.) Die Möbel und Einrichtungsgegenstände für Fremden und Personalzimmer sowie auch Wäsche, Glas, Porzellanwaren, Küchengeschirr, Bestecke ec. werden vom Hotelverein beigegeben.

Unter diesen Voraussetzungen wäre der Hotel Verein bereit, den Pacht des gesamten Hotels nach Übereinkommen zu übernehmen.

Die Straßenverwaltung ging anfänglich nicht darauf ein, war aber später gezwungen, das Hotel den Mindestanforderungen entsprechend herzurichten. Anschließend wurde mit Johann Josef Wallnöfer aus Prad zuerst ein Mietvertrag abgeschlossen. Zu einem späteren Zeitpunkt hat dieser das Haus erworben.

Der Gästezustrom im Ortlergebiet kam sehr langsam in Schwung. Am 21. Juli 1821 schrieb man in den Bozner Nachrichten:

Infolge des ständigen Kommens und Gehens der Touristen beträgt die Zahl der in Trafoi und Sulden anwesenden Fremden kaum mehr als 50 Personen, wogegen das Dienstpersonal etwa 150 Köpfe zählt. Dem Besitzer ist es nämlich nicht möglich, sich erst im Bedarfsfalle, d. i. Ende Juli bis Ende August, um genügendes Personal umzuschauen.

Der Pass um 1922: Trümmer, Schützengräben und Bombentrichter

1922

Am 6. März 1922 erhielt die Gesellschaft von der Gemeinde Stilfs die begehrte Lizenz für das Gast- und Schankgewerbe in der geplanten Baracke. Unter dem vorgegebenen einsprachigen Namen Ristorante Giogo dello Stelvio begann das ungewisse Abenteuer auf dem höchsten Pass Europas. Doch schon damals war der gastronomische Erfolg nicht jedem genehm. Die deutsche Führung des Gastbetriebs auf diesem historischen Pass stieß von Anfang an auf misstrauische Blicke einiger Machthaber. Die Besitzer trotzten den Herausforderungen und machten das Restaurant zum ersten Anlaufpunkt in einer von Schützengräben und Stacheldraht und zerbombten Gebäuden geprägten Umgebung.

Die Geschichte nahm eine überraschende Wendung, als ein skurriler Vorfall das Restaurant ins Rampenlicht rückte. Eine vermeintlich „bescheidene" Rechnung für ein Essen zweier Touristen im Wert von 91,65 Lire wurde vom Präfekten in Sondrio als willkommener Anlass genommen, das Restaurant vorübergehend zu schließen. Die Anklagen reichten von Betrügerei über fehlende Preistabellen bis hin zu falschen Stempelmarken auf der Rechnung. Doch die Entschlossenheit und die klaren Fakten bewahrten die Führung vor einem unrühmlichen Ende. Die Rechnung war korrekt ausgestellt. Alle Vorwürfe entbehrten der Wahrheit. So trotzten sie nicht nur den rauen Wetterbedingungen des höchsten Passes Europas, sondern auch den Stürmen aufkommender politischer Intrigen.

Der Start des Unternehmens verlief vielversprechend und schon nach der ersten Saison konnten die Anteilseigner der Bäder von Bormio einen Gewinnanteil von beeindruckenden 15.000 Lire erhalten. Dies entsprach dem 50-Prozent-Anteil am erwirtschafteten Gewinn.

143 Rechtsanwalt und Senator, * 1879 in Rohrbach, † 1936 in Meran, Karl-Wolf-Straße 1.

144 Die Fa. Perego wurde 1914 von Cav. Carlo Perego in Tirano gegründet. Er hatte zuerst die Kutschen, Fahrzeuge und den Postdienst für das obere Veltlin der Fa. Buzzi aus Sondrio aufgekauft und anschließend das beherrschende Busunternehmen im Veltlin errichtet.

Bezüglich einer 50-prozentigen Beteiligung an der Hotelgesellschaft durch die Aktionäre aus Bormio konnte dagegen kein Übereinkommen erzielt werden. Für sie war das Risiko zu hoch. Man beschloss daher, den Wiederaufbau des zerstörten Hotels mit den Mitgliedern der bestehenden Gesellschaft in Angriff zu nehmen. Für die Planung wurde der bekannte Architekt Hans Hoffmann[143] aus Meran herangezogen. Bereits am 28. Juli 1922 wurden die Baupläne in der Baukommission von Stilfs begutachtet und genehmigt. Mit Vorlage derselben wollte man auch die notwendigen Staatsbeiträge erlangen. Alle Teilhaber verpflichteten sich, während der Bauphase keine Änderung an der Gesellschaft vorzunehmen. Ausschlaggebend waren die Zusicherungen, dass für die Zerstörungen durch den Krieg Entschädigungen zu erwarten waren.

Generalkommissariat für das Triveneto Nr. 17414 V 1

Der Zivile Generalkommissar

In Anbetracht des königlichen Dekrets vom 29. April 1920 Nr. 605 betreffend die Gründung von Konsortien zum Wiederaufbau und Reparatur von Gebäuden;

In Anbetracht des königlichen Dekrets vom 28. November 1920 Nr. 1766, das das königliche Dekret vom 29. April 1920 Nr. 605 auf die Provinzen der Venezia Giulia und Tridentina ausdehnt;

In Kenntnis des Antrags von Dr. Giuseppe Tinzl zur Wiederherstellung eines Konsortiums für Kriegsgeschädigte für die Gemeinde Stilfs.

Verordnet:

Die Gründung eines Konsortiums für Kriegsgeschädigte für die Gemeinde Stilfs wird genehmigt.

Trient, 12. April 1922
Der Zivile Generalkommissar Cottalasso 1748

Der Rohbau, rechts über der Straße das Ristorante

Maßgeblich an dem Erfolg für die Gewährung der Kriegsentschädigung war der Südtiroler Abgeordnete in Rom, Karl Tinzl (* 4. Oktober 1888, † 11. Juli 1964) aus Göflan bei Schlanders. Die zugesicherten Entschädigungen beliefen sich auf die beachtliche Summe von 603.000 Lire, abzüglich drei Prozent Steuern. Die erste Rate über 123.000 Lire kam bereits 1922 zur Auszahlung, wovon vom Hotelverein 24.000 Lire an jedes der vier Mitglieder ausbezahlt wurden. Auf Ansuchen des Postmeisters Josef Ortler von Trafoi wurde ihm ein zusätzliches Darlehen von 55.000 Lire gewährt, wofür er fünf Prozent Zinsen zu entrichten hatte.

Die ersten Arbeiten am Wiederaufbau wurden in die Wege geleitet. In der Zwischenzeit haben die Brüder Karner, soweit es ihnen möglich war, den Betrieb auf der Dreisprachenspitze weitergeführt. Sie hatten allerdings große Probleme, da die italienischen Grenzwächter dauernd Schwierigkeiten beim Grenzübertritt der vom Pass hochsteigenden Fremden machten und diesen zum Teil ganz verhinderten. An ein reguläres Arbeiten war gar nicht zu denken.

Im laufenden Sommer wurde eine Postautolinie von Spondinig nach Bormio eingeführt. Auf Veltliner Seite wurde der Dienst von der Impresa Aut. F.lli Perego[144] aus Tirano, auf Südtiroler Seite von der STAT (Soc. Aut. Trentina) aus Trient durchgeführt. Die Postbusse fahren von Spondinig bis Bormio und umgekehrt. Dadurch fiel der lästige Wagenwechsel am Stilfser Joch weg, was angenehmer für die Reisenden war und zu einer wesentlichen Erhöhung der Fahrgäste auf dieser Linie führte.

Der Gletscher hinter dem
Hotel (oben) und am Livrio der
Ebenwandferner (rechts)

145 Gemeint ist der ehemalige Stall, welcher in Zukunft als Garage vorgesehene war, auf Parkplatzebene hinter dem neuen Hotel.

1923

Bei der Führung des Restaurationsbetriebs in der Baracke kam es immer wieder zu Meinungsverschiedenheiten mit den Beteiligten aus Bormio. Deshalb wurde in einer Sitzung am 20. Juni 1923 Folgendes beschlossen:

1. In Bezug auf den Restaurantbetrieb in der Baracke am Stelvio stehen wir auf dem Standpunkt denselben per Saison 1923 weiterzuführen. Gleichzeitig hingegen wird beschlossen auf keinem Falle den Geschäftsbetrieb gemeinsam mit den Bädern von Bormio zu unterhalten.

2. Bei Verpachtung des Betriebes an die Bäder von Bormio oder an die hiesigen Gesellschafter wird folgender Vorschlag bzw. Bedingungen festgesetzt:

   Der Pächter hat auf eigene Kosten die Baracke betriebsfähig im Stand zu halten. Der jeweilige Käufer hat die volle Verantwortung für den Geschäftsbetrieb, seinen eventuellen Reklamationen der Behörde gegenüber oder sonstigen Vorfällen aus allererst aus Eigenen zu ertragen.

3. Von der hiesigen Gesellschaft wird der Pachtschilling den Betrag von 1.500.- Lire höchstens aber 2.000.- Lire betragen.

Zum Eklat kam es am 7. August 1923, zu dem in der Meraner Zeitung vom 10. d. M. Folgendes stand:

> Plötzliche Sperrung der Restauration auf dem Stilfserjoch. Eine unangenehme Ueberraschung bildete am 7. d.M. die durch die Unterpräfektur Sondrio verfügte plötzliche Sperrung der Restauration auf dem Stilfserjoch, die bekanntlich, seit das große Stilfserjochhotel ein Opfer des Krieges geworden, in einer Holzbaracke über der Straße drüben, etwas oberhalb derselben untergebracht wurde. Es war gerade am Tage der Durchfahrt der Teilnehmer an der italienischen internationalen Alpenfahrt [Coppa delle Alpe] an welchem über zwanzig [richtig zweihundert] Automobile, Fahrräder und eine große Anzahl Sportliebhaber herbe gebracht hatten, die zeugen der interessanten Ueberwindung dieser höchsten Alpenstraße seitens der Rennkonkurrenten sein wollten. Sie alle fanden nun verschlossene Türen und mußten Speise und Trank entbehren. Die unerwartete Schließung besagter Restauration ist auf Kompetenzdifferenzen zwischen den Unterpräfekturen von Meran und Sondrio zurückzuführen. Der Eingang in die Baracke liegt nämlich auf zum politischen Bezirk Meran gehörigen Gebiete, der übrige Teil der Gastwirtschaft aber auf jenem von Sondrio. Daß dieser unglückliche Zustand eines Besitzthumes aber gerade jetzt im Sommer und ausgerechnet an dem Tage der Alpenfahrt über das genannte Joch durch spontane Schließung des Lokales gelöst werden sollte, erscheint uns schon recht überflüssig und steht mit den stets wiederholten Versicherungen eifrigsten Willens, den Fremdenverkehr unseres Gebietes mit allen verfügbaren Mitteln fördern zu wollen, in krassem Widerspruch.

Für den Rest der Saison konnte der Betrieb nicht mehr aufgenommen werden. Am 7. September traf sich eine Kommission aus Meran und Sondrio am Stilfser Joch, welche die Grenzfragen lösen sollte. Klar festgestellt wurde, dass die Mitglieder des Hotelvereins rechtmäßige Besitzer der Baracke waren. Im Protokoll des Vereins schrieb man:

> Die vorgekommenen Schwierigkeiten beim Wirtschaftsbetriebe in der Baracke veranlassen die Gesellschafter für die Zukunft denselben aufzugeben und den Betrieb in der neu hergestellten Deperdance[145] zu verlegen. Hiervon ist das Bad Bormio in Kenntnis zu setzen, zu erwirken den vor einbehaltenen Pacht-Schilling pro 1923 zu annullieren. Postmeister Ortler hat sich bereit erklärt, diese Angelegenheit zu besorgen.

Erst fast ein Jahr später, am 20. Juli 1924, konnte das Restaurant wieder öffnen, doch kam es zu wiederholten Unterbrechungen. Für das Jahr 1922 und 1923 erhielten die Bäder von Bormio 16.164 Lire an Gewinnausschüttung. Im Jahr 1924 erzielte man einen Umsatz von 76.509 Lire. Ab dem Spätsommer 1924 blieb die Baracke geschlossen.

1926 bot man der Gesellschaft der Bäder an, ihren Kapitalanteil abzulösen. Ein Beschluss wurde gefasst, die geforderten 6000 Lire für den Erwerb der Hälfte des Anteils an die Bagni Bormio zu zahlen. Dies beinhaltete alle Ansprüche der Bädergesellschaft. Die endgültige Ablösesumme von 7000 Lire wurde 1927 beglichen. Die Baracke am Stilfser Joch blieb bestehen und wurde 1932 und 1933 für 299 Lire jährlich an die Erbauer neuer Hotels verpachtet. Zunächst diente sie den Arbeitern und Lasttieren der Livrio-Hütte als Unterkunft, später der Baufirma des Hotels Perego. Zuerst wurde die Hälfte der Baracke, die auf dem Gemeindegebiet von Stilfs lag, abgerissen, einige Jahre später auch der Rest auf dem Gebiet von Bormio.

Weiters wurden 1923 folgende Beschlüsse gefasst:

4. Wird beschlossen das Hotel Dreisprachenspitze mit Sfr. 6000. bei der Helvetia gegen Feuersgefahr weiterhin zu versichern. Hierzu wird Ambros Karner zur Durchführung beauftragt.

5. Ferner sind die neu erstellten Baulichkeiten bei der Landesanstalt wie folgt zu versichern:

Auto Garage mit	Lire 40.000.-
Pferdestallung mit	Lire 10.000.-
V. Baumaterialien	Lire 5.000.-

[…] *Es ist beabsichtigt, die Baumaterialien von Dreisprachen zum Hotel Neubau zu verwenden, hierzu wird Ambros Karner beauftragt, die Einfuhr derselben bei der staatlichen Behörde zu erwirken. […]*

Das vorliegende Offert des Adolf Gutweniger in Merano über Spenglerarbeiten für den Hotelbau im Betrag von. Lire 16.775,10 wird unter nachfolgenden Bedingungen an denselben übertragen: ein Drittel des Betrages bei Ankunft der Ware in Spondinig, ein Drittel nach Fertigstellung und der Rest nach Eingang der dritten Kriegsentschädigungsrate.

Die Gesellschaft erhielt die zweite Kriegsrate über 120.000 Lire. Sämtliche vor und kurz nach Kriegsbeginn vom Joch entfernten Möbel, Einrichtungsgegenstände, Wäsche und das Geschirr lagerten seit Jahren in einer Scheune bei Ambros Rungg in Prad. Der Mietvertrag dafür wurde verlängert und man beschloss, das Lager auch nach Fertigstellung des Hotels weiterhin als Zwischenlager anzumieten.

1924

Die ganzen Kräfte wurden jetzt in die Fertigstellung des Hotels gelegt, wobei besonders der Transport der verwendeten Baumaterialien eine große Herausforderung darstellte.

Bereits am Anfang der Saison konnten einige Räumlichkeiten für die Bewirtung der Gäste eröffnet werden. Dafür wurden alle verwendbaren Teile des Hotels Dreisprachenspitze mit Pferden und Maultieren aufs Joch hinuntergebracht. Am Ende der Saison, welche in diesem Jahr auf Grund des schönen Herbstes bis Mitte November dauerte, wurde der Bau unter Dach und Fach gebracht. Der Name des Hotels war jetzt Albergo Passo dello Stelvio, die offizielle Bezeichnung für den Übergang, das eigentliche Stilfser Joch, Giogo dello Stelvio. Die deutschen Bezeichnungen durften in offiziellen Broschüren und Dokumenten unter den Faschisten nicht mehr verwendet werden.

In Bormio hatte im Sommer eine Versammlung der Gemeindevertretungen des Veltlins stattgefunden, in welcher verlangt wurde, die Stilfser-Joch-Straße das ganze Jahr über freizuhalten. Dieser Wunsch wurde auch an die Gemeinden im Vinschgau und nach Meran weitergeleitet.

Das Hotel Dreisprachenspitze musste endgültig geschlossen werden; eine Führung von Südtiroler Seite aus war nicht mehr möglich, Besitzer und Besucher sahen sich fortwährenden Schikanierungen durch faschistische Grenzwächter ausgesetzt. Dazu eine Schilderung aus der Schweizer Reichspost vom 8. August 1927:

Schweizerisch-italienische Grenzzwischenfälle.

Von unserem Korrespondenten.
St. Gallen, 4. August 1827

Faschistischer Übereifer hat in der letzten Zeit zu verschiedenen Grenzzwischenfällen an der italienisch-schweizerischen Grenze geführt, die nur dadurch ohne höhere Folgen verlaufen, weil die Schweiz in solchen Dingen einen äußerst besonnenen Standpunkt einnimmt, überhaupt alles vermeidet, was zu Reibungen und Zwischenfällen Anlaß gibt. […] Im Gebiete der sogenannten Dreisprachenspitze mehren sich in den letzten Wochen diese Zwischenfälle, die aus kleinen Unachtsamkeiten entstanden, von den dicht an der Grenze liegenden italienischen Faschisten und von zahlreichem Militär aber sofort aufgebauscht werden […] Ein typisches Beispiel der Grenzzwischenfälle gibt ein Schweizer Teilnehmer an einer jüngsten Exkursion ins Engadin wieder. Er schreibt u. a: Am Sonntag, 24. Juli 1927, bestieg eine Gruppe von 24 schweizerischen Studenten zwecks wissenschaftlicher Studien die Dreisprachenspitze. Als wir bei der Hotelruine anlangten, zogen einige von uns ihre Photographenapparate hervor, um die schöne Ortlergruppe zu photographieren; Sie kamen aber nicht dazu, denn im nächsten Augenblick waren wir alle schon verhaftet. Unter großer Bedeckung führte man uns alle nach der IV. Cantoniera (Wormser Joch) ab, wo es vor den leitenden Behörden zu langen Verhandlungen kam. Sechs Studenten wurden darauf in vierstündigem Marsch nach Bormio abgeführt, während die übrigen wieder in die Schweiz entlassen wurden. In Bormio wußte man nicht, was mit uns anzufangen; so wurden wir dann am Montag früh, nachdem wir die Nacht in der Polizeikaserne verbracht hatten, mit dem Auto nach Tirano und von dort nach Sondrio geführt. In Sondrio sollte die Quästura die Entscheidung treffen. Auch dort war die Sachlage anfänglich ziemlich unklar; die beschlagnahmten Photographenapparate wurden uns dann aber unbesehen zurückgegeben und nach zweieinhalbstündigem Warten erklärte man uns, wir sollten sobald wie möglich Italien wieder verlassen. So gelangten wir nach 27stündiger Haft in Italien bei Tirano glücklich wieder auf Schweizer Boden, wo uns der schweizerische Grenzwärter lachend erzählte, ähnliche übereilte Verhaftungen kämen öfters vor. Auch die uns begleitenden Faschisten erzählten uns, daß sie oft wöchentlich zwei bis drei solcher „Transporte“ von Verhafteten von der Vierten Cantoniera nach Bormio hätten.

Das Hotel ist eröffnet, letzte Arbeiten an der Südfassade, 1925

1925

Das Jahr 1925 war ein wichtiges Jahr für das Stilfser Joch. Die 200-Jahr-Feier der Fertigstellung der Straße stand auf dem Programm und das Hotel konnte zum ersten Mal seinen vollen Betrieb aufnehmen. Ende Juni waren insgesamt 25 verschiedene Räume für die Verabreichung von Speisen und Getränken und für die Unterkunft fertiggestellt. Das Haus blieb vom 19. Juni bis zum 21. Oktober geöffnet. Geschäftsleiter war der designierte Direktor Ambros Karner, welcher auch für die folgenden Jahre dafür bestimmt wurde. Er erhielt einen fixen Saisonlohn von 7000 Lire, sein Vertreter, Josef Ortler, 3000 Lire. Diese Entlohnung setzte sich aus zehn Prozent von den Serviceeinnahmen, der Rest aus Barem zusammen. Wie damals und noch lange nachher – und besonders in der Schweiz üblich – wurde auf jede Dienstleistung ein Servicezuschlag berechnet.

Das Hotel Stilfserjoch, das Ristorante Giogo und die Reste des Hotels Dreisprachenspitze

Im Herbst wurden noch bis zum 31. Oktober unter der Leitung von Josef Ortler kleinere Arbeiten im Betrieb ausgeführt.

Zum ersten Mal nach Kriegsende hatte sich wieder gezeigt, welche Anziehungskraft von dieser grandiosen Alpenstraße auf den Fremdenverkehr ausging. Die Besucherzahlen übertrafen jede Erwartung und die Führung forderte den vollen Einsatz der Gesellschafter. Dazu beigetragen hat die auf ganz Europa ausgeweitete Werbekampagne der faschistischen Regierung, für welche die höchste Alpenpassstraße im 200. Bestandsjahr ein Aushängeschild darstellte. Das Inkasso übertraf die rosigsten Erwartungen.

Die Pferdefuhrwerke und Kutschen gehörten der Vergangenheit an. Nur mehr wenige Gäste ließen sich in Zweispännern aufs Joch fahren. Auch für die Versorgung mit Lebensmitteln kamen die Pferdegespanne ins Hintertreffen. Die Gesellschaft beabsichtigte daher, für das kommende Jahr einen Lastwagen anzukaufen oder die Transporte einem Privatunternehmen zu übertragen.

Sollte der Betrieb eines eigenen Fahrzeuges keine Convenienz bieten, so sind Offerte von hiesigen Geschäftsleuten resp. Autovermietern einzuholen.

146 Der Fiat 502 F (Furgoncino – Lieferwagen) ist ein Automobil, das zwischen 1923 und 1926 vom italienischen Hersteller Fiat gebaut wurde. Es war eine Version des Fiat 501 mit einem um zehn Zentimeter längeren Radstand; 1460 ccm^3, 23 PS, Höchstgeschwindigkeit 73 km/h, Heckantrieb, vier Gänge, Magnetzündung. Es wurden 20.000 Fahrzeuge gebaut, alle mit vier Türen in der Ausführungen Berlina, Torpedo, Limousine, Cabriolet und Coupé de Ville.

Die Vergabe des Lastenverkehrs an Privatunternehmen wurde später als nicht geeignet befunden.

Am 2. Juli fuhr Kronprinz Umberto über das Joch. Am 8. September erfolgte die Jahrhundertfeier der Straße.

1926

Die vorläufig letzten Bauarbeiten an der Terrasse zur Straße hin wurden am 15. Juli abgeschlossen. Der Planer, Hans Hoffmann, erhielt den Rest seines Honorars über 2200 Lire und Karl Tinzl 2700 Lire für die Anwaltskosten.

Bereits in diesem Jahr konnte der größte Teil der Ausgaben für den Wiederaufbau des Hotels bezahlt werden. Der Auftrag für die Auswahl des geeigneten Kraftwagens wurde dem jungen, passionierten Auto- und Motorradfahrer Ambros Karner, Sohn des Alois, übertragen. Er schlug ein Lastauto Typ Fiat Modell 502 F[146] mit einer Tragkraft von 750 kg und einer Länge von 4,05 m zum Preis von 25.000 Lire vor. Dieses wurde anschließend von der Fa. J. Lobis in Bozen geliefert. Für das Fahrzeug wurde ein eigener Chauffeur eingestellt. Dies war dann bis 1930 J. Gander aus Prad und anschließend über viele Jahre Franz Dellasega.

Die Straße wurde am 5. Juli für den Verkehr freigegeben. Die Schneehöhe betrug stellenweise noch drei bis vier Meter. Der Verkehr war bereits in den ersten Tagen beachtlich. Die Vorhut bildeten in diesem Jahr bayrische Motorradfahrer. Am 13. Juli fuhr der König von Italien, Vittorio Emanuele III., von Meran aus auf das Stilfser Joch und besuchte das Hotel. Die vorläufig letzten Bauarbeiten für die Erweiterung des Restaurants zur Straße hin wurden am 15. Juli abgeschlossen.

Das Hotel schloss am 12. Oktober. Am 25. Oktober wurde der Übergang nach einem heftigen Schneefall gesperrt. Am Tag vorher war es einem Lastwagen mit einer Ladung Kastanien noch gelungen, vom Veltlin bis nach Prad und zurückzufahren. Beunruhigende Nachrichten für die Besitzer kamen aus dem Veltlin. Erste Pläne für weitere Hotels am Pass wurden bekannt, u. a. sollte auf der Livrio-Kuppe ein Schutzhaus entstehen.

Neben Automobilveranstaltungen wurde das Joch mit dem dahinterliegenden Ebenferner zum Tummelplatz für eine weitere Sportart, welche das Schicksal des Joches künftig bestimmen wird: den Sommerskilauf. In diesem Jahr veranstaltete die Skischule Excelsior aus Meran Ski- und Tourenkurse, welche bereits im April und Mai vom Hotel ausgehend veranstaltet wurden.

Fiat, Modell 502 F mit Chauffeur und Ambros Karner im Hintergrund

1927

Die Straße vom Joch nach Bormio wurde am 14. Juni, jene nach Trafoi am 16. Juni freigegeben. Die Sommersaison verlief hervorragend, auch wenn es um den 20. August zu starken Schneefällen und einer merklichen Abkühlung kam. Die Straße blieb dann bis zum 29. Oktober geöffnet, allerdings mussten in den letzten Tagen wegen stellenweiser Vereisung Radketten verwendet werden. Am 17. Oktober wurde eine große Anzahl von Tieren, welche auf dem Viehmarkt in Mals von Veltliner Händlern gekauft wurden, über das Joch getrieben. Solche Viehübertriebe

Bau der neuen Bar (links). Die neue Bar (rechts)

erfolgten vor dem Straßenbau über den Umbrailpass, nachher zum Teil auf beiden Übergängen und letzthin in immer geringerer Anzahl über das Stilfser Joch.

Die letzten Entschädigungszahlungen über 70.000 Lire für das Gebäude und 25.000 Lire für die beweglichen Güter konnten verrechnet werden. Die Einnahmen stiegen, aber auch die Ausgaben. Waren früher nur wenige Steuern fällig, so kamen jetzt die „Consum-“ und Aufenthaltsteuer der Gemeinde Stilfs (6312 Lire), die Autosteuer, die Gewerbesteuer und verschiedene Versicherungspolizzen für Hotel und Personal hinzu. Es wurden auch neue Möbel und Einrichtungsgegenstände sowie Silberbesteck angekauft.

Zum ersten Mal versuchte man auf dem Gletscher über dem Joch eine größere Skiveranstaltung zu organisieren, die Staffetta dello Stelvio. Dieses Rennen brachte in den folgenden Jahrzehnten sehr viele Zuschauer aufs Joch.

1928

Wieder war es ein gutes Geschäftsjahr. Das Hotel war vom 25. Juni bis zum 19. Oktober geöffnet.

Es scheinen jetzt auch immer mehr Ausgaben für Werbeinserate auf.

Die Monopolstellung des Hotels neigte sich allerdings dem Ende zu. Der bereits vor dem Krieg ins Auge gefasste Bau von neuen Hotels wurde immer konkreter. Am Livrio begann der CAI Bergamo (Club Alpino Italiano) mit dem Bau eines Schutzhauses. Der Transport vom Joch zum Livrio und ein Großteil der Bauarbeiten wurden von Soldaten des 2. Artillerieregiments der Alpini ausgeführt. Die Kommandanten der Truppe wurden im Stilfserjoch-Hotel einquartiert. Die zu erwartende

Konkurrenz und der gute Geschäftslauf dürften die Besitzer veranlasst haben, an der Preisschraube zu drehen und alles herauszuholen, was noch möglich war. Einige Klagen über die überhöhten Preise sind zu vermerken.

Ein Braten kostet 12 Lire, ein einfaches Zimmer ohne Verpflegung 36 Lire, Halb- oder Vollpension wurde selbst für längere Aufenthalte nicht abgegeben, das Essen musste „a la carte" bestellt werden. Im 6 km entfernten Hotel Franzenshöhe gab es die Pension um 30 Lire.

Zum zweiten Mal wurde am 22. Juli der Staffelwettbewerb ausgetragen. Das Wetter war den Veranstaltern leider nicht gnädig, da es im unteren Abschnitt regnete und oben schneite. Für die Gastwirtschaft brachte dies aber außerordentliche Einnahmen, weil sich Zuschauer und Skiläufer aufwärmen und stärken wollten.

Am 4. Dezember 1928 verstarb Postmeister Josef Anton Ortler (* 12. Juni 1873) aus Trafoi, Teilhaber des Hotelvereins. An seine Stelle trat seine Ehefrau, Maria Ortler, geb. Trafoier (* 8. Mai 1885, † 26. April 1957).

Die Straße von Bormio bis zur IV. Cantoniera und teilweise bis zum Joch war auch im Winter mit Unterbrechungen befahrbar. Damit man vor unangenehmen Überraschungen, wie man sie vor dem Krieg fast jedes Jahr im Frühjahr erlebte, verschont blieb, wurde für die Frühjahrsmonate Anton Matzagg aus Trafoi als Wächter im Hotel angestellt. Er erhielt eine Pauschalentlohnung von 1800 Lire, für jeden der 16 Gänge von Trafoi zum Joch zusätzliche 33 Lire.

Der Preis für den Ankauf einer neuen Schreibmaschine betrug 2020 Lire.

Die Schweiz nahm ab diesem Sommer einen regulären Postautodienst von St. Maria über den Umbrailpass zum Stilfser Joch auf. Der Unternehmer hieß Erwin Terretaz aus Zernez.

Und wieder wurden Verbote eingeführt:

Die Agenzia Italia d'oggi teilt mit, es ist ratsam, daß die zahlreichen Touristen, die sich nach Südtirol begeben, sich einige Beschränkungen militärischer Natur, welche die Provinz Bozen betreffen, vor Augen halten. Es ist verboten, topographische Aufnahmen (die Sicherheitsbehörden sind berechtigt, den Gebrauch von photographischen Apparaten zu überwachen und sie zu beschlagnahmen) in der umfangreichen Zone auszuführen, die im Süden von Stelvio (Stilfserjoch), Ortles (Ortler?), ecc. […] liegt.

2. Nov. 1928.

1929

Die Straße wurde bereits am 29. Mai auf beiden Seiten vom Schnee geräumt und für den Verkehr freigegeben.

Ein größeres Lichtaggregat wurde angeschafft. Dieses erzeugte für die wenigen Elektrogeräte und Wasserpumpen den nötigen Strom und lud gleichzeitig die für die Beleuchtung notwendigen 24 Batterien in einem kleinen, schlecht belüfteten Nebenraum. Die Anoden und Katoden waren in großen viereckigen Glasbehältern untergebracht, in welchen die Säure brodelte. Sie mussten ab und zu mit destilliertem Wasser gefüllt werden. Dafür verwendete man Wasser, welches aus dem Schnee gewonnen wurde. Diese Anlage war für einen Teil des Hotels bis in die 1960er-Jahre in Betrieb.

Am 29. Und 30 Juni war das Hotel überfüllt, sehr viele Italiener waren zum Stafetten-Rennen aufs Joch gekommen.

Der Club Alpino von Bergamo hatte den Besitzern des Hotels ein Angebot für die Inpachtnahme des Schutzhauses am Livrio gemacht. Dieses wurde jedoch abgelehnt.

Die Konkurrenz auf dem Pass nimmt zu. Die Brüder Perego errichten in Holzbauweise ein Restaurant in unmittelbarer Nähe des Hotels. Geführt wurde es von Carlo „Carlin" Perego und seiner Frau Gina Nazzari. Bei den bis dahin jährlich ansteigenden Einnahmen gab es einen gewaltigen Dämpfer. Im Jahr 1930 erwirbt das Ehepaar Teodoro und Marina Dei Cas ein Grundstück neben der IV. Cantoniera, wo sie 1932 ein kleines Gasthaus mit einigen Zimmern errichten.

Eine wöchentliche Autobusverbindung von Mailand über das Stilfser Joch bis nach Cortina wurde eingeführt.

Jahr	Inkasso in Lire	Gewinn-ausschüttung	Kriegsentschädigung 603.000,00 + 3 %
1921			123,000,00
1922			120,000,00
1923	65.173,05		
1924	76.509,65	5.810,00	140.000,00
1925	263.206,95	16.000,00	
1926	479.881,02	40.000,00	150.000,00
1927	342.910,52	86.347,20	Bew 95.000,00
1928	398.187,10	127.150,92	
1929	421.029,80	103.847,00	
1930	340.341,75	58.318,48	
1931	297.769,62	31.074,42	
1932	286.132,85	56.326,45	
1933	307.415,20	33.280,52	
1934	302.291,40	47.038,95	
1935	284.936,00	28.000,00	
1936	306.615,55	26.000,00	
1937	393.927,45	60.000,00	
1938	426.110,80	54.000,00	
1939	189.191,10	0	

Die Belegschaft des Service.
Rechts Tante Rosa,
links Mama Elsa

1930

Am 30. Juli übernachtet Prinz Umberto II. von Piemont ein erstes Mal im Hotel und wird am nächsten Morgen von Leo Gasperl[147] und Giuseppe Pirovano auf den Livrio begleitet.

Die Zunahme der italienischen Gäste und deren gastronomische Gewohnheiten zwangen die Besitzer, sich darauf einzustellen. Bisher hatte man den Service in großen Speisesälen mit Tischbedienung angeboten. Die Italiener bevorzugten für ihren Kurzaufenthalt allerdings eine Bar mit Theke, an welcher sie stehend und plaudernd ihre Speisen und Getränke verzehren konnten. Um diesem gerecht zu werden, wurde zur Straße hin ein Zubau ausgeführt und mit einer Espressomaschine ausgestattet. Eine solche Maschine kostete damals 2500 Lire.

Man versuchte, mit Ausstattung und Service der Konkurrenz Paroli zu bieten. Das Personal war gut ausgebildet. Dem Küchenchef standen eine zweite Köchin, ein Patissier und weitere Gehilfen zur Seite.

Als Hotelsekretär – und ab 1934 als Geschäftsleiter – wurde weiterhin der junge Alois Karner, der Sohn von Ambros Karner, aus Glurns verpflichtet.

Am 10. Juli 1935 konnte nach jahrelangen Versuchen eine Postablagestation im Hotel errichtet werden. Ab dem 23. August 1937 – und nach Bezahlung einer Kaution von 5000 Lire – wurde ein reguläres Postamt genehmigt. Allerdings musste der designierte Postmeister Alois Karner einer um 50 Prozent ermäßigten Vergütung von Seiten der Postverwaltung zustimmen. Geöffnet war das Postamt von 9 Uhr bis 12 Uhr und von 15 Uhr bis 19 Uhr. Das größte Manko stellte die fehlende Telefonverbindung dar. Diese war trotz mehrmaligen Verlangens bis zu diesem Zeitpunkt nicht wiederhergestellt worden.

147 * 24. Mai 1912 in Mitterndorf, Steiermark, † 25. März 1997 in Rivisondoli, Italien. 1934 siegte Gasperl zum zweiten Mal im Kilomètre Lancé in St. Moritz mit der Geschwindigkeit von 129,263 km/h auf der 100-Meter-Messstrecke. Auf den letzten 50 Metern erzielte er eine Geschwindigkeit von 135,849 km/h. Gasperl war auch Trainer der italienischen Nationalmannschaft

148 Südtiroler Heimat, 1. Juli 1933.

Trento, 20. Februar 1937

Kopie an die Empfangsstelle pt. Prato

Betreff: Umwandlung der Post- Sammelstelle Passo dello Stelvio

Der verantwortliche Minister hat davon Kenntnis genommen, was Herr Karner Luigi, Direktor des Hotels Passo d. Stelvio, in seinem Schreiben vom 20. Januar d. J. berichtet hat. Er hat diese Direktion beauftragt, Herrn Karner erneut zu befragen und festzustellen, ob er bereit wäre, die Führung zu übernehmen, indem er gegebenenfalls im genannten Hotel eine Postagentur, welche zu 50 % der vorgesehenen Koeffizienten vergütet wird, einrichtet. Bitte sorgen Sie daher dafür, dass dem Interessenten die entsprechenden Verdingungsunterlagen zur Verfügung gestellt werden, die in Abschrift (Tip. B) beigelegt werden.

„Jedem erfolgreichen Abschluss ist zur Information eine Kopie des Lastenhefts (Tip. A.) für die Gewährung einer unbezahlten Agentur beizufügen.

Es wird darauf hingewiesen, dass der Konzessionär bei Vertragsabschluss eine Kaution in Höhe von Lire 2.000. – bzw. Lire. 5.000. – zu leisten hat, wenn die Post-Sammelstelle für alle Dienstleistungen einschließlich des Gelddienstes autorisiert wird.

Wir erwarten eine baldige Rückmeldung sowie die Rücksendung der beiden genannten Formulare.

Der Prov-Direktor

Bollo m. p.

(Übersetzung)

1931

Ab dem 1. Juni wurde die Straße für den Verkehr freigegeben. Die neue Bar konnte eröffnet werden. Die Umbaukosten dafür beliefen sich auf 33.780 Lire. Die Gewinnauszahlung hat sich nochmals verringert und beträgt 7768 Lire pro Gesellschafter.

1933

Es wurde von der Firma S.A.E. aus Tirano anlässlich der Vergrößerung des Hotels Perego das dort gewonnene Aushubmaterial zur Aufschüttung und Erweiterung des Parkplatzes zwischen und hinter dem Hotel geliefert. Gleichzeitig wurden das Haupthaus und die Dependance vom ersten Stock aus mit einer Verbindungsterrasse, der sogenannten Passarella, verbunden. An der heurigen siebten Ausführung des Stafettenrennens am Sonntag, 25. Juni, waren laut Zeitungsberichte rund 5000 Zuschauer anwesend.[148] Die Preisverteilung erfolgte im Hotel Stilfserjoch.

Der Speisesaal – in die Goldrahmen mit den Bildern des Kaisers kamen die Bilder des italienischen Königs.

1934

Die Straße war ab dem 24. Juni auf beiden Seiten befahrbar. Ein neuer, 3500 Lire teurer Linoleumboden wird im Speisesaal verlegt. Er hat über 60 Jahre lang, bis 1997, seinen Dienst geleistet und selbst den Zweiten Weltkrieg ohne Schäden überstanden, obwohl der Speisesaal für einige Zeit als Pferde- und Mulistall dienen musste. Das größte Problem war anschließend die Reinigung.

Schnee am 18. Juli 1934. Auf der Tafel: Rifugio Livrio L.M. 3177, Servizio di ristorante, CAI Sez. di Bergamo, Noleggio Sci

Die Winteröffnung, 1936

Der Winterzugang in die Schwemm

Dabei wurden die zwei fast 20 Meter langen Linoleumbahnen durch ein Fenster auf den Parkplatz gezogen und dort ausgiebig gespült. Weil sie intensiv stanken, blieben sie noch ein paar Tage im Freien liegen. Die jährliche gründliche Reinigung erfolgte jeweils Ende Juli und vor Saisonsende. Mit sogenannten Bodenblockern wurde das gebohnerte Linoleum auf Hochglanz gebracht.

Der Autor hat dazu schöne Kindheitserinnerungen. Er wartete immer sehnsüchtig auf diesen Moment, weil er sich auf eine große schwere Bürste setzen durfte und von den Kellnern zwecks besserem Bodenglanz herumgezogen wurde.

Andreas Hellrigl, Lambert Bemelmans, Hans Gfrei

1935

Der 24. April 1935 war ein relevanter Tag für das Stilfser Joch; in Rom wurde der Stilfser-Joch-Nationalpark gegründet. 130.734 Hektar rund um den Übergang wurden unter strengen Schutz gestellt.

In diesem Jahr wurde eine Niederdruckdampfzentralheizung eingebaut, sie kostete 18.000 Lire. Sie wurde mit Kohle und Holz befeuert. Der Ofen, der neben der Küche stand, musste am Morgen und am Abend angeheizt werden. Die großen Heizkörper aus Gusseisen in den Zimmern und die dicken Steigleitungen für den Dampf waren in kürzester Zeit so heiß, dass man sie fast nicht berühren konnte. Diese Anlage bewährte sich bis 1975. Bei Eröffnung des Hotels im Frühjahr benötigte sie sehr wenig Wasser und die kalten Räumlichkeiten konnten innerhalb von zwei Tagen aufgewärmt werden. Die Zimmer wurden mit einer Lichtsignalanlage mit der Rezeption verbunden, um einen raschen Zimmerservice zu gewährleisten. Nach dem Einbau der Zentralheizung wurde das Hotel im Winter 1935/36 zum ersten Mal für eine kurze Zeit ab März geöffnet.

Hans Gfrei

1936

In diesem Jahr wurde der junge Hans Gfrei aus Göflan bei Schlanders eingestellt; er war von 1934 bis zum Winter 1935 im Hotel Madatsch in Trafoi als Küchenchef tätig. Am Joch lernte er die Tochter des Teilhabers Ambros Karner, Elisabeth „Elsa“ Karner kennen, die als Kellnerin tätig war. Sie heirateten nach dem Zweiten Weltkrieg und übernahmen mit Elsas Geschwistern Rosa und Alois den Hotelbetrieb. Hans hatte ein beachtliches Curriculum vorzuweisen. Seine Kochlaufbahn hatte er im Hotel Ritz in Meran begonnen, es folgten ein Grand Hotel an der Adria und das Grand Hotel Brioni auf Istrien. Drei Winter verbrachte er im Hotel Fischers Park in Rom. In den Sommern arbeitete er bei Bemelmans am Ritten und im Grand Hotel Gröbner in Gossensaß. Daraufhin musste er zwei Mal zum italienischen Militärdienst einrücken. Anschließend arbeitete er als Küchenchef auf der Fragsburg bei Meran, von wo er zum deutschen Militär einrücken musste.

Hans Gfrei war ein hervorragender Koch. Nach dem Krieg war er viele Winter lang vom Hotel Continental bis ins Hotel Palace mit dem Aufbau und der Durchführung der Landeskochkurse betraut. Der erste dreimonatige Kurs wurde 1955 im Hotel Continental in Meran organisiert (anschließend wurde das Kursangebot erweitert – Hotel Minerva, Hotel Palace, Schloss Mauer).

> Entgegen allen Erwartungen haben sich zum Besuch des Kurses elf männliche und 13 weibliche, zusammen 24 Teilnehmer, gemeldet. Die weiblichen Teilnehmer sind zum Großteil Töchter von Hoteliers und Gastwirten und werden nach Beendigung des Kurses in den elterlichen Betrieben tätig sein.[149]

Einer seiner Mitarbeiter in der Patisserie war der spätere Spitzenkoch Andreas Hellrigl.

Dem Hotelier Lambert Bemelmans vom Ritten unterlag die Führung der ersten Hotelfachschule, welche erst in einem zweiten Moment mit der Kochschule zusammengelegt wurde. Dem Autor blieben einige Besonderheiten in Erinnerung: vor allem die Beliebtheit seines Vaters bei den Schülern. Überall in den Hotels und Gasthäusern, die er im Frühjahr auf Personalsuche für das Joch abklopfte, sagten ihm die Wirtinnen und Wirte, dass sie beim Vater gelernt hätten und ihn in bestem Gedenken behielten. Sehnsüchtig wartete er mit den Geschwistern zu Hause in Schluderns auf seine Heimkehr am Wochenende. Er hatte immer die einen oder anderen Reste von unbekannten oder exotischen Speisen dabei. Seine Fähigkeiten haben die Küche im Stilfserjoch-Hotel weitum bekannt gemacht. Einen wesentlichen Beitrag hat er auch zum Ausbau der Aufstiegsanlagen geleistet. Er starb früh, am 3. Juli 1974, im Alter von 61 Jahren.

1937

Die Straße ist ab dem 9. Juni auf beiden Abhängen befahrbar.

Vom 3. auf den 4. Oktober war der letzte König von Italien, Umberto II. von Savoien,[150] zu Gast im Hotel. Er unterschrieb im Gästebuch mit dem Datum 3-4-X-37-XV, wobei die Zahl am Ende das 15. Jahr des Faschismus bedeutete. Diese Zeitrechnung begann mit dem 29. Oktober 1922, dem ersten Tag nach dem Marsch auf Rom, der Marcia su Roma.

Unterschrift im Goldenen Buch des Hotels von Prinz Umberto II. di Savoia am 3. Oktober 1937

Dort, wo früher die Baracke des Ristorante Giogo stand, wurde eine Kaserne für die Grenzmiliz errichtet; sie erhielt den Namen Caserma Garibaldi. Nach dem Krieg wurde sie der Finanzwache der 4. Legione di Trento übergeben. Sie erhielt den Namen Giogo allo Stelvio und war dem Posten in Prad unterstellt. Sie bestand bis 1975.

Die Hauptaufgabe der Besatzung war die Überwachung der Grenze und die Kontrolle des Schmuggels. Bei der Beschlagnahmung von Zigaretten, Zucker, Kaffee oder

149 Dolomiten, 21. November 1956.

150 Umberto II. di Savoia – Umberto Nicola Tommaso Giovanni Maria di Savoia – (* 15. September 1904, † 18. März 1983) war Prinz von Piemont (1904 bis 1946), Marschall des Königreichs Italien (1944 bis 1946) und König von Italien (9. Mai bis zum 18. Juni 1946 bis zur Umwandlung des Königreichs in eine Republik).

151 Ernst August (IV.), Georg Wilhelm Christian Ludwig Franz Joseph Nikolaus Oskar, Prinz von Hannover, Herzog zu Braunschweig und Lüneburg, Königlicher Prinz von Großbritannien und Irland (* 18. März 1914, † 9. Dezember 1987) war Oberhaupt des Hauses Hannover und von seiner Geburt bis 1918 Erbprinz im Herzogtum Braunschweig.

Umberto II. di Savoia startet zum Livrio; mit weißer Jacke Skilehrer Hermann Gilli

Leo Gasperl, links, und Hermann Gilli, zweiter von rechts, mit Gästen vor der (Kutscher-)Schwemm, jetzt Sala Corriere, 1937

anderen Waren wurde das Ergebnis vor dem Eingang der Kaserne zur Schau gestellt. Manchmal wurde von den Schmugglern absichtlich etwas an günstiger Stelle zurückgelassen, um dann weiterhin Ruhe zu haben. Geschmuggelt wurde reichlich. Dies war in mageren Jahren für viele die einzige Einnahmequelle.

Ein Jahr nach der Kaserne wurde ein weiterer Gasthof, das Albergo Genziana, an Stelle des im Krieg zerstörten Rotterhauses von Giacomo Occhi aus Bormio und seiner Frau Giuseppina Del Curto gebaut. Ihnen folgte die Tochter Emilia, genannt Milly, welche den Skilehrer Giorgio Fedele Cresseri aus Ponte di Legno heiratete. Der Sohn Gilberto führte es mit seiner Frau Mirella weiter. Während der ältere Sohn Giorgio den Verkauf im Andenken- und Sportartikelkiosk übernahm.

1938

Es wurde ein neuerlicher Versuch einer Winteröffnung ab Anfang März unternommen; das Ergebnis war nicht zufriedenstellend.

Es entstanden neue Pläne für einen weiteren Umbau des Hotels. Von der Gemeinde Glurns wurde ein Grundstück erworben, für eine größere Autogarage.

Alois Karner stand nicht mehr für das ganze Jahr als Direktor zur Verfügung, daher wurde eine neue Führungskraft gesucht. Diese fand man in Wilhelm Katzelberger, welcher zu jener Zeit in Meran beschäftigt war. Mit ihm wurde ein Lohn von 1500 Lire für den Winter und 5000 Lire für den Sommer vereinbart.

Im Winter hatten Ernst August Prinz von Hannover[51] und sein 19-jähriger Bruder Christian Oskar von Hannover vom 6. bis zum 18. März ihren Urlaub im Hotel verbracht. Im Sommer war Maresciallo Emilio De Bono, einer der Protagonisten des faschistischen Marsches auf Rom, am Joch zu Gast.

Der Winterbetrieb war nur teilweise zufriedenstellend und hing stark von der Witterung ab. Die Kosten für die Heizung und Zulieferung der Lebensmittel waren hoch und rechtfertigten den Aufwand nicht. Aus einem Schriftverkehr aus der Skiabteilung des Lehrer-, Turn- und Sportvereins von Leipzig geht Folgendes hervor: Für die Vollpension wurden für Privatgäste 53 Lire, für Gruppen 43 Lire berechnet. Dazu kamen bei Zugreisenden noch die Fahrtkosten ab dem Bahnhof von Spondinig von 34 Lire. In anderen Wintersportorten bezahlte dieser Verein für Gruppenreisen 45 Lire. Der Aufstieg von Trafoi zum Hotel war beschwerlich.

Bei der Generalversammlung am 12. Dezember 1939 beschlossen die Gesellschafter aus diesem Grund, nach vier Versuchen den Winterbetrieb einzustellen. Die allgemeinen politischen Umstände veranlassten die Besitzer zudem, für den kommenden Sommer die Betriebslizenz ruhen zu lassen.

1939

Im Herbst wurde das ganze Silber in Kisten verpackt, Matratzen und Wäsche in das Lager bei Rungg nach Prad und zum Teil ins Hotel Post nach Trafoi gebracht. Grund dafür waren die sich abzeichnenden politischen und wirtschaftlichen Umwälzungen in Italien. Für den Winter 1939/40 wurde der 39-jährige Max Platzer aus Prad als Wächter angestellt. Die Tage auf dem Pass waren wohl sehr langweilig, und so hatte er zur Überbrückung der Einsamkeit mit den vorbeikommenden Tourengehern und Schmugglern ausgiebig gefeiert. Im Frühjahr bemerkte man dann, dass verschiedene Lagerbestände fehlten. Eine Kontrolle ergab, dass acht Kisten Bier, 88 Flaschen Wein, 80 Konservendosen mit eingelegten Früchten und drei große Kannen Benzin im Gesamtwert von 7074 Lire fehlten. Da Platzer behauptete, von diesen Waren nichts zu wissen, im Verlauf des Verhörs aber zugab, im Winter nicht so oft wie notwendig vom Tal Nachschub geholt und einen Teil an Fremde verabreicht zu haben, wurde er zu acht Monaten bedingt und zur Zahlung einer Geldstrafe von 800 Lire verurteilt.

Am 14. November 1939 verstarb Alois Karner aus Prad, eine der treibenden Kräfte der Gesellschaft. An seine Stelle trat seine Ehefrau Hedwig.

1940

Als am 10. Juni 1940 Italien in den Krieg eintrat, war die Zukunft des Hotels wieder einmal infrage gestellt. Was damals genau geschah, haben mir meinen Eltern nicht erzählt – man wollte nach dem Krieg alles so schnell wie möglich vergessen.

Das Hotel wurde jedenfalls von der faschistischen Milizia confinaria, von der TODT für den Bau von Verteidigungsanlagen und dem SOD (Südtiroler Ordnungsdienst) beschlagnahmt, anschließend von den Badoglio-Truppen, welche vor ihrem Abzug noch versuchten, das Hotel anzuzünden. Auch die Amerikaner und Engländer waren im Hotel. Durch die Besetzung wurde alles verwüstet: Den Speisesaal benutze man als Stall für die Muli und alles, was nicht niet- und nagelfest war, wurde mitgenommen. Nach dem Ende des Krieges wurden Entschädigungszahlungen für die Wiederherstellung versprochen – und von den Besitzern auch erwartet. Es gab dieses Mal aber keine Kriegsentschädigung.

Beschäftigte im Hotel	**Sommer 1936**	**Sommer 1937**	**Winter 1938**	**Sommer 1938**	**Winter 1939**	**Sommer 1939**
gesamt Winter/Sommer	19	19	6	18	6	18
Küche/Konditor/Hilfskoch/Magazin	5	5	7	7	1	6
Restaurant	9	8	6	6	2	7
Zimmer	2	2	2	2	1	2
Hausmeister, Fuhrmann	1	2	1	1	1	1
Spüle, Küchengehilfe/in, Silberputzer	2	2	2	2	1	2

152 Von Fam. Kaserer, Prad (bei der Wäscherei).

Auszug des Winterinkassos aus den Jahren 1937 – 1938 – 1939

	1937	1938	1939
Februar	2.546,60	5.760,95	601,30
März	7.503,30	43.067,45	23.470,30
April	24.687,05	39.067,45	8.163,30
Mai	2.252,00	2.263,30	10.663,30
Juni	20.375,05	21.923,30	
Juli	100.430,40	84.142,20	
August	148.681,45	128.249,10	
September	45.134,65	52.126,30	
	351.610,50	376,918,95	dif. 25.308,45 = + 7,2 %

Auszug aus dem Winterbetrieb 1939 des Albergo Passo Stelvio

Gestellt vom Geschäftsleiter Katzelberger		
Gesamteinnahmen lt. Belege	46.738,10	
Detto Ausgaben lt. Belege		44.098,15
Bargeld	2.639,95	
An die Träger (für den Materialtransport) ausbezahlt	554,95	
Verbleibt somit bar	**2.085,00**	

Hotelpreise für 1939 in Lire pro Person

	Einbettzimmer	Doppelzimmer	Pension
HOCHSAISON	12–20	30–35	50–55
VOR- UND NACHSAISON	10–15	20–30	45–50

VOLLPENSION WINTERSAISON 1939

Inklusive Bedienung, Steuern, Heizung etc.

	Hochsaison Vom 1. März bis 1. Mai			Vor- und Nachsaison Februar und Mai		
	7 Tage	10 Tage	14 Tage	7 Tage	10 Tage	14 Tage
Einzelzimmer	400	555	730	400	525	700
Doppelzimmer	750	1.050	1.400	70	1.000	1.350

Anzahl der Angestellten im Hotel Stilfserjoch lt. Matrikelbuch; dazu kamen noch mehrere Mitglieder und Verwandte der Eigentümer und kurzzeitige Aushilfen[152]

Am 8. Oktober 1941 verstarb der Gesellschafter Ambros Karner nach längerem Leiden im 69. Lebensjahr in Glurns. In den „Dolomiten“ vom 11. Oktober 1941 schrieb man:

> Der Verstorbene war weitum als Gutshofbesitzer und großer Förderer der Fremdenverkehrsinteressen bestens bekannt und stand in seinem Bekanntenkreise überall in hohem Ansehen. Herr Karner war zugleich ein vorzüglicher Landwirt. Seine Familie verliert in ihm ein treubesorgtes Oberhaupt. Für alle gemeinnützigen und wohltätigen Einrichtungen zeigte er allzeit reges Interesse und eine offene Hand. Die Armen hatten an ihm einen edlen Wohltäter. Herr Karner war Besitzer des Hotels „Post“ in Glorenza und des Gasthofes „Passo allo Stelvio“. Einer der angesehensten Bürger von Glorenza ist mit Herrn Hotelier Karner in die Ewigkeit hinübergewandert. Um ihn trauern die Gattin, zwei Söhne und drei Töchter sowie ein Bruder, Hochw. Herr Pfarrer Karl Karner.[153]

Ehrung durch die Schweizer Postchauffeure

Nach dem Krieg kam es zu verschiedenen Änderungen in der Gesellschaft. Aus den vier Gründungsmitgliedern waren bei der Familie Ortler durch Erbschaft acht, bei den Karners zehn entstanden. Von 1950 bis 1952 erwarben die Kinder von Ambros Karner aus Glurns – Arthur, Luis, Rosa und Elsa – nach und nach alle Anteile, sodass mit 23. Dezember 1952 der Besitz zu 100 Prozent an sie überging. Von da an wurde das Hotel von den Geschwistern Luis, Rosa und Elsa Karner geführt, dazu kam noch der Gatte von Elsa, Hans Gfrei. Für einige Jahre war über die Wintermonate ein Wächter im Hotel angestellt, da kurz nach dem Krieg wieder Einbrüche zu verzeichnen waren.

Etwas Besonderes ereignete sich im Jahr 1946, vielleicht war es die Aufbruchstimmung, denn in diesem Jahr führten alle Betreiber der am Joch bestehenden Betriebe ihre Gemahlinnen zum Altar: mein Vater Hans Mama Elsa, Veri Confortola seine Rina, Zep Dei Cas seine Mariuccia, Pierino Sertorelli seine Sofia und Fedele Cresseri seine Milly.

Das Publikum hatte sich verändert. Jetzt waren es in erster Linie Skifahrer, die dem Modesport Sommerskilauf folgten. Von 1940 bis 1970 verfügte das Haus – im Gegensatz zu den meisten am Joch – über keine eigene Skischule mehr. Die Skischulen von Livrio und Pirovano nutzten aber für die besseren Gäste das Hotel Stilfserjoch. Jede dieser Skischulen beschäftigte einen Skilehrer, der im Haus wohnte und für die Belange der jeweiligen Gäste immer zur Verfügung stand. Für den Livrio war es lange Zeit „Nani“ Anzi, der Vater von zwei erfolgreichen Athleten der italienischen Mannschaft, Stefano und Aldo. Für Pirovano war es unter anderem der bekannte österreichische Rennfahrer Pepi Gramshammer, welcher später als Profirennfahrer in die USA zog und dort zu einem erfolgreichen Geschäftsmann in Vail, Colorado, aufgestiegen ist.

Im Hotel gab es den besten Service. Personal war reichlich vorhanden, sodass auch verwöhntere Gäste zufriedengestellt werden konnten. Das Haus verfügte über eine große Garage, alle Zimmer waren ab 1950 mit fließendem Wasser ausgestattet, was in den anderen Unterkünften nicht überall der Fall war. Am Abend stellten die Gäste ihre nassen Ski- und Wanderschuhe vor die Zimmertür. Die Hausmeister sammelten diese ein, putzten sie und stellten sie in den Heizraum zum Trocknen. Um 7 Uhr früh standen alle wieder vor den Zimmern. Jeder Gast hatte seinen eigenen Tisch im Speisesaal. Es gab nur Silberbesteck. Das Essen bestand aus einem

153 Dolomiten, 11. Oktober 1941.

Das Joch Anfang Juni 1951

dreigängigen Menü. Das Gewünschte wurde erst am Beginn des Essens aufgenommen und auf Silberplatten serviert, wobei es eine große Abwechslung bei den Speisen gab. Das Gemüse kam zum Großteil aus dem eigenen Garten in Schluderns, auch Eier, Sauerkraut, Speck und Fleisch stammten größtenteils aus eigener Produktion oder von lokalen Lieferanten. Es gab einen Stall, in welchem etliche Schweine mit den Essensresten gemästet wurden – damals war das noch erlaubt. Einige der Schweine wurden im Herbst am Joch geschlachtet, der Rest wurde nach der Schließung des Hotels mit Lastwagen nach Schluderns gebracht, vor Weihnachten ebenfalls geschlachtet und zu Speck für die kommende Saison verarbeitet.

Am Mittag wurde der Linienbus aus der Schweiz sehnlichst erwartet. Die Chauffeure empfahlen unseren Betrieb, und so kam ein Großteil der Reisenden zum Mittagessen ins Haus. Für die Schweizer Gäste war es selbstverständlich, dass sie ein volles Menü aßen. Die Fahrer kamen ebenfalls zu Tisch. Jede Menge Kleinbusse aus den nahen Nordtiroler Gemeinden brachten auf ihren Rundreisen über den Umbrail- oder Berninapass die Gäste zum Pass. Eine Jause und ein „Karterle" mit meiner Mutter gingen sich dabei für die Fahrer aus.

Die Bauphasen des Hotels Stilfserjoch

Das Hotel, geplant 1922 vom Architekten Hans Hoffmann aus Meran, war ein vierstöckiges Gebäude, wobei das Erdgeschoss teilweise in den Felsen gebaut war. Hier befand sich die Küche mit den Lagerräumen und Kellern sowie auf der zum Tal hin gewandten Seite die Kutscherschwemme. Die große Sonnenterrasse davor bot einen herrlichen Blick auf die Straße und den Ortler.

Im Parterre darüber befand sich der Speisesaal für die Hotelgäste, ein Restaurant für die Passanten, ein Vestibül, das Postamt, das Büro sowie ein Zimmer für den Portier und den Direktor.

Da sich die Küche einen Stock tiefer befand, wurde 1924 ein händisch betriebener Speiseaufzug (Pass) eingebaut, der ins darüberliegende Office führte. Dieses beeindruckende Meisterwerk wurde vom Tischlermeister

Moser von der Stilfserbrücke geschaffen und blieb bis 1997 ununterbrochen in Betrieb. Der Aufzug bestand aus zwei gegenläufigen Kästen mit jeweils zwei Etagen. Diese waren durch ein robustes Hanfseil miteinander verbunden, das über zwei Umlenkrollen lief. Eine Fußbremse an den Umlenkscheiben ermöglichte das Feststellen der Kästen, sodass sie sicher bedient werden konnten. Die Kommunikation zwischen den Stockwerken war denkbar einfach: Mit einem lauten „Hallo" oder „Holt" wurde signalisiert, dass der Aufzug in Betrieb genommen wurde. Trotz seiner Einfachheit und handbetriebenen Konstruktion konnte kein moderner elektrischer Aufzug jemals die Zuverlässigkeit und Effizienz dieses Systems übertreffen.

In den zwei oberen Stockwerken gab es 20 Doppelzimmer, zwei größere Mehrbettzimmer, zwei Kammern für die Dienstboten sowie am westlichen Ende des Flurs jeweils zwei Toiletten. Sämtliche Zimmer verfügten über einen Kachelofen. Im Dachgeschoss wurden später weitere zwei Zimmer für das Personal eingebaut. Der Dachboden diente in erster Linie zum Wäschetrocknen.

Werbung für die Winteröffnung

In der Dependance waren im Untergeschoss die Waschküche und der Schweinestall untergebracht, im Parterre der Pferdestall, welcher bald überflüssig war und zur Autogarage umfunktioniert wurde, eine Werkstatt und ein Raum für das 6-kW-Stromaggregat. Darüber befanden sich einfache Zimmer (ohne Heizung) für Kutscher, Chauffeure und das Personal.

Ursprünglich sollte auf der zur lombardischen Grenze zugewandten Seite ein großer Torbogen den kleinen Parkplatz abschließen. Dieser wurde nicht gebaut, da er ein zu großes Hindernis bei jeder Schneeräumung dargestellt hätte.

Die Gebäudehöhe vom Tiefparterre bis zum First betrug ca. 17 Meter, die gesamte Länge 27,50 Meter, die Breite 13,70 Meter. Die hölzernen Fensterläden, genannt Jalousien, durften wohl aus politischen Gründen nicht mehr in den Tiroler Farben Weiß und Rot wie beim Hotel Ferdinandshöhe ausgeführt werden. Sie erhielten einen grün-weißen Anstrich. Der größte Teil des verwendeten Bauholzes stammte vom Hotel Dreisprachenspitze und den Kriegsbaracken der Österreicher.

Der Einsatz sämtlicher Bauausführender war enorm, sodass am Ende der Saison 1924 das Gebäude des neuen Hotels unter Dach gebracht und vollendet wurde.

Ab 1956 begann unter der Regie des Hausherrn Hans eine rege Bautätigkeit, die auch unter der Führung des Autors bis kurz vor seinem Abschied anhielt. Als Erstes wurde auf der Südseite eine Bar mit Terrasse angebaut. Am 20. Oktober 1956 musste das Joch wegen eines starken Schneefalls eiligst verlassen werden. Die Betondecke über dem Bau konnte gerade noch fertiggestellt werden. Die Bar oder Schwemm[154], wie sie immer noch genannt wurde, war fortan das Reich von Frau Elsa.

Im Oktober 1958 wurde hinter dem Hotel der Felsen für die Erweiterung des Parkplatzes abgesprengt. Sprengmeister Friedl Götsch, genannt „Tuscher", aus Martell hat dabei wohl einige Male zu viel geladen, sodass es zur Durchlöcherung der Hoteldächer kam. 1959 wurde die erste Erweiterung des Hotels in Richtung Dependance begonnen. Auch in diesem Herbst musste am 29. Oktober das Hotel wieder geradezu fluchtartig verlassen werden. Ein vom Frächter Ambros Karner aus Prad herbeigerufener Lastwagen lud alle Anwesenden zusammen mit den zwei noch oben gebliebenen Schweinen auf die mit einer Plane überdachte Pritsche. Damit fuhr man über den Aprica-, Tonale- und Mendelpass in elfstündiger Fahrt bis nach Schluderns. Jahrzehntelang haben die Beteiligten davon erzählt.

154 Ehemalige Kutscherschwemme.

1960 kam es zur Besetzung des Grundstücks auf der Südseite und gegenüber dem Hotel seitens der Staatsstraßenverwaltung ANAS. Auf einer zur Dreisprachenspitze hin gelegenen Fläche wurden die neuen Verkaufskioske gebaut. Mit der Straßenverwaltung begann ein jahrzehntelanger Streit, mündlich und schriftlich gegebene Versprechen wurden von ihr nicht eingehalten. Gegen die widerrechtliche Besetzung konnte nichts unternommen werden, da sich auch die lokalen Behörden taub stellten. Erst am Beginn des 21. Jahrhunderts wurde bei einer Neuregelung der Grenzen erkannt, dass die Enteignung nie durchgeführt wurde. Die Kioske konnten aufgrund der langjährigen Anwesenheit durch eine Ersitzungsklage, der der ehemalige Besitzer zustimmte, in den Besitz der Verkäufer gelangen.

Der Erweiterungsbau wurde 1964 abgeschlossen. Es gab zusätzlich 16 Einbettzimmer und 25 geräumige Doppelzimmer sowie einige Personalzimmer. Im Hotel konnten jetzt bei guter Belegung über 120 Gäste untergebracht werden. Eine geräumige, in Holz getäfelte Hausbar für die Hotelgäste wurde zum Aushängeschild am Pass. Die Garage, in welcher die Hausmeister über 20 Autos unterbrachten, war die einzige am Joch. Die Plätze wurden noch vor den Gästezimmern, hauptsächlich von Skifahrern, welche auf den Hütten wohnten, reserviert. Auch für die Parkplätze – und selbst fürs WC – wurde kassiert und gut verdient.

Die Leidenschaft fürs Bauen hatte der Autor wohl vom Vater geerbt. Nach seinem allzu frühen Tod optimierte er kontinuierlich die bauliche Substanz und modernisierte die Ausstattung

Im Jahr 1975 begann er den großen Umbau des alten Gebäudes. Der Hotelbetrieb wurde Mitte September eingestellt und kurz darauf begann der Abriss bis zur ersten Etage, gefolgt vom sofortigen Wiederaufbau. Während dieses umfangreichen Umbaus kamen an den Holzbalken und der Bretterabdeckung des Daches Spuren der Vergangenheit ans Licht: Reste von Teerpappe, alte Nägel und sogar mit Bleistift geschriebene Aufzeichnungen von Soldaten aus dem Ersten Weltkrieg. Leider erkannte er damals nicht den historischen Wert dieser Aufzeichnungen und das gesamte Holz wurde entsorgt.

Die Gästezimmer, die zuvor teils nur mit fließendem Wasser ausgestattet waren, wurden erweitert und mit eigenen Nasszellen versehen. Der Hoteleingang wurde einladend gestaltet und das Angebot um eine kleine Sauna sowie einen Wellnessbereich ergänzt. Die historischen Speisesäle im Erdgeschoss blieben jedoch in ihrem ursprünglichen Zustand erhalten.

Zunächst schien der Gästezustrom unaufhaltsam. Doch dann kam alles anders. Aus dem Restaurant in der Schwemm wurde eine Selbstbedienung für Schnellreisende, die anfangs sehr gut lief. Die Situation änderte sich jedoch, als vor dem Hotel drei Würstelbuden errichtet wurden. Er stellte ebenfalls eine eigene Bude auf, die erfolgreicher lief als die Selbstbedienung. Trotz einer gültigen Wanderhandelslizenz wurde er angezeigt und verurteilt.

Trotz dieser Herausforderungen schien alles bewältigbar. Seine Frau und die Kinder unterstützten ihn, wo sie nur konnten. Auch für die damals bereits schwierigen Personalprobleme fand er immer wieder Lösungen, darunter die Anstellung von Studenten der Moskauer Hotelfachschule.

Auch die anderen Hotels am Pass wurden erweitert. Der letzte Neubau, das Hotel Thöni 3000, das erste Vier-Sterne-Hotel, wurde im Jahr 1977 am Trincerone mit der Beteiligung der Familie Georg Thöni und Zep Dei Cas errichtet. Der Sommerskilauf jedoch verlor zusehends an Anziehungskraft, die Speisesäle füllten sich zu Mittag nicht mehr. Wiederholte Straßensperren bremsten den Fremdenzustrom ein und am Hotel selbst wären wieder Investitionen notwendig geworden. Ein Teil des Gebäudes stammte aus den Erweiterungsbauten von 1960 und hätte einer erneuten Renovierung bedurft. Dazu kamen teure Auflagen für den Brandschutz, da noch Holzdecken vorhanden waren. Zur Bewältigung dieser Investitionen wäre eine Verlängerung der Saison in den Spätherbst oder sogar über den Winter die einzige Lösung gewesen. Sie wurde abgelehnt. Auch den Bau der geplanten Aufstiegsanlagen hat man verhindert. Das führte zum Entschluss, das Joch zu verlassen. Der Besitzer verkaufte seine Anteile an der Liftgesellschaft und das Haus an einen skibegeisterten Hotelier aus Bormio, der bereits seit Jahrzehnten am Joch mit seiner Skischule tätig war, an Stefano Capitani. Nach seinem Abtreten kam es zu einer Kettenreaktion: Vier weitere Hotels, darunter das große Livrio, wechselten den Besitzer. Die vier damals bereits geschlossenen Häuser sperrten nie mehr auf.

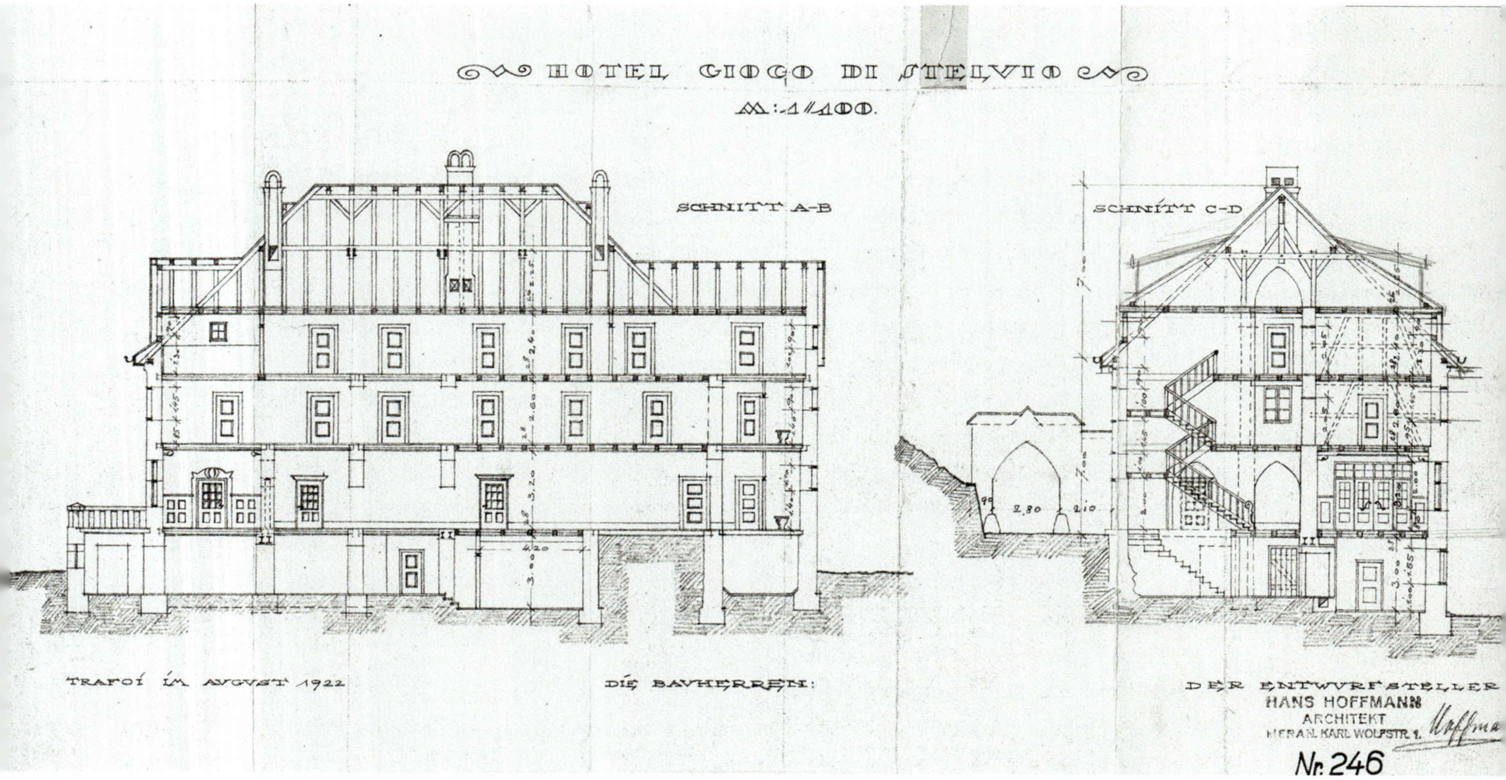

Pläne von Architekt Hoffmann, 1922

Umbau, 1964

Umbau, 1975

Das Hotel, 1997

DIE NEUEN GASTBETRIEBE

Das Chalet der Autobusfirma Perego

Hotel Perego, 1932

Albergo Genziana im Bau, 1937

Rifugio Sertorelli, 1939 erbaut als Rifugio GIL-Giacinto Sertorelli

Links die Finanzkaserne, 1935

Tibet Hütte, 1961

Das Joch im Mai 1939

Hotel Quarto Pirovano, 1974

DIE LIVRIO-HÜTTE – SCHUTZHAUS UND HOTEL

Das erste Gebäude, das nach dem Hotel Stilfserjoch erbaut wurde, war das Schutzhaus Livrio auf der gleichnamigen Felskuppe auf 3174 m Höhe, etwa anderthalb Stunden Fußmarsch vom Pass entfernt. Dort ragte eine kleine Felsnase aus dem Eis des Ebenwandferners heraus, auf der einige Reste von Baracken aus dem Ersten Weltkrieg zu sehen waren. Nach dem Krieg kamen verschiedene Sektionen des italienischen Alpenvereins in den Besitz der Schutzhütten des Deutsch-Österreichischen Alpenvereins. Die zentralistische faschistische Regierung wollte auch die restlichen strategischen Punkte des Alto Adige mit Schutzhütten abdecken. Daher lud das Heeresinspektorat der alpinen Truppen 1926 alle Sektionen des CAI ein, geeignete Standorte auszuwählen, um Hütten für Bergsteiger und Soldaten zu bauen. Diese Maßnahme sollte auch die Italianità Südtirols betonen, und der Livrio bot eine einzigartige Lage mitten in den Eisfeldern, die leicht über die Passstraße erreichbar war.

Neben dem CAI Bergamo waren auch Sektionen aus umliegenden Städten wie Mailand und Brescia interessiert. Bergamo erhielt den Zuschlag. Geplant wurde ein Haus mit etwa 100 Betten. Die Genehmigung erteilte das Kriegsministerium, das auch das 2. Regiment der Gebirgsartillerie mit dem Bau und dem Transport der Baumaterialien beauftragte. Nicht alle CAI-Mitglieder befürworteten den Bau an einsamer Stelle, sie hätten viel lieber die Hütten in den Orobischen Alpen renoviert. Doch die Position für Bergsteiger und die Möglichkeit, Soldaten im Skisport auszubilden, gaben den Ausschlag.

Innerhalb der Sektion Bergamo des CAI wurde eine Gruppe unter Präsident Antonio Locatelli sowie Giulio Caserini und anderen mit der Lösung vielfältiger Probleme beauftragt. Ihre erste Aufgabe bestand darin, die nötigen finanziellen Mittel aufzutreiben. Der Kostenvoranschlag sah Ausgaben von 70.000 Lire vor, die durch Obligationen zu je 500 Lire mit einem Zinssatz von sechs Prozent und einer Laufzeit von 15 Jahren finanziert werden sollten.

Der Ebenferner mit der Livrio-Hütte, 1932

Mit dem Bau wurde Anfang Juli 1928 begonnen, doch was anfangs als leicht angesehen wurde, entwickelte sich später zu einem finanziellen Schlamassel. Am Sonntag, 15. Juli, anlässlich der Staffetta dello Stelvio, wurde der Grundstein gelegt. Auf einem improvisierten Altar, den gekreuzte Skier, die Tricolore-Fahne und der Vereinswimpel zierten, wurde das Messopfer gefeiert. Dazu spielte die Fanfare des 2. Regiments die „Marcia Reale", gefolgt von der faschistischen Hymne „Giovinezza". Es wurden verschiedene Reden gehalten und das Schutzhaus den Gefallenen des 2. Regiments der Gebirgsartillerie gewidmet.

Die Teilnehmer stiegen über den Ebenferner zum Livrio auf und waren vom Panorama und den Resten der österreichischen Stellungen und Munitionskisten beeindruckt. Während des Aufstiegs schützte der Vereinsarzt alle vor Schneeblindheit, indem er ihnen mit einem verkohlten Korken schwarze Ringe um die Augen malte.

Der Bau verlief nicht reibungslos, da die Bauaufsicht nicht ständig vor Ort war und die Soldaten wenig Erfahrung im Maurerhandwerk hatten. Daher wurden Leitung und Fertigstellung einem Privaten anvertraut. Die Räume im Haus wurden neu eingeteilt und es wurden insgesamt 25 Stockbetten und 28 Einzelbetten sowie Notbetten zur Verfügung gestellt. Die größte Preissteigerung ergab sich aus den zusätzlichen Türen und Fenstern sowie der Holzverkleidung des Gebäudes im Jahr 1933. Die Holzlieferungen erfolgten über die Gemeinden Bormio, Valfurva und Valdidentro. Die Gemeinde Glurns wurde ebenfalls zur Lieferung von 25 Kubikmeter verpflichtet.

Bei der Jahresversammlung 1928 beschloss man, neue Obligationen über 80.000 Lire mit einer Laufzeit von 25 Jahren auszugeben. Doch das reichte nicht aus, und bis zur endgültigen Abrechnung 1932 wurden 279.166 Lire benötigt, wofür ein Darlehen von 250.000 Lire ausgegeben wurde. Erst nach dem Zweiten Weltkrieg konnte der Schuldenrest von 100.377 Lire durch den Verzicht fast aller Aktionäre auf die Rückzahlung getilgt werden.

Im Oktober 1929 war der Rohbau fertig, 1930 wurde das Schutzhaus für die erste Probesaison eröffnet. Die Führung sollte von erfahrenen Hüttenwirten übernommen werden, aber nachdem die Besitzer des Stilfserjoch-Hotels das Angebot abgelehnt hatten, wurde der Bergführer Tuana aus Bormio beauftragt. Auch er lehnte schließlich ab. Nach Fertigstellung der Hütte übernahm Aurelio Zappa aus Bormio die Leitung für eine Pacht von 14.000 Lire. Auch sein Bruder Dante Zappa und weitere Verwandte waren ihm über viele Jahre behilflich. Sogar seine Tochter wurde am Livrio geboren, da das Wetter eine Fahrt nach Bormio verhindert hatte. Sie wurde übrigens auf den Namen Livria getauft.

Am 13. Juli 1930 erfolgte die Einweihung des Schutzhauses. Zu diesem Anlass stellte der CAI mehrere Autobusse zur Verfügung, die von Bergamo aufs Joch fuhren. Nur zwei wurden mit geringer Besetzung in Anspruch genommen. Die meisten der geladenen Gäste verfügten nämlich bereits über eigene Fahrzeuge. Am gleichen Tag hatte auch der königliche Automobilclub ein Treffen am Joch organisiert. Es war also ein sehr bewegter Tag am Pass. Um 10 Uhr wurde das Gebäude in Anwesenheit vieler Gäste, darunter auch der Präfekt und Generäle aus Bozen, mit einer Messfeier und anschließender Champagnertaufe eingeweiht.

Karte von Giuliana Boerchio Pirovano, 25. August 1932 vom Livrio

Dass der Schrecken des Ersten Weltkrieges immer noch nicht ganz vorbei war und seine gefährlichen Hinterlassenschaften Unheil anrichten konnten, zeigte sich am 15. Juni 1931. Eine Gruppe deutscher Bergsteiger wollte zum Livrio hochsteigen. Auf dem aperen Gletschereis unterhalb des Livrio lag ein Artilleriegeschoss. Der Eisenbahningenieur Eugen Auppe aus Stuttgart wollte den Blindgänger trotz der Warnung seines Freundes, des Ingenieurs Hermann Huber, aufheben und in eine Gletscherspalte werfen. Dabei explodierte das Geschoss, Huber erlitt schwere Verletzungen, ein Splitter drang ihm in die Brust. Auppe wurde zu Boden geschleudert und blieb bewusstlos liegen. Die übrigen sofort herbeigeeilten Kameraden trugen den Verletzten auf einer notdürftig zusammengestellten Trage bis zum Pass. Von dort wurde er ins Krankenhaus nach Mals gebracht, wo er am nächsten Tag den schweren Verletzungen erlag.

Kurz darauf zeigten sich die ersten Mängel am Bau. Bis Ende 1933 musste das gesamte Dach ausgebessert, die Außenmauern neu vermörtelt, die Fenster verstärkt und neue Schlafgelegenheiten errichtet werden. Die Einzelbetten wurden größtenteils durch Stockbetten ersetzt. Auch das Gebäude selbst wies aufgrund des auftauenden Permafrostes erhebliche Senkungen auf.

Aufgrund der großen Nachfrage an Skikursen plante man sofort eine Erweiterung der Hütte.

Der Sommer 1934 verlief zufriedenstellend, wenn auch mit einem kleinen Rückgang. Die letzte Seite des Steinbaus konnte neu vermörtelt werden. Ein kleiner Anbau mit zusätzlichen Schlafmöglichkeiten, ein weiterer Speisesaal und eine größere Terrasse wurden errichtet. Hinter dem Tuckettpass plante und baute man ein neues Schutzhaus, welches den Namen Rifugio Locatelli erhielt.

1935: In diesem Jahr versah der CAI von Mailand alle seine Hütten im Ortlergebiet mit einer Telefonverbindung. Dies war 1937 auch am Livrio der Fall, wobei die Ausgaben nicht übermäßig waren, da die Gemeinde Bormio die Telefonmasten, das Telegrafenamt in Bozen die Verbindungsdrähte stellte. Doch die Zeiten änderten sich, die wirtschaftlichen und politischen Aussichten wurden schwieriger, denn das faschistische Königreich Italien begann am 3. Oktober 1935 einen Krieg gegen das Kaiserreich Abessinien.

Der Hüttenwirt Aurelio Zappa und Bergführer Giuseppe Pirovano konnten in einer schwierigen Nachtbergung zwei Bergsteiger von der Cima di Campo, den Kristallspitzen, sicher ins Schutzhaus retten. Dafür erhielten sie 1938 das Bronzeabzeichen für zivile Rettung und eine Auszeichnung von der amerikanischen Carnegie Stiftung.

Zur Festigung seiner Monopolstellung am Gletscher und um weitere Hotels in günstiger Lage zu verhindern, beschloss die Sektion des CAI von Bergamo sämtliche aus dem Eis ragende Felspartien rund um das Schutzhaus zu erwerben. Dieses Vorhaben wurde von den faschistischen Kreisen und durch das Ufficio delle Fortificazioni del Corpo d'Armata di Bolzano und das 2. Reggimento di Artiglieria Alpina, welche am Bau der Hütte beteiligt waren, tatkräftig unterstützt. Man vermaß die Flächen am Livrio, auf der Naglerspitze und am Trincerone.

Vereinsschriften des CAI Bergamo

Livrio 1936, blankes Eis bis an den Fuß der Geisterspitze

Die damals ausgeaperten Flächen betrugen 197.946 Quadratmeter. Am 22. August 1936 wurde die gesamte Fläche zum lächerlichen Preis von 1400 Lire von der staatlichen Forst- und Domänenverwaltung an den CAI abgetreten. Auf den unproduktiven Grundflächen hätte der CAI keine Gebäude oder Aufstiegsanlagen errichten dürfen. Später verkaufte er kleine Abschnitte davon zu mitunter weit überhöhten Preisen.

Der Präsident des CAI Bergamo, Antonio Locatelli, der eifrigste Verfechter des Livrio, ein erfahrener Pilot und überzeugter Faschist,[155] meldete sich 1936 freiwillig zum Einsatz nach Mogadischu. Er war Fliegermajor und beteiligte sich mit seinem Flugzeug an den Bombardierungen afrikanischer Städte und vor allem der Bevölkerung. Am 27. Juni fand er bei einem Überfall örtlicher abessinischer Truppen in der Ortschaft Lekemti, heute Nekemte, mit weiteren italienischen Piloten und Soldaten den Tod. Sein Tod wurde von der faschistischen Regierung propagandistisch ausgenützt und verherrlicht. Die Sektion des CAI Bergamo wurde daraufhin Locatelli gewidmet.

Im Jahr 1939 führte eine massive Schneemenge zum Einsturz der Terrasse. In einigen Zimmern wurde die Heizanlage fertiggestellt. Ein größerer Windfang wurde am Eingang installiert – und Prinz Umberto von Piemont war auf dem Livrio.

Während der Kriegsjahre wurde im Untergeschoss des Hauses eine Wetter- und Radiostation eingerichtet, in der auch der zukünftige Hotelier, Tiefbauunternehmer und Tausendsassa vom Joch, „Veri" Oliviero Confortola[156] seinen Dienst leistete. Verantwortlich für die Station war Dante, der Bruder von Aurelio Zappa, welcher zwischenzeitlich zum Militär eingezogen wurde. Er blieb von 1939 bis 1943 das ganze Jahr über in der Hütte. Im Winter fuhr er jede zweite oder dritte Woche nach Bormio zum Auffüllen seiner Verpflegung. Dabei band er sich, wie es üblich war, eine lange rote Schnur um den Leib. Dies hätte das Auffinden bei einer Verschüttung durch Lawinen erleichtern sollen. Nach dem Zusammenbruch kamen deutsche Truppen auf den Livrio und besetzten die Wetterstation. Dante wurde entwaffnet, musste aber seinen Dienst vorerst weiterführen. Er arbeitete mit Erminio Sertorelli

155 War bereits im Ersten Weltkrieg als Pilot im Einsatz, 1923 vollführte er mit einfachsten Fluggeräten eine Weltumrundung. Politisch war er ein eifriger Verfechter der faschistischen Ideologie. In Bergamo wird seine politische Haltung unter der Bevölkerung kontrovers diskutiert.

156 Veri war sein Deckname unter den Partisanen.

157 Zep war ebenfalls der Deckname unter den Partisanen.

Links: Livrio, 1961.
Oben: Livrio während des großen Umbaus, 1968

als Dolmetscher. Beim Rückzug der Deutschen gelang ihm die Flucht in die Schweiz, wo er verhaftet wurde. Zuerst leistete er Zwangsarbeit in den Wäldern des Engadin. Anschließend war er bis zu seiner Heimkehr in einem Hotel in St. Moritz beschäftigt.

1944 konnte das Haus am Livrio nicht mehr für Gäste geöffnet werden, da es von der Hitlerjugend requiriert wurde. Bei Kriegsende war die Einrichtung stark beschädigt, aber das Gebäude selbst wies keine nennenswerten Schäden auf.

1945 blieb das Schutzhaus im ersten Jahr der wiedergewonnenen demokratischen Freiheit geschlossen. Hüttenwirt blieb weiterhin Aurelio Zappa. Die notwendigsten Reparaturen wurden durchgeführt. Der CAI entledigte sich eines Teils seiner faschistischen Lasten und gab sich ein neues Statut.

1946 verlässt der langjährige Hüttenwirt Aurelio Zappa zusammen mit Giuseppe Pirovano den Livrio.

Sie übernehmen das Hotel Perego am Pass. Zappa wird 1947 durch Giuseppe Dei Cas, „Zep",[157] aus Bormio abgelöst. Zep lebte mit seinen Geschwistern im Gasthaus auf der IV. Cantoniera, dort war es ihm zu eng geworden. Nebenbei war er schon über viele Jahre Träger auf der Hütte und kannte die Schwierigkeiten und Herausforderungen, welche diese Arbeit mit sich brachte, bestens. Am Livrio war seit Jahren auch seine Frau Mariuccia als Kellnerin tätig.

In den folgenden Jahren wird das Haus immer wieder notdürftig saniert. Die Räumlichkeiten entsprachen schon lange nicht mehr den Ansprüchen der Gäste. Viele Unannehmlichkeiten wurden von den Teilnehmern an den Skikursen hingenommen. Eine kühle Woche auf über 3000 m war für die hitzegeplagten Italiener, welche den Großteil der Gäste stellten, immer noch etwas ganz Besonderes.

1955 kam es zu einer umfangreichen Erweiterung der Livrio-Hütte, die zwei Jahre dauerte und Platz für über 100 Personen in Stockbetten bot. Dies erforderte auch eine Vergrößerung des Speisesaals, einiger Sanitärräume und der Küche. 1961 bis 1962 wurde an der Stelle, wo sich früher die Terrasse befand, ein weiterer großer Anbau errichtet.

Für Bergsteiger wurden wieder Schlafsäle mit 16 Betten eingerichtet, anstelle der zerfallenen Locatelli-Hütte wurde 1969 am Tuckettjoch ein Blechbiwak errichtet, das neun Bergsteigern eine Notunterkunft bot.

Der Erfolg des Livrio war auch dem rührigen Hüttenwirt Zep zu verdanken, der 1957 den separaten Anbau Piccolo Livrio mit weiteren Zimmern und Selbstbedienung anregte.

Doch auch bei diesem Bau hatte man nicht mit dem Phänomen des Permafrostes gerechnet. Nach wenigen Jahren öffneten sich im gesamten Haus große Klüfte, die man notdürftig reparierte. Die Führung wurde an „Zep" verpachtet. Um eine Erweiterung und Neugestaltung wurde 1990 in der Gemeinde Stilfs angesucht, aber es gab keine positive Genehmigung. 1997 wurde das Piccolo Livrio einer neuen Klientel zugeführt und als Snowboardhaus geführt. Kurz darauf wurde es geschlossen.

Im Jahr 1968 begannen die Planungen für eine Generalsanierung und Erweiterung des Schutzhauses. Die erste Bauphase wurde bis 1971 abgeschlossen, die endgültige Fertigstellung erfolgte nach 14 Jahren, 1980. Die Champagnertaufe wurde von Lala Corti übernommen, die bereits vor 50 Jahren bei der ersten Eröffnung diese Aufgabe erfüllt hatte. Das Haus konnte nun über 300 Gäste sowie das erforderliche Personal und Skilehrer beherbergen.

Das neue Schutzhaus, das nun als Zwei-Sterne-Hotel eingestuft war, wurde Francesco Perolari und Carlo Ghezzi gewidmet. Die Bauarbeiten stellten dieses Mal für den CAI keine großen finanziellen Probleme dar, da die Einnahmen jährlich die Erwartungen übertrafen. Eine langwierige Planung war für die Abwasserleitung bis zur Kläranlage unter dem Joch erforderlich. In diese Freileitung wurden auch die Telefon- und Heizölleitungen integriert.

1961 streifte ein Aufklärungsflugzeug des Heeres das Seil der Materialseilbahn zum Livrio und zerschellte auf dem Gletscher. Der Pilot, Unterleutnant Flaviano Molinaro, fand dabei den Tod.

Nach der Eröffnung des Korblifts vom Joch zum Trincerone im Jahr 1961 wurden die Gäste von dort mit Schneemobilen zum Livrio gebracht. Mit dem Bau der Seilbahn vom Trincerone zum Livrio im Jahr 1968 wurde dieses Hindernis beseitigt; das Hotel war nun bequem mit der Seilbahn vom Pass aus erreichbar. Der damals beliebte Sommerskilauf ging am Hotel Livrio nicht spurlos vorüber. Jedes Jahr wurde erweitert und umgebaut, sodass am Ende zwei Gebäude mit insgesamt 300 Betten für die begeisterten Sommerskisportler auf der Livrio-Kuppe standen.

Am 10. August 1991 verstarb „Zep" Dei Cas, der wie kein anderer das Livrio geprägt und verkörpert hatte. Nach seinem Tod wurde das Haus bis zum Jahr 2000 von seinen Söhnen, zunächst von Elia, später von Mario, mit ihren Familien weitergeführt.

Der Livrio-Komplex zu seinen Glanzzeiten, an die Seilbahn wird eine Werkstatt angebaut, 1985

Teilnehmer an den Wochenkursen der Sommerskischule Livrio

Jahr	1980	1981	1982	1983	1984	1985	1986	1987
Teilnehmer	5100	4600	4182	3606	3666	3465	3600	3000
%		–10	–10	–13,8	+1,6	–6	+5	–17
Jahr	1988	1989	1990	1991	1992	1993	1994	1995
Teilnehmer	3869	3575	3326	3286	3417	2665	1535	1531
%	+28	–7,6	–7	–1,2	+4	–22	+3,5	–9,5
Jahr	1996	1997	1998	1999	2000	2001	2002	2003
Teilnehmer	1690	1457	1257	1033	820	675	641	577
%	+10,3	–13,8	–13,6	–10	–17	–17,5	–5	–10

Kursteilnehmer von 1933 bis 1971, 38 Jahre – über 60.000; von 1980 bis 2003, 24 Jahre – 62.554

Neue Trendsportarten und der unaufhörliche Rückgang des Gletschers beschleunigten den Niedergang. Am besten zeigt dies die Statistik der Teilnehmer an den Skikursen, die auch durch neu hinzugekommene Kurzurlaube nicht verbessert werden konnte. In den 1970er-Jahren besuchten bis zu 6000 Skibegeisterte die Wochenkurse.

Am Ende blieb dem CAI nur ein Ausweg: Er suchte einen Käufer für sein einstiges Prestigeprojekt. Zunächst setze er seine Hoffnungen auf das Land Südtirol, das jedoch ablehnte. Schließlich fand er 2003 in Stefano Capitani aus Bormio einen Käufer.

Puppa Tick

Ein tragisches Ereignis füllte im Jahr 1940 die italienischen Blätter.

Carlo Pezzi, ein Industrieller aus Bologna und Gast im Livrio, startete am 26. August 1940 gegen 16.30 Uhr zusammen mit seiner elfjährigen Tochter Carla, die er liebevoll Puppa Tick nannte, und einem Neffen vom Livrio, um die Geisterspitze zu erreichen. Nachdem sie eine Weile auf dem Gipfel das großartige Panorama bewundert hatten, stiegen sie gegen 18.30 Uhr ab, alles verlief zunächst reibungslos. Auf den Skifeldern am Fuß des Berges stürzte das Mädchen und verlor einen Ski. Dieser verschwand hinter einem kleinen Schneehaufen. Der Vater half der Kleinen auf die Beine und meinte, sie solle den Ski holen und anschließend zur nahen Hütte gehen oder fahren. Das Gelände war flach und außer der Schneeverwehung überall gut einsehbar. Doch schon bald, er hatte sich kurz umgezogen, kam ihm seine Frau laut rufend entgegen: „Puppa ist hinter dem Hügel verschwunden!“

Spaltenbergung, 1965 und 2005

Der Hüttenwirt Aurelio Zappa und Leo Gasperl liefen mit einem Seil in die angezeigte Richtung. Sie stießen auf eine enge Gletscherspalte und Gasperl durchsuchte stundenlang die verzweigten eisigen Klüfte. Auch Per Kjellberg[158] war ihm abwechslungsweise behilflich. Doch in der Dämmerung musste er wieder aufsteigen, denn Kälte und Anstrengung waren nicht mehr zu ertragen. Darauf ließ sich Aurelio abseilen und suchte in den bis zu 50 Meter tiefen verzweigten Klüften weiter – bis nach Mitternacht. Er hatte sich dabei in den engen Spalten mehrere Rippen gequetscht. Als er in der Tiefe ein Bein aus dem Schnee ragen sah, wusste er, dass das Leben der Kleinen nicht mehr zu retten war – er war tief erschüttert, weihte aber vorerst nur Gasperl ein. Am nächsten Morgen stieg Kjellberg in die Tiefe, wo er nach gefahrvoller Arbeit gegen 14 Uhr den Leichnam des Mädchens bergen konnte.

In den folgenden Tagen füllte diese Nachricht die Blätter. Einige erhoben schwere Vorwürfe gegen die Retter, denen sie Unprofessionalität vorwarfen. Die Eltern der Kleinen und ihr Onkel widerlegten diese Anschuldigungen allerdings und bewiesen den Helfern ihren größten Respekt.[159]

DIE IV. CANTONIERA

Der bedeutendste Stützpunkt entlang der Veltliner Straßenseite war zweifellos die IV. Cantoniera, bestehend aus zwei Gebäuden, eines für Zoll- und Sicherheitsbeamte sowie für die Post, das andere – höher gelegen – wurde als Verpflegungs- und Unterkunftshaus genutzt. Die Cantoniera bildete einen unverzichtbaren Knotenpunkt inmitten der rauen Landschaft. Von den frühen 1900er-Jahren bis zum Ausbruch des Ersten Weltkrieges wurde sie von den Familien Ludovico und Carlo Gobbi sowie der Familie des berühmten Bergführers Giuseppe Tuana Franguel geführt. Die Männer beaufsichtigten die Straßen, während ihre Angehörigen den Betrieb leiteten. Es war eine unverzichtbare Einrichtung, die auch einige Zeit nach dem Ersten Weltkrieg neben dem Übergang ins Val Müstair das ganze Jahr über in Betrieb blieb.

Hier wurden sämtliche Zollformalitäten erledigt, insbesondere die Ein- und Ausfuhr von Fahrrädern und Automobilen, was oft mit schikanösen Auseinandersetzungen verbunden war. Gäste wurden in bescheidenem Rahmen beherbergt und verpflegt.

Aufmerksamkeit erhielt der Ort auch durch eine psychologische Novelle, die Arthur Schnitzler[160] nach einem Erlebnis in Bormio im Oktober des Jahres 1900 schrieb. Sie schildert die Geschichte einer Zweisamkeit in Einsamkeit zweier Brüder auf der IV. Cantoniera. Durch die Blindheit des jüngeren Bruders sind beide symbolisch miteinander verbunden. Die Erzählung erhielt den Titel „Der blinde Geronimo und sein Bruder" und wurde im Dezember 1900 in der Wiener Zeitschrift Die Zeit zum ersten Mal veröffentlicht.

Die Schrecken des Krieges sind an der IV. Cantoniera nicht spurlos vorübergegangen. Die Österreicher legten die Gebäude unter Beschuss und die Herberge wurde beinahe vollständig zerstört.

Daraufhin erlebte die III. Cantoniera einen kleinen Aufschwung. Sie war als einziges Gastlokal und Unterkunft auf der gesamten Strecke im oberen Bereich verblieben.

158 Norwegischer Olympionike im Langlauf und Trainer der italienischen Nationalmannschaft.

159 Eine kleine Erzählung wurde von Giorgio Albonico bei Ibis veröffentlicht.

160 * 15. Mai 1862, † 21. Oktober 1831 in Wien.

161 Società impianti funiviari allo Stelvio.

Die IV. Cantoniera, Zeugnis einer schlechten Renovierung

Geführt wurden sie von Pietro Salvadori mit seiner Frau Maria Ponti (1897–1907) und später Giuseppe Tuana (1905–1915) und von Teodoro Dei Cas.

Teodoro Dei Cas wurde am 5. August 1902 zum Straßenwärter der Nationalstraße Nr. 18 übers Stilfser Joch ernannt. Die Arbeit der Straßenwärter wurde durch eine alte Verordnung vom 31. März 1878 geregelt. Die Ernennung erfolgte nach Überprüfungen der Gesinnung, des Verhaltens und der Zuverlässigkeit. Teodoro übernahm die Verantwortung für die Straße von Bormio bis zum Scheitelpunkt des Stilfser Jochs. Gemeinsam mit seiner Frau Marina plante er den Bau eines neuen Gasthauses gegenüber dem zerstörten Wirtshaus der IV. Cantoniera. Doch das Schicksal wollte es anders.

Am 3. November 1929 geriet er auf dem Weg von Bormio zum Zollhaus in einen Schneesturm. Obwohl ortskundig und gut ausgerüstet, verlor er sich in der Braulio-Ebene in Nebel und Schneegestöber und erfror auf der Suche nach einer sicheren Unterkunft.

Marina, nun Witwe, erwarb 1930, also kurz darauf, ein Grundstück gegenüber den zerstörten Gebäuden und errichtete dort das Albergo Quarta Cantoniera.

Von ihren insgesamt acht Kindern wurden drei auf der „Quarta“ geboren. Die meisten von ihnen verbrachten die folgenden Jahre am Joch, jedes auf seine Weise den Herausforderungen der Höhe gewachsen: Dorino (Doro) als Verkäufer in einem Andenkenkiosk, Espedito war Erbe des Gasthauses, Giuseppe (Zep) Pächter des Livrio und langjähriger Präsident der Liftgesellschaft S.I.F.A.S. AG[161], Francesco (Ceck) arbeitete als Verkäufer in einem Andenladen und Mariuccia war Gastwirtin im Hotel Perego und mit Veri Confortola verheiratet. Die weiteren Kinder hießen Rachele, Anna und Caterina.

Das Albergo Quarta Cantoniera wurde nicht nur von durchreisenden Gästen frequentiert, sondern entwickelte sich auch zu einem wichtigen Anlaufpunkt für den Sommerskilauf. Im November 1934 wurden sogar Skikurse für die Mitglieder des Nobel-Ski-Clubs „A“, zu denen auch der Prinz von Piemont und der Herzog von Aosta als Mitglieder gehörten, abgehalten. Sie wurden unter der Leitung von Leo Gasperl und mit Hilfe der hervorragenden Athleten der Skifamilie Sertorelli durchgeführt. Auch Athleten, die sich auf die Olympischen Spiele 1936 in Garmisch vorbereiteten, waren eingeladen.

Der kleine Gastbetrieb blieb bis in die 1990er-Jahre geöffnet.

Todesfall Teodoro Dei Cas

Das Albergo Quarta Cantoniera

Doch das Leben auf dieser Höhe war alles andere als einfach, wie die Familiengeschichte zeigt. Teodoro starb auf der Braulio-Ebene. Im März 1934 brach Espedito, der Sohn der Wirtin, mit zwei Finanzbeamten sowie seiner Schwester Rachele und ihrem Mann Alberto Zulian zu einer Skiabfahrt nach Bormio auf. Doch die Natur machte ihnen einen Strich durch die Rechnung. Ein gewaltiger Sturm brach los und Lawinen tosten von den Höhen herab.

Obwohl sie einzeln von Galerie zu Galerie voranschritten, wurden sie von einer Lawine überrascht, die die ganze Straße verschüttete. Rachele wurde in die Tiefe der Braulio-Schlucht geschleudert, aber mit Glück überlebte sie. Espedito war zunächst unauffindbar, bis er nach 36 Stunden eingeschlossen in einer finsteren Galerie entkräftet, aber lebendig, gefunden wurde.

Den unvorhersehbaren Wetterkapriolen waren auch die Briefträger der Stilfser-Joch-Straße auf der Veltliner Seite ausgesetzt. Sie hatten täglich, selbst im Winter, die Aufgabe, die Post bis zur IV. Cantoniera zu bringen und von dort abzuholen. Wenn die Postkutschen fuhren, konnten sie diese benutzen; gab es keine, mussten sie die Strecke zu Fuß bewältigen. Sie waren den ganzen Tag unterwegs.

Francesco Berbenni war der erste Briefträger ab 1879, sein Sohn Riccardo übernahm später diese Aufgabe. Riccardo ging grundsätzlich zu Fuß, da eine Mitfahrt zu seiner Entlassung geführt hätte. Die Regeln waren streng.

Das Thema Briefträger weckt eine weitere bemerkenswerte Episode in Erinnerung: Früher gab es dort keinen Bankschalter, bis später einer der Banca Popolare di

162 Lina Eufrasia Zappa.

Sondrio eingerichtet wurde. Eine zierliche Angestellte[162] der Banca Piccolo Credito Valtellinese sammelte sonntags das Geld – und es war nicht wenig – in einem alten Lederrucksack von den angeschlossenen Hotels am Pass ein. Von dort stieg sie oft zu Fuß zur IV. Cantoniera ab, um den Abendbus nach Bormio zu nehmen. Diese Tour absolvierte sie über viele Jahre hinweg, es war eine erstaunliche Art des Geldtransports – und es ging ohne Zwischenfälle ab.

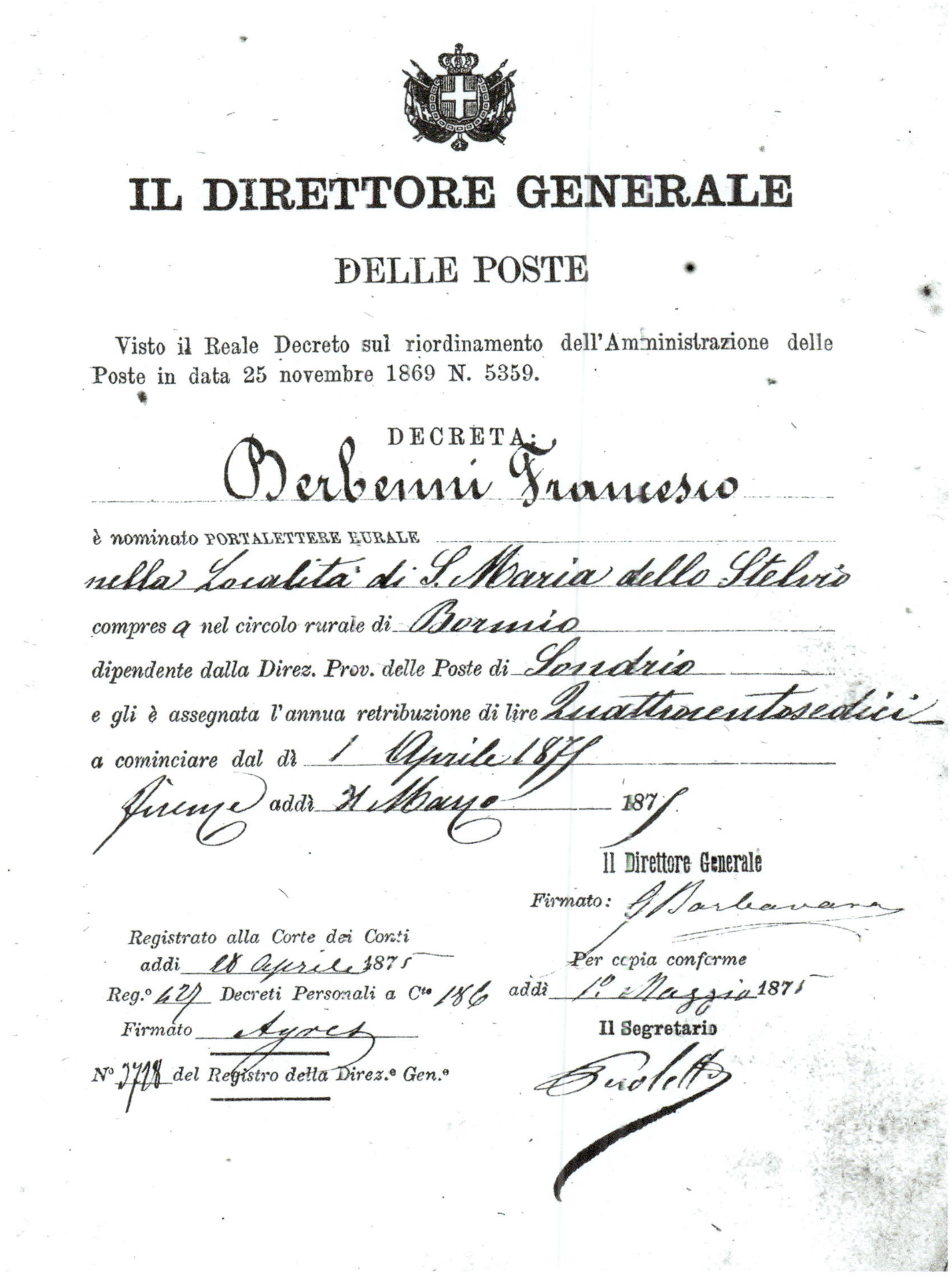

IL DIRETTORE GENERALE

DELLE POSTE

Visto il Reale Decreto sul riordinamento dell'Amministrazione delle Poste in data 25 novembre 1869 N. 5359.

DECRETA:

Berbenni Francesco

è nominato PORTALETTERE RURALE

nella Località di S. Maria dello Stelvio

compres a nel circolo rurale di Bormio

dipendente dalla Direz. Prov. delle Poste di Sondrio

e gli è assegnata l'annua retribuzione di lire Quattrocentosedici

a cominciare dal dì 1 Aprile 1875

Firenze addì 21 Marzo 1875

Il Direttore Generale

Firmato: G. Barbavara

Registrato alla Corte dei Conti

addì 18 Aprile 1875

Reg.° 427 Decreti Personali a C.te 186

Firmato Ayres

N° 3718 del Registro della Direz.e Gen.e

Per copia conforme

addì 1° Maggio 1875

Il Segretario

Ermächtigung für Briefträger Francesco Berbenni, 1875–79

DIE „STANDLN“: SOUVENIRS VOM JOCH

Im späten 19. Jahrhundert gab es auf dem Joch einen Fotografen aus Bormio, der Ansichtskarten und kleine Andenken verkaufte. Einige dieser Souvenirs waren handgefertigt, kleine Sträußchen aus Edelweiß beispielsweise, getrocknete Blumen auf Papier oder handgeschnitzte Figuren. Bald erkannten mehrere Einheimische aus Bormio, dass sich damit ein kleines Zusatzeinkommen verdienen ließ, vor allem als Ansichtskartenverkäufer mit Bauchladen.

Auch auf der Dreisprachenspitze gab es einen Kartenverkäufer, den 12-jährigen Aldo Zulian. Er nahm allerdings sehr wenig ein. Oft bekam er von den Gästen aus Mitleid mehr als für die Karten. Nach einem harten Arbeitstag schlief er bei seinem Onkel Doro im Kiosk am Joch.

Nach dem Ersten Weltkrieg stieg die Zahl der Verkäufer an. Auch in Trafoi und Stilfs entdeckte man diese Verdienstmöglichkeit. Aus den Bauchläden wurden kleine Tische und schließlich Holzkioske. Die in der Gemeinde Stilfs gelegenen Kioske erhielten vom Hotel Stilfserjoch eine Benützungsgenehmigung auf dessen Grund, unter der Auflage, keine Lebensmittel oder Getränke zu verkaufen. Diese ersten Kioske waren so konstruiert, dass sie im Herbst abgebaut und sicher in der

Die ersten Verkaufskioske

Die ersten Verkäufer

Standln auf Trafoier Seite

Standln auf Bormio-Seite

Alte und neue Standln

Hotelgarage gelagert werden konnten. Später wurden sie durch massivere ersetzt, sodass sie dem Schneedruck im Winter standhalten konnten. Die Verkäufer schliefen anfangs auf Strohsäcken oder Matratzen in diesen kleinen Hütten. Später bauten sie sich kleine „Chalets" am Hang neben der Finanzkaserne, in denen sie schlafen und kochen konnten.

Die Plätze waren streng geregelt. Diejenigen, die zuerst da waren, sicherten sich die besten Stellen am Passübergang. Diese Reihenfolge wurde über die Jahre beibehalten. Auf der Trafoier Seite waren es Friedrich und Greti Thöni, Jakob Thöni „Jaggl", alle aus Trafoi, Anna Jochberger, Marianna und Toni Tscholl „Lumele" aus Stilfs, Giobbe Lorenza aus Bormio und Jakob Thoma „Joggl oder Joggolon" aus Stilfs. Auf der Veltliner Seite standen Pierino Sertorelli, Doro Dei Cas, Francesca „Cecca" Sertorelli, Aldo Zulian und Fedele Cresseri vom Gasthaus Genziana, alle aus Bormio. Giorgio, der Sohn des Andenkenverkäufers und Besitzer des Albergo Genziana, Fedele, führt als einziger den Stand noch heute. Die beiden größten Stände befanden sich in der Mitte des Passes und gehörten Friedrich Thöni und Pierino Sertorelli.

1963 wurden im Zuge einer Parkplatzerweiterung alle Holzhäuschen durch gemauerte zweigeschossige Läden ersetzt. Einige dieser Stände wurden von den Kindern der ursprünglichen Besitzer weitergeführt, andere im Laufe der Jahre verkauft.

DIE KIRCHE ZU MARIA VOM SCHNEE

Die Familie Perego plante, auf ihrem Grundstück am Stilfser Joch eine Kirche zu errichten. Hierfür beauftragten sie den Ingenieur Alfredo Cola und den Architekten C. M. Mazzucchi, ein Projekt zu entwerfen. Dieses wurde am 10. August 1936 zur Begutachtung bei der bischöflichen Kurie in Como eingereicht. Noch im selben Jahr wollte die Familie mit dem Bau beginnen, doch bürokratische Hürden verzögerten das Vorhaben. Insbesondere musste der Plan auch vom Denkmalamt in Mailand genehmigt werden. Im darauffolgenden Jahr wurde die Kirche schließlich fertiggestellt.

Es ist ein massives Bauwerk aus behauenen Granitquadern mit einem soliden Dach aus Serpentinschieferplatten, die aus der Valmalenco stammten. Am 27. August 1937 wurde die Kirche von Bischof Alessandro Macchi aus Como der Muttergottes Maria vom Schnee geweiht. Kirchtag ist am 5. August. Die Kirche schien für die Ewigkeit gebaut. Doch 1983, als unterhalb die Bankfiliale errichtet wurde, ereignete sich ein Unglück. Beim Abbruch des Felsens rutschte eine große Steinplatte samt der Kirche in das ausgehobene Loch. Auf einem Mauerstück stand die Madonna mit dem Jesuskind unversehrt, während der Rest der Kirche im tiefen Bauloch lag.

Der Autor verbindet diese Situation mit einer markanten Erinnerung: Er traf gegen 7 Uhr aus Mailand am Stilfser Joch ein und war überrascht von der großen Menschenansammlung auf dem Parkplatz, sah aber gleich das Ausmaß des Schadens. Kurz darauf kam der Pfarrer von Bormio an. Fassungslos stand er auf dem Parkplatz, kniete

Bau der Kirche, 1937

Das Joch ohne Kirche mit der Notbaracke, 1983

Die Kirche am Joch, 2000

Innenansicht der Kirche zu Maria vom Schnee

nieder, hob die Hände zum Himmel und rief: „Mein Gott, hier zerbricht nicht nur die DC, sondern auch die Kirche." Am Wochenende zuvor hatte die christdemokratische Partei Democrazia Cristiana (DC) nämlich starke Verluste erlitten – was war wohl das größere Übel ...

Die heilige Messe wurde für längere Zeit in einer Holzbaracke gefeiert, bis die Kirche originalgetreu wieder aufgebaut war.

Die an der III. Cantoniera gelegene Kirche zum heiligen Rainer, die im Auftrag des Vizekönigs Rainer beim Bau der Stilfser-Joch-Straße errichtet worden war, wurde 1985 restauriert.

163 Dovrà rimanere inalterato il diritto die sudditi italiani di prendere acqua presso l'Albergo.

Gebäude an der Stilfser-Joch-Straße und auf dem Gletscher

Name des Hauses	Eröffnet	Name des Hauses	Eröffnet
I. und II. Cantoniera (zerstört), III. Cantoniera*	1823	Hotel Stilfserjoch Passo dello Stelvio	1925
Cantoniera auf dem Wendeln	1825–30. Nov. 1825, von Lawine zerstört	Albergo Quarta Cantoniera*	1832
Cantoniera del Bosco	1825–1848	Rifugio/Albergo Livrio	1930
Casetta auf der Langen Straße	1825–1836	Hotel Perego	1930
Weiße bzw. rote Hütte	1830–1983	Finanzkaserne*	1935–1975
Casino dei Rotteri auf der Spondalunga	1830 bzw. 1887	Albergo Genziana	1936
IV. Cantoniera	1825	Caserma Gil, G. Sertorelli, heute Hotel Folgore	1939
Casino dei Rotteri am Pass	1825–1934	Rifugio Nagler*	1950
Berghotel Franzenshöhe	1830	Grande Pirovano*	1960
Kirche zu San Ranieri	1830	Tibet Hütte	1961
Weißer Knott	1880?	Fungo Pirovano*	1965
Ristorante Tre Lingue/Dreisprachen	1896 1915	Piccolo Livrio*	1966
Alpenhotel Wallnöfer, dann Franzenshöhe	1896–1915, dann Straßenwärterhaus	Hotel Baita Ortler	1967
Hotel Ferdinandshöhe	1897–1915	Hotel Sertorelli	1968
Hotel Dreisprachenspitze	1908–1925	Hotel Quarto Pirovano	1973
Rist. Giogo di Stelvio	1921–1930	Hotel Thöni 3000	1977

Dazu kommen zwei kleinere Gebäude, das Rifugio Garibaldi auf der Dreisprachenspitze und das Rifugio Compagnoni* auf dem Matocin
Mit * bezeichnete Gebäude sind bei Druck des Buches geschlossen.

WASSERVERSORGUNG AM STILFSER JOCH

Eine Notiz von 1911 zur Grenzfestlegung am Stilfser Joch zwischen Österreich und Italien, die mir von meinem Freund Ing. Heinz König, Grenzvermesser in Wien, übermittelt wurde, machte mich auf ein ständiges Problem aufmerksam: die Wasserversorgung der Gebäude am Pass. In dem Protokoll der zweiten Sitzung in Riva wurde festgehalten:

> Das Recht der italienischen Untertanen, nächst dem Gasthofe Wasser zu holen, hat unberührt zu bleiben.[163]

Besonders für Reisende und früher auch für Pferde war dies eine Herausforderung.

Ing. Carlo Donegani legte entlang der Straße Gebäude an, die von einer nie versiegenden Trinkwasserquelle versorgt wurden. Diese Gebäude umfassten unter anderem die Cantoniera-Häuser, das Oratorium, die Kaserne (Franzenshöhe) und das Straßenwärterhaus Cantoniera del Bosco. Der Wasserkanal, der die IV. Cantoniera versorgte, führte aus den Tartarinz-Bergen über 1700 m zum Gebäude. Bei den Cantoniere und der Kaserne standen Brunnen für die Pferde bereit.

Im späten 19. Jahrhundert kam es mehrfach zu Wasserknappheit, besonders im heißen Sommer von 1899. Obwohl sich in der Nähe des Passes Gletscherfelder befanden, gab es Probleme mit der Wasserversorgung, da das Schmelzwasser des Ebenwandferners im karstigen Gestein versickerte. Die einzige Wasserquelle lag hinter dem Hotel Ferdinandshöhe. Der Gletscherrückgang führte dazu, dass die Wasserfassung immer weiter talwärts verlegt werden musste, sodass sie bald auf italienischem Territorium lag. Eine Grenzvermessung offenbarte, dass die Wasserleitung und Teile des Hotels Ferdinandshöhe auf italienischem Boden lagen.

Nach dem Ersten Weltkrieg wurde das Stilfserjoch-Hotel (ehemals Ferdinandshöhe) wieder aufgebaut und eine Wasserversorgung eingerichtet, die das Schmelzwasser des Gletschers nutzte. Ein 20 m^3 fassender Wasserspeicher wurde zusätzlich über die Dachrinnen des Hotels gespeist. Später musste das Reservoir erweitert werden, da das Wasser nicht mehr ausreichte. Schließlich baute man 1958 ein größeres Reservoir mit 200 m^3, später wurde ein weiteres mit 160 m^3 hinzugefügt.

Ein großes Problem blieb jedoch die Wasserversorgung im Frühjahr zur Hotelöffnung. Das erste Wasser wurde aus Schnee gewonnen. Einige Wochen vor der Hotelöffnung ging der Autor mit Skilehrern zu Fuß aufs Joch, um die Verbindung der Dachrinnen mit dem Reservoir herzustellen. Gleichzeitig wurde der Schnee rund um das Hotel mit Ruß oder Sand bestreut, um die Schneeschmelze zu beschleunigen und das Schaufeln zu reduzieren, eine Praxis, die schon zu Beginn des Straßenbaus angewandt wurde.

Fast alle Hotels und Schutzhütten hatten unter der Wasserknappheit zu leiden. Das Stilfser Joch war umgeben von Millionen Kubikmetern Eis, welches aber nur begrenzt als Wasser zur Verfügung stand. Besonders prekär war die Lage auf den höher gelegenen Schutzhütten, welche das Wasser direkt aus dem Gletscher bezogen. Dort kam es zu allem Übel auch zur Vermischung von Ab- und Gebrauchswasser.

Die Wasserversorgung blieb bis in die 1970er-Jahre schwierig. Mehrere Versuche, eine Wasserleitung aus dem Tal zu verlegen, führten 1970 zur Gründung der Gesellschaft Acquedotto dello Stelvio s.r.l., die eine gemeinsame Wasserversorgung für die Hotels am Joch plante und baute. Die Wasserquelle, die ihren Namen auch verdiente, wurde in der Nähe jener Stelle gefunden, an der bereits im Jahre 1823 Donegani seine Wasserleitung für die IV. Cantoniera gebaut hatte, nämlich unter der Umbrailspitze auf dem Wanderweg zur Forcola. Von dort hat man abfallend bis zur Grenze am Umbrailpass eine Rohrleitung verlegt, wo auch die Zollstation und das danebenliegende Gasthaus mit Wasser versorgt werden. Dann verläuft sie ansteigend bis zur Kehre vor dem Pontin dello Scorluzzo, wo gleich unterhalb der Staatsstraße ein Reservoir mit Pumpstation errichtet wurde. Im Winter 1986 hat die Druckwelle einer gewaltigen Lawine die tonnenschwere Betondecke über der Pumpstation abgedeckt. Dies führte zur Zerstörung von Pumpen sowie der gesamten elektrischen Anlage samt Funkstation. Mit zwei Pumpen von jeweils 300 bar wird das Wasser zu einem weiteren Reservoir auf die Anhöhe Matocin über dem Stilfser Joch gepumpt.

Die letzte Strecke zur Livrio-Hütte besteht aus einer Freileitung von über 900 m Länge, welche bei Bedarf jederzeit entleert werden kann, damit es bei tiefen Temperaturen nicht zu Frostschäden kommt.

Die größten Probleme hatte das Hotel Dreisprachenspitze. Es gab dort keinen Gletscher, daher musste das

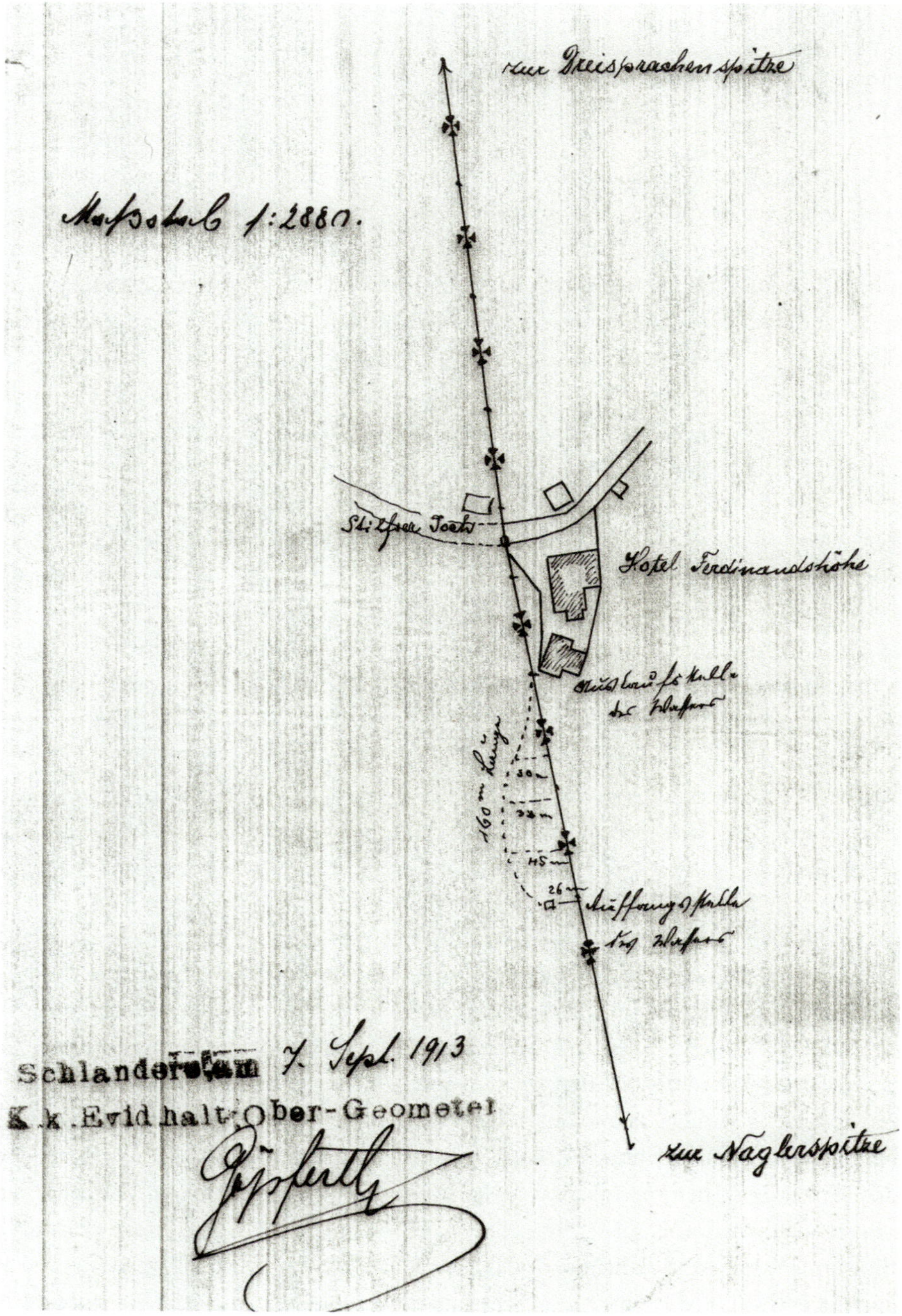

Wasserleitung im Grenzfeststellungsplan vom 22. September 1913

Wasser von weiter unten hochgepumpt oder auf Saumtieren transportiert werden. Im Jahr 1908 wurde eine 500 m lange Wasserleitung mit Motorpumpe zum Hotel gebaut; sie war damals die höchste Fernwasserleitung der Alpen.

Auch die Franzenshöhe hatte und hat eine komplexe Wasserversorgung, die von einer immer wasserführenden Quelle im Schaftal gespeist wird. Die Leitung, die 1903–1904 gebaut wurde, versorgt bis heute die umliegenden Gebäude. Sie war eine beeindruckende technische Leistung.

Alte und neue Wasserleitung

Die Wasserversorgung des Stilfser Jochs bleibt bis heute aufgrund der besonderen geografischen Lage, die durch Gletscherschmelze und karstiges Gestein geprägt ist, eine Herausforderung. Trotz aller Verbesserungsarbeiten kommt es im Herbst immer wieder zu Wasserknappheit. An eine Beschneiung der Skipisten kann aufgrund der Wasserknappheit nicht gedacht werden.

Bis zum Ende des 20. Jahrhunderts wurden, wie damals landesweit üblich, die Abwässer aller Gebäude ungeklärt in den nächstgelegenen Bach geleitet. Da diese Bäche nicht durchgängig Wasser führten, entstanden unschöne Ablagerungen, die im Herbst unter dem Schnee verschwanden und im Frühjahr mit der Schneeschmelze weggespült wurden. Bei den Hotels auf dem Gletscher floss das Abwasser oft über steile Felsen oder in Gletscherspalten.

Aufgrund der geografischen und politischen Besonderheiten der Region wären zwei getrennte Kläranlagen erforderlich gewesen. Als die Gemeinde Bormio beschloss, am Stilfser Joch eine Kläranlage zu errichten, beteiligten sich 1991 alle Hotels am Pass an dem Projekt über die bestehende Gesellschaft Sport Center Stelvio GmbH. Die Finanzierung der Anlage und des dazugehörigen Kollektors auf dem Gemeindegebiet von Bormio wurde von der Region Lombardei übernommen. Auf Südtiroler Seite war man zunächst zögerlich, was die öffentliche Finanzierung der Abwasserleitung betraf, es bedurfte zahlreicher Verhandlungen, bis auch hier die übliche Kostenbeteiligung zugesichert wurde.

1995 wurde schließlich eine Kläranlage unter dem Hotel Folgore gebaut, die zunächst nur für die Hotels auf der Veltliner Seite bestimmt war. Mit dem Bau einer Abwasserleitung vom Livrio bis zum Pass konnten später auch die Abwässer der Südtiroler Betriebe in die Anlage geleitet werden. Im Herbst wird die Kläranlage entleert der Klärschlamm wird zur weiteren Verarbeitung nach Bormio transportiert.

DIE SCHNEERÄUMUNG

Hunderte von Rottern[164] waren ursprünglich zur Schneeräumung über Monate im Winter angestellt. Aber nachdem die Straße nur mehr im Sommer geöffnet war, konzentrierte sich die Arbeit auf die Monate Mai und Juni. Recht bald kamen hölzerne Schneepflüge zum Einsatz. Sie wurden von mindestens zwei kräftigen Pferden gezogen. Es war ein Gestell in Dreiecksform aus starken Brettern.

Mit dem Aufkommen der motorisierten Fahrzeuge ersetzten kleinere Lastautos die Pferde. Nach dem Zweiten Weltkrieg kamen die ersten Schneeschleudern zum Einsatz. Die Arbeit wurde von der Staatsstraßenverwaltung ANAS erledigt. Diese hatte aber selten Eile, sondern wartete in der Regel auf die Hilfe der Sonne. Für die Hotels war die Frühjahrsöffnung ein Lotteriespiel. Nur selten konnten beide Abhänge rechtzeitig geöffnet werden. Der Pächter des Hotels Perego, Veri Confortola, hatte sich eine kleine Baufirma zugelegt und wurde 1964 mit der Straßenöffnung betraut. Er übernahm die Öffnung mehrfach bereits vor der offiziellen Ausschreibung, unter anderem, weil die Seilbahngesellschaft ihre Arbeiten vor Saisonbeginn aufnehmen musste und letztlich auch die Kosten dafür trug.

Veri setzte alle möglichen Geräte ein. Darunter die größte damals bestehende Flughafenfrässchleuder, eine Rolba 3000, und Schubmaschinen von Caterpillar D7 bis D8 mit besonders breiten Raupenketten sowie große Radlader. Größte Schneemassen konnten so in kurzer Zeit geräumt werden. Die Straße wurde zuerst von Bormio zum Pass geräumt und dann von dort abwärts nach Trafoi. Gleichzeitig wurden die Parkplätze freigemacht, bei Bedarf auch der steile Schotterweg zum Trincerone. Vor der Räumung des Trafoier Abhanges stieg der Autor dieses Buches in Begleitung einiger Skilehrer bei günstiger Witterung auf die Dreisprachenspitze und ließ entlang des Breitkammes Lawinen und Schneebretter abgehen. Es bedurfte lediglich eines bedeckten Nachthimmels ohne Frost und eines sonnigen Tages, um

Schaufeln war angesagt

164 Die einfachen Straßenarbeiter.

Die französische Fräse Latil der ANAS

am Nachmittag mit geringem Aufwand den Schnee zum Rutschen zu bringen. Diese Arbeit war fast immer von Erfolg gekrönt. Die Straße selbst wurde immer von oben nach unten geräumt. Dies hatte schon Donegani angeordnet. Heute weiß man davon nichts mehr und macht es wie Sisyphos: Man arbeitet bergwärts und vergeudet so Zeit und Geld.

Ein dramatischer Saisonabschluss

Die Schneehöhen zu Saisonbeginn schwanken von Jahr zu Jahr. Die größte Höhe wird meistens in der neunten Kehre, dem „Jüngsten Gericht", verzeichnet. Dort kann sie auch über 10 Meter betragen. Große Schneeanhäufungen ergeben sich auch auf der Spondalunga und bei den Lawinenstrichen vor den Galerien des Diroccamento. Selbst im Hochsommer können 60–70 Zentimeter Schnee fallen. Kritischer wird es im Oktober, wo der Schnee nicht mehr abtaut. Die Hotelbetreiber hoffen immer auf einen schönen Herbst.

Einen großen Räumungseinsatz gab es Ende Oktober 1966. Für die letzten Tage der Saison war ein verlängertes Wochenende vorgesehen. Der 1. November fiel auf einen Dienstag, der 4. November, ein Donnerstag, war Staatsfeiertag. Über Allerheiligen fiel so viel Schnee, dass die Passstraße geschlossen werden musste. Geöffnet waren noch die Livrio-Hütte und das Hotel Perego. Dort befanden sich der Ski Club Lecco und der Ski Club Topolino – mit ihrem Leiter Rolly Marchi – und andere Skiläufer – Karl Senoner und weitere bekannte Trainer betreuten sie. Die zwei Häuser waren voll belegt und die Gruppen waren im Schnee gefangen. Ein Teil der Gäste vom Livrio fuhr auf den Pass, sodass dort das Chaos noch größer wurde. Alle hatten Angst, es verbreitete sich sogar das Gerücht vom Verhungern.

Ein Teil der Eltern und Skilehrer entschied sich daraufhin, mit den jungen Skifahrern per Ski nach Bormio abzufahren. Am Samstagnachmittag fuhren sie los.

In den „Kurzen Riedn"

Starke Geräte

Der Schneepflug sollte das Gepäck später nachbringen. Niemand konnte die Gruppe aufhalten, auch wenn alle versicherten, dass der sicherste Platz im Hotel war. Kurz darauf brach eine zweite Gruppe auf.

Daraufhin schickte der Wirt Veri Confortola seinen Sohn Valerio mit dem Unimog und dem Schneepflug und allen vorhandenen Schneeräumgeräten los. Auf die Pritsche wurden die Koffer geladen. Er konnte die Straße ein Stück abfahren. Am Beginn der Braulio-Ebene wurde er von einer Lawine getroffen. Sich mehrmals überschlagend blieb das Fahrzeug unter der Straße liegen. Valerio zog sich erhebliche Verletzungen zu. Die zweite Gruppe kam nur bis zur IV. Cantoniera. Dort gab es nichts zu essen und so kehrten sie unter größten Strapazen mit Hilfe herbeigeeilter Skilehrer auf den Pass zurück.

Als die erste Gruppe weiter ins Tal abfuhr, stürzten auf beiden Seiten des Braulio-Tals immer wieder gewaltige Lawinen herunter. Die Atmosphäre war angespannt, die Gefahr allgegenwärtig.

An der II. Cantoniera mussten sie sich inmitten ohrenbetäubender Lawinenabgänge sammeln. Die Skilehrer, die als Vorfahrer vorausfuhren, hörten plötzlich panischen Schreie von hinten: „Weg, weg, die Lawine!“ Die Lehrer erkannten sofort die Gefahr und stürzten sich halsbrecherisch kerzengerade hinab in Richtung der Braulio-Zentrale, einer kleinen Baracke im Tal, wo zwei Wärter verzweifelt winkten, um die Gruppe zu warnen. Die anderen hinterher.

Die Rettung mit dem Helikopter, am unteren Bildrand der abgestürzte Unimog

Dort fanden sie endlich Schutz. In der improvisierten Zuflucht wurden Töpfe mit Wasser auf einem Herd erwärmt, um die durchfrorenen Skifahrer mit heißem Tee zu versorgen. Die anbrechende Nacht verbrachten die Jugendlichen auf dem nackten Boden in kleinen Räumen.

Doch die Dramatik des Tages war noch lange nicht vorbei.

Bruno Angelini, ein erfahrener Skilehrer, der als Letzter der Gruppe folgte, durchlebte einen Moment großer Angst: Als er beim Casino dei Rotteri ankam, waren die Spuren der Skifahrer plötzlich unter einer gepressten Schneeschicht verschwunden. Angesichts der andauernden Lawinen glaubte er, die ganze Gruppe sei verschüttet worden. Verzweifelt fuhr er zur Braulio-Zentrale ab, um die Rettungskräfte zu alarmieren – und fand zu seiner Erleichterung die Skifahrer unversehrt vor. Die Erleichterung überwältigte ihn so sehr, dass er in Tränen ausbrach.

Mitten in der Nacht, als die Schneefälle aufgehört hatten und die Temperaturen sanken, glaubten die Begleiter, man könne es wagen, die Abfahrt fortzusetzen. Die Gruppe setzte sich in Bewegung, schritt und fuhr mäuschenstill durch das dunkle Tal. Doch die Straße ins Tal war gefährlich, die Lawinen hatten die Eingänge der Tunnel, durch die man musste, vollständig verschüttet. Die Gruppe musste mühsam über Schneehaufen klettern, sich mit Stöcken und Skiern einen Weg durch die Dunkelheit bahnen, durch die Tunnel tasten und immer wieder auf der anderen Seite der Lawinenmassen ins Freie klettern. Völlig erschöpft kamen die Skifahrer am Morgen in Bormio an.

Die restlichen Gäste blieben vier Tage am Pass eingeschneit, bis sie vom Militär mit Hilfe von Hubschraubern ins Tal gebracht wurden. Der Hüttenwirt Veri wurde anschließend für seine Verdienste ausgezeichnet und zum Cavaliere ernannt. Auch im restlichen Italien gab es große Überschwemmungen, besonders in Florenz.

DAS STILI JOCH

im 20. Jahr

Einstieg am Leitner-Lift, 1991

Sporttrends am Gletscher

DER SOMMERSKILAUF

Bereits um 1880 wurden die Gletscher rund um das Stilfser Joch mithilfe der damals verfügbaren Skier erkundet. Dieses Hilfsmittel bot beim Aufstieg mehr Sicherheit vor Spaltenstürzen und ermöglichte eine schnelle Rückkehr zum Ausgangspunkt. Allerdings brachte das über zwei Meter lange, aus Holz gefertigte Sportgerät erhebliche Mühe beim Hochschleppen mit sich und konnte in Passagen, wo es getragen werden musste, hinderlich sein. Am Beginn des 20. Jahrhunderts wurde ein Gerät entwickelt, das viele Vorteile bot, jedoch leider in Vergessenheit geriet, bis es 100 Jahre später den Skimarkt dominierte. Diese Geräte waren die von Ski-Pionier Georg Bilgeri hergestellten Sommerski.

Die kurzen und leichten Sommerski, 1,30 m bis 1,70 m lang (je länger, desto schmäler) und 9 bis 12 cm breit, konnten auf den Rucksack gebunden werden und erleichterten sowohl den Aufstieg als auch die Abfahrt. Besonders hochwertige Modelle waren mit einem schmalen rückwärtsstehenden Seehundfellstreifen ausgestattet. Ab 1907 fanden die ersten Frühjahrs- und Sommerskirennen auf den Silvretta-Gletschern und später auch auf den Ötztaler und Zillertaler Firnfeldern statt. Auch am Stilfser Joch erregten diese Bretter große Bewunderung, doch der große Durchbruch blieb aus, da das österreichische und italienische Heer weiterhin auf die üblichen langen Skier setzte.

Im Hotel Ferdinandshöhe stieg vor dem Ersten Weltkrieg die Zahl der Tourengeher, damals auch Skibergsteiger genannt, deutlich an. Das Hotel stellte den Gästen die Skier gegen Bezahlung zur Verfügung und einheimische, erfahrene Bergführer begleiteten sie. Der große Ebenwandferner und die damals stark vergletscherten Bergflanken boten ideale Bedingungen.

Nach dem Ende des Ersten Weltkriegs kam es zu einem Aufschwung des Sommerskilaufs am Stilfser Joch. In Trafoi, Bormio und den umliegenden Orten nutzten viele ehemalige Kriegsteilnehmer, die während ihrer Dienstzeit im ewigen Eis mit den langen Skiern unterwegs waren, das übrig gebliebene Material in ihrer Freizeit. Skier, Skistöcke, Schneereifen und Eispickel waren reichlich vorhanden und wurden genutzt. Die ersten Touren und Skikurse organisierte nach dem Ersten Weltkrieg die Skischule Excelsior aus Meran im April und Mai 1924 im frisch eröffneten Hotel Passo di Stelvio.

Pionierarbeit für den reinen Sommerskilauf hat der CAI[165] von Bergamo in seinem Schutzhaus Livrio ab 1930 geleistet. Es war der erste Platz in den Alpen, wo im Sommer mit den damals besten Skilehrern regelmäßige Skikurse abgehalten wurden.

In den ersten zwei Jahren wurden einige Skitouren- und Bergsteigerwochen angeboten. Die ersten Skikurse fanden noch zum Teil nach dem System der „tecnica alpina“ statt, was treffender als „Alpini Technik“[166] übersetzt werden kann. Es war dies die althergebrachte italienische Methode, Ski zu fahren, die während des Ersten Weltkrieges den Soldaten an der Front beigebracht wurde. Vielfach wurde nur ein langer Stock verwendet, der sowohl zum Bremsen als auch zum Halten des Gleichgewichts diente. Kurven wurden nicht gefahren; stattdessen drehte man die Skier im Stand. Teilweise kam auch der Telemark-Stil mit flexiblen Bindungen zum Einsatz

Im Skiclub Bergamo kam es zu einer Auseinandersetzung, wie es mit dem Unterricht weitergehen sollte. Einige Mitglieder verlangten, der Corso Estivo di Ski al

165 Club Alpino Italiano.

166 Nach den italienischen Gebirgsjägern, den Alpini.

167 Von Stuben am Arlberg, Gründer der Arlberg Skischule, 1918.

168 Rückentrage.

Poster von Franz S. J. Lenhart

Libretto № D/15

Matricola № 281

CLUB ALPINO ITALIANO

Consorzio Nazionale Guide e Portatori

LIBRETTO PERSONALE

del Signor Confortola Oliviero

di Ruggero nato il 9 aprile 1922

a Bormio prov. di Sondrio

domiciliato a Bormio

rilasciato dal Comitato Valtellinese

IL PRESIDENTE DEL COMITATO REGIONALE — IL PRESIDENTE del CONSORZIO NAZIONALE GUIDE E PORTATORI

IL TITOLARE

Ermächtigung als Träger

Livrio sollte der Verbreitung des Ski- und Tourensports dienen – ohne Gewinnabsicht. Andere verfolgten einen profitableren Weg.

Im Ausland, besonders am Arlberg, hatte Hannes Schneider[167] eine ganz neue Art, die „Arlberg-Technik mit dem Stemmbogen" entwickelt. Diese Technik des Skilaufens hatte sich in der Schweiz rasch durchgesetzt. Sie wurde auch von Mitgliedern des CAI bevorzugt und eingeführt. Die intensiven Sommerskikurse starteten so richtig im Juli und August 1933. Sie liefen dann über den Skiclub Bergamo, welcher schon seit über 20 Jahren bestand und dem CAI angeschlossen war. Hier setzten sich die Verfechter der neuesten Unterrichtsmethode durch. Dass man es mit dieser Art, Ski zu fahren, ernst meinte, erkennt man in der Ernennung des ersten technischen Skischulleiters, dem jungen Karl Armin Henkel, welcher von der Arlberg-Schule geholt wurde. Ihm standen Mario Finazzi aus Bergamo und weitere Skilehrer zur Seite. Vom 9. bis zum 16. Juli 1933 gab es dann die ersten offiziellen Sommerskikurse nach der Arlberg-Methode. Im Sommer wurden insgesamt acht Wochenkurse abgehalten, welche vollständig ausgebucht waren. Die Teilnehmer kamen aus ganz Italien, Spanien, der Schweiz, Deutschland, Österreich und Nord- und Südamerika. Darunter waren auch sechs Prinzen aus bekannten Adelsfamilien. Am Ende waren es insgesamt 245 Schneesportbegeisterte. Über 100 mussten abgewiesen werden. Zusätzlich zu den Skikursen wurden auch Bergsteiger- und Tourenkurse angeboten. Der erste Ausbilder und Leiter war der junge Giuseppe Pirovano. Das Programm der Wochenkurse war zur Zufriedenheit aller Teilnehmer von den Verantwortlichen zusammengestellt worden. Die Instruktoren empfingen die Gäste am Sonntagnachmittag am Joch und begleiteten sie anschließend zum Livrio. Für den Transport des Gepäcks standen Helfer bereit, zumeist aus Bormio stammende junge Burschen. Normalerweise bewältigten sie den Aufstieg dreimal täglich und trugen dabei auf ihren Kraxen[168] Lasten, die mitunter mehr als 50 Kilo wogen.

Erste Skiausflüge zum Joch vor der Hotelruine, 1922

Leo Gasperl

169 Hohe Schneid, 3434 m.
170 Kjellberg oder Kiyellberg.

Die Hohe Schneid oder Monte Cristallo mit dem Kälbertal, der Höhepunkt der Kurse

Der Montag begann mit der Einteilung in die drei vorgesehenen Leistungsklassen und dem Unterricht. Dieser dauerte ca. vier Stunden täglich. Die besten Fahrer wurden Henkel zugeteilt, die zweite Gruppe führte Pirovano, für die Anfänger standen Finazzi und weitere Skilehrer bereit. Für die Erfahreneren wurde der Stemmbogen zum Hauptübungsprogramm. Ein Tag war für die Ersteigung des Monte Cristallo[169] in kleinen Seilschaften vorgesehen. Dabei lernte man die verschiedenen Eis- und Felstechniken. Auch an anderen Tagen wurde der Skiunterricht mit Touren verbunden, welche über den Madatschferner zum Tuckettpass und zu weiteren Gipfeln führten. Am Sonntagmorgen gab es noch einen Leistungswettbewerb in Form eines Slaloms. Die Sommerskikurse brachten dem CAI die dringend notwendigen Einnahmen. Diese mussten aber mit dem Skiclub Bergamo geteilt werden. Das bewog die Leitung des Vereins, eine Skischule unter eigener Regie zu gründen. Dafür erhielten sie 1934 vom italienischen Wintersportverband FISI die nötige Ermächtigung. Auch die Anzahl der Skilehrer wurde erweitert. Ab 1934 wurde der weitum bekannte Skilehrer Leo Gasperl vom Arlberg als Direktor der Schule eingestellt. Er war über etliche Jahre auch erfolgreicher Trainer der italienischen Nationalmannschaft. Ihm standen so bekannte Namen wie Per Kiyellberg[170], Piero Locatelli aus Bergamo und Gino Seghi vom Abetone, Mario Bernasconi aus Madesimo und Roberto Zardini aus Cortina zur Verfügung.

Aufstieg zum Übungshang auf der Geisterspitze

Leo Gasperl, links, und Hermann Gilli, rechts, mit Gästen vor der (Kutscher-)Schwemm, jetzt Sala Corriere, 1937

1935 war das erfolgreichste Jahr mit über 500 Teilnehmern an den Ski- und Bergsteigerkursen. Sie wurden von Ende Juni bis zum 1. September auf neun Turnusse aufgeteilt. Vom italienischen Wintersportverband wurde die Verordnung herausgegeben, dass nur mehr italienische Skilehrer auf den Hütten unterrichten durften. Leo Gasperl blieb aber weiterhin am Livrio.

1936 verzeichnete die Skischule 360 Wochengäste, wovon einige wegen Platzmangels auch im Hotel Stilfserjoch am Pass logierten. Zwei Skilehrer waren dort untergebracht und begleiteten die Kursteilnehmer jeden Morgen bis zum Livrio. Der Sommer war gekennzeichnet durch schlechtes Wetter. Die Schneelage war im August äußerst prekär, sodass selbst auf der Livrio-Ebene nur mehr blankes Eis vorhanden war. Die Teilnehmer mussten bis auf die Hänge der Geisterspitze aufsteigen damit sie größere Schneeflächen ausnützen konnten.

Im Sommer waren am Gletscher weitere Skischulen in Betrieb. Daraufhin wollte der CAI den Ableger seiner Skischule im Stilfserjoch-Hotel aufgeben, da er sein Skischulmonopol nicht durchsetzen konnte. 1936 wurde auch im Stilfserjoch-Hotel eine „Nationale Sommerskischule" gegründet. Leiter war der ehemalige Skilehrer des CAI, Mario Bernasconi. Mit Bernasconi aus Madesimo unterrichteten Hermann Gilli aus Meran und zeitweise Obermoser aus Madonna di Campiglio. Bernasconi war jener Skilehrer, an den die FISI am 1. Jänner 1933 die offizielle Skilehrerlizenz

171 * 13. August 1908 in Pavia.

Spaltenbergung, 1937

Nummer eins vergeben hatte. Gilli war ein junger, begeisterter Wintersportler. Er fuhr an jedem Wochenanfang zuerst mit dem Fahrrad, später mit seinem Motorrad von Meran aufs Joch. Bei der Franzenshöhe lockerte er den Auspuff seines Motorrades und weckte mit dem lauten Geknatter die Gäste des Stilfserjoch-Hotels. In den Pausen des Skiunterrichts betätigte er sich als Postkartenverkäufer. Eine Woche Skikurs kostete zusätzlich zum Aufenthalt mit Voll- oder Halbpension 80 Lire pro Person. Die Skischule wurde nur wenige Jahre aufrechterhalten.

In Bormio hatte der talentierte Athlet Stefano Sertorelli, ebenfalls im Jahr 1936, die Lizenz für eine Skischule erhalten. Im Sommer war sein Betätigungsfeld auf den Gletschern des Ebenferners.

In diesem Jahr scheint unter den Teilnehmern der Bergsteigerkurse am Livrio, welche der junge Giuseppe Pirovano leitete, ein Name auf, welcher in Zukunft den Sommerskilauf am Joch maßgeblich mitgestalten wird: Giuliana Boerchio[171] aus Pavia. Am 11. August 1936 machten Pirovano und Giuliana Boerchio eine Erstbegehung der Nordostflanke der 3547 m hohen Eiskögelen. Sie starteten im Morgengrauen vom Livrio und erreichten bei noch herrlichem Wetter den Einstieg zur steilen, ca. 600 m langen Eisflanke. Doch bald umhüllten starker Nebel und Graupelschauer den Berg. Das schlechte Wetter hielt den ganzen Tag an. Für den Aufstieg benötigten sie sechs Stunden. Anschließend stiegen sie zur neu errichteten Locatelli-Hütte ab. Giuliana war in den folgenden Jahren als Sekretärin im Livrio tätig.

1937 In diesem Jahr beabsichtigte der CAI, einen Teil der Kursteilnehmer auf die neue Carlo-Locatelli-Hütte hinter dem Tuckettpass zu verlegen, was sich aber als schlecht durchführbar erwies. Nur mehr 317 Kursteilnehmer konnten in diesem Sommer verzeichnet werden. Am 28. August stürzte ein Gast aus Neapel beim Heimweg zum Joch zwölf Meter tief in eine Gletscherspalte, konnte aber geborgen werden.

1938 Der Unterricht wurde jetzt über die ganze Saison auf zwei Stunden am Vormittag und zwei am Nachmittag aufgeteilt, mit Ausnahme von Donnerstag, wo man vier Stunden am Vormittag für die geplanten Skitouren benötigte. Auch dieser Sommer war eher unbeständig und durchwachsen. Leo Gasperl zeigt seinen Schülern auf den

Leo Gasperl mit dem Tirring-Mantel

Hängen der Geisterspitze zum ersten Mal den Thirring-Mantel[172], mit welchem es möglich war, den „Schwebelauf" zu vollführen. Ein an den Handgelenken und am Körper festgebundener dreieckiger Stoffschirm, eine Art Segel, erlaubte es dem Fahrer, steilste Hänge im Schuss abzufahren und dabei in einen beinahe Schwebezustand zu gelangen. Diesen Behelf konnten mit viel Enthusiasmus auch die Kursteilnehmer ausprobieren. Im Winter wurden sogar internationale Skirennen gefahren, so auch auf der Kitzbühler Streif.

1939 Auch in den zwei folgenden Jahren konnten von Anfang Juli bis Anfang September die regulären Kurse abgehalten werden, wenn auch die Zahl der Teilnehmer leicht sank. Die Anziehungskraft dieser in Mode gekommenen Sportart, der Wille zum Training – besonders bei den erfolgreichen Athleten – und gezielte Werbung

172 Prof. Hans Thirring, sportbegeisterter Physiker und Politiker aus Österreich.

waren wichtig. In den letzten Jahren hatte Gasperl einige Änderungen im Unterricht vorgenommen. Die stundenlangen Übungen zum Perfektionieren der Technik wurden zu Gunsten von neuen, einfacheren Bewegungsabläufen verworfen; für die geübten Teilnehmer wurden die Torläufe in den verschiedensten Ausführungen zum Hauptprogramm.

Am 10. Juni 1940 erklärte Mussolini den Kriegseintritt. Von 1940 bis 1942 konnte ein noch einigermaßen regulärer Ablauf der Sommerskikurse gewährleistet werden.

1943 war dann ein schwieriges Jahr. Keiner wusste, ob Gasperl und Kjellberg wieder ihre Lehrtätigkeit aufnehmen durften. Andere wie Piero Locatelli und Giuseppe Pirovano wurden eingezogen. Dennoch gelang es, sieben Kurse vom 10. Juli bis Ende August durchzuführen. Die Anzahl der Teilnehmer musste auf 35 je Woche beschränkt werden, da für eine größere Anzahl die Verpflegung nicht gesichert war. Aurelio Zappa wirkte Wunder und verhinderte einen frühzeitigen Abbruch der Saison. Ab dem 25. August war das Schutzhaus für fast eine Woche auf Grund des Schneefalls von der Außenwelt abgeschieden. Gasperl war zum zehnten Mal technischer Leiter der Skischule.

Es wurde immer schwieriger, die Gäste mit dem relativ bescheidenen Angebot auf der Hütte zufriedenzustellen. Viele kannten mittlerweile den Luxus der großen Hotels in den mondänen Wintersportorten und wählten daher die Unterkunft in den besser ausgestatteten Hotels am Pass.

Anzahl der Teilnehmer an den Skikursen auf der Livrio-Hütte

1933	1934	1935	1936	1937	1938	1939
245	335	342	370	317	320	270
1940	**1941**	**1946**	**1947**	**1948**	**1949**	**1950**
235	219	120	350	419		462

Nach einer Unterbrechung aufgrund der schrecklichen Ereignisse des Zweiten Weltkriegs wurde in den 1950er-Jahren die sogenannte Settimana Bianca, die „Weiße Woche", modern. Die Italiener bemerkten, dass das Skifahren im Sommer auf dem Gletscher wegen der längeren Tage und des schöneren und sichereren Schnees angenehm war. Außerdem war die begehrte Sonnenbräune garantiert.

Den überwiegenden Teil der Skibegeisterten stellten die Italiener, ihnen folgten – besonders im Herbst – die deutschen Gäste. Für die Italiener waren Sommerferien mit einem kleinen Fiat 500 und den darauf geschnallten Skiern, die manchmal länger als das Auto waren, der absolute Höhepunkt. Sie zog es von den heißen Städten auf den Gletscher – während ihre nördlichen Nachbarn den warmen Süden und das Meer bevorzugten.

1946 wurde die Skischule am Livrio unter der Leitung von Piero Narcisi eröffnet. Der Reinertrag lag bei 66.000 Lire, trotz der Probleme bei der Anreise und der gestiegenen Wochenpauschalen. Einige Zeit war auch Giuseppe Pirovano Skischulleiter am Livrio. Es kam jetzt eine weitere Skischule mit Sitz am Pass, im Haus der ehemaligen GIL, jetzt Rifugio Sertorelli der Familie Sertorelli, hinzu.

Die Sommerskischulen

In den Alpen entstanden neue Sommerskischulen, wie etwa in Cervinia auf dem Plateau Rosà und am Mont Blanc auf dem Glacier du Géant. Der Erfolg der Sommerskischulen führte zu einem steigenden Bedarf an Skilehrern, insbesondere für die fortgeschrittenen Kurse, für die die besten Athleten verpflichtet wurden. Im Jahr 1950

Neben dem Namen des Hotels der Banner mit der Skischulermächtigung der FISI, 1936

gründeten Giuseppe Pirovano und seine Frau Giuliana eine weitere Sommerskischule in der von Veri Confortola neu erbauten Kleinen Naglerhütte – Piccolo Rifugio Nagler. In diesem Jahr wurden auch die ersten motorbetriebenen Aufstiegshilfen am Joch aufgestellt.

In den 1960er-Jahren geht der Aufstieg des Sommerskilaufs unvermindert weiter. Die Skikurse und -schulen vermehren sich. Dem CAI gefällt die Konkurrenz durch neue Skischulen ganz und gar nicht und er setzt alle seine Beziehungen ein, um dies durch den italienischen Wintersportverband zu verhindern. Er spricht von „einem unlauteren Wettbewerb und einer Übersättigung des lokalen Angebotes“[173].

Im Durchschnitt konnte er von Ende Mai bis Mitte Oktober 22 Wochenturnusse anbieten. Die Schneelage auf dem Gletscher war das gesamte Jahrzehnt hindurch zufriedenstellend.

Es folgten die Boomjahre für den Sommerskilauf. Immer mehr Sommerskischulen wurden gegründet. In den besten Jahren waren es 18 mit über 200 staatlich geprüften Skilehrern und bis zu 2000 Kursteilnehmern pro Woche am Gletscher. Dazu kamen noch die vielen Aus- und Fortbildungskurse für die neuen und erfahrenen Skilehrer der italienischen und ausländischen Skilehrerverbände. Zwischen 1970 und 2000 dürfte es wohl keinen italienischen Skilehrer gegeben haben, der nicht am Gletscher seine Ausbildungskurse absolviert hat.

Skischule	**Skischulleiter**	**Skilehrer**
Anzi	Stefano u. Aldo Anzi	10
Baita Ortler	Zuerst SkischuleThöni 3000 dann K. H. Tschenett	7
Bormio 2000	Mario Zagonel	7
Bormio Estate	Mario Zagonel	15
Capitani/Bormio	Stefano Capitani	5
Confortola Passo Stelvio	Veri Confortola und Bruno Alberti	20
Cristallo	Gustav Fahrner, Arthur Gfrei,	15
Folgore	Franco Rizzi	10
Franzenshöhe	Paul Mazzagg	4
Genziana Cresseri	Fedele Cresseri	3
Livigno	Galli	6
Livrio	siehe Bericht Toni Morandi	30
Pirovano	Giuseppe Pirovano	30
S. Caterina Valfurva	Fam. Compagnoni	5
Sertorelli	Pierino Sertorelli mit Söhnen	15
St. Maria	Willi Lamprecht	3
Thöni 3000	Donei Carlo	7
Trafoi	Paul Mazzagg	4

Die zweitgrößte Skischule am Joch – nach jener vom Livrio am Gletscher – trug den Namen des Bergführers Giuseppe Pirovano. Seine Frau Giuliana Boerchio aus Pavia hatte vom Stilfser Joch ausgehend ein Skischulimperium aufgebaut. Auch am Tonalepass und in Cervinia wurden von ihr für Hunderte von Gästen Hotels errichtet. Die Beherbergung erfolgte nach der Idee von Giuliana, die zudem in Pavia Besitzerin von Studentenwohnheimen und gleichzeitig Präsidentin des italienischen

173 Annuario 1964.

Naglerspitze mit Grande Rifugio, 1960

Naglerspitze mit Fungo Pirovano und Grande Rifugio Pirovano 2022

Journalistenverbandes war. Es war die Università dello Sci, eine Art College, welches besonders von den betuchten italienischen Eltern für ihre Kinder gebucht wurde. Dafür standen am Joch in den Boomjahren 300 Betten in den vier Häusern zur Verfügung. Dazu gab es noch die hauseigenen Aufstiegsanlagen. Um 22 Uhr war Nachtruhe, die Lichter wurden gelöscht. Das System war so erfolgreich, dass man für die jüngeren Teilnehmer, welche unter besonderer Aufsicht standen, sogar höhere Preise verlangen konnte als für die Erwachsenen. Pirovano griff auch auf besonders bekannte Namen unter den ausländischen Skilehrern zurück: Hias Leitner, Pepi Gramshammer, Egon Zimmermann und weitere. Es wurde zudem die erste Frau, Justina Demetz, verpflichtet.

Einen Rückgang bei den Nächtigungen gab es 1974 wegen der Fahrbeschränkungen aufgrund der Ölkrise. Diese konnte aber wegen der Erfolge der Lokalmatadore, Gustav und Roland Thöni, sowie der italienischen Nationalmannschaft, der Valanga Azzurra, aufgefangen werden. Die 1970er-Jahre waren die erfolgreichsten Jahre des Sommerskilaufs. Es gab Wochenenden, an denen die Gäste vergeblich einen Platz in den Hotels suchten und nach Bormio oder Trafoi ausweichen mussten.

Ab 1978 begann der Abstieg des Sommerskilaufs. Die passionierten Skifahrer wurden unaufhörlich weniger. Eine erste Delle wurde durch die unsichere Geschäftslage der Pirovano-Gruppe ausgelöst. Diese konnte durch die Übernahme der Banca Popolare di Sondrio im April des Jahres 1985 und eine Werbekampagne vorerst ausgebessert werden. Die Skischule Pirovano verzeichnete im Jahr 1986 über 3500 Wochengäste mit einen 50-prozentigen Zuwachs. Für die folgenden Jahre wurden, wie in den guten Zeiten, wieder 5000 Wochengäste erwartet. Dies traf leider nicht mehr ein.

Eine weitere große Einbuße erfolgte nach den Unwettern im Jahr 1987. Die Straße durchs Veltlin war wegen eines gewaltigen Bergsturzes bei Morignone in der Nähe von Bormio über Wochen unterbrochen. Auch die Zufahrt von Prad zum Joch war gesperrt. Das führte zu einem Rückgang von elf Prozent.

Dieser konnte durch eine massive Werbekampagne in Italien, für welche die Südtiroler Landesregierung vom Ministerium für Fremdenverkehr einen nicht unerheblichen Zuschuss bekam, aufgefangen werden. Für die Seilbahngesellschaft S.I.F.A.S. AG fielen dabei 250 Millionen Lire ab, ein ähnlicher Betrag kam von der Lombardei. Die Gelder wurden für Werbung in Italien und einen Preisnachlass für Liftkarten verwendet.

Im folgenden Jahr, 1988, gab es nach einem achtjährigen Abwärtstrend ein erfreuliches Nächtigungsplus: 142.000 Nächtigungen wurden in den Hotels am Pass auf Südtiroler und lombardischer Seite gezählt. Dieser Erfolgt beflügelte die Hotels, sodass sie in den folgenden Jahren selbst hohe Summen für Werbung einplanten.

Diese Gelder wurden von der S.I.F.A.S. AG verdoppelt. Maßgeblich beteiligt an der erfolgreichen Werbekampagne war der kurz vorher eingestellte Fachmann Günther Werth. Durch Werth und den Direktor Aldo del Bo gelang es, eine gute Zusammenarbeit aller Hoteliers am Pass herzustellen. Die Nächtigungen konnten für einige Jahre gehalten werden. Aus Alpinskifahrern waren Langläufer, Snowboarder – und vor allem Kurzaufenthalte – geworden. Im Rahmen der Olympischen Spiele in Albertville, Frankreich, im Jahr 1992 wurde vom Stilfser Joch in der „Casa Italia“ ein erfolgreicher Abend mitorganisiert. Die Anwesenheit der Olympiasieger Alberto Tomba und Deborah Compagnoni führte zu einem großen Presseecho.

Neue Trendsportarten wie Tennis und Surfen, aber auch das geschrumpfte Interesse an der nicht mehr so erfolgreichen Valanga Azzurra brachten den endgültigen Einbruch. Auf die betuchten italienischen Gäste folgten zuerst deren Kinder. Sie bildeten wegen der damals langen Sommerferien den Hauptanteil. Die Eltern waren froh, wenn ihr Nachwuchs wohlbehütet von den Skilehrern eine Woche in frischer Luft diesen herrlichen Sport erlernte. Ab dem 21. Jahrhundert waren es dann vorwiegend Trainingskurse der Skiclubs mit ihren jungen Athleten und Nationalmannschaften. Das rasche Abschmelzen des Gletschers hat dann zum weiteren Abwärtstrend beigetragen. Dies führte zur Schließung von sechs Gasthäusern und Schutzhütten sowie zum Rückbau der Aufstiegsanlagen.

Nächtigungen	1981	1982	1983	1984	1985	1986	1987	1988
Betriebe in der Prov. BZ	78.104	69.107	68.347	66.440	51.469	56.864	55.177	73.028
Betriebe in der Prov. SO	64.430	57.230	51.978		49.339	63.534	54.099	69.015
gesamt	142.534	126.337	120.325		100.808	120.398	109.276	142.043

Nächtigungen	1989	1990	1991	1992	1993	1994	2022	2023
Betriebe in der Prov. BZ	72.346	67.821	67.773	69.139	54.656	62.455	32.239	27.957
Betriebe in der Prov. SO	63.411	65.017	65.017	69.365	51.622	53.744	16.619	16.871
gesamt	135.757	132.838	132.790	138.504	106.278	116.199	48.858	44.828

Rückgang der Nächtigungen von 1981 bis 2023 – 68,5 Prozent

Die Skischule Cristallo

Jede Sommerskischule am Joch könnte interessante Geschichten erzählen, jede hat zum Aufstieg des Skilaufs und zum Erlernen einer guten Technik beigetragen. Der Autor erlaubt sich, hier wohl eine der kleinsten, aber dennoch bekanntesten Skischulen zu nennen: jene in seinem Heimathotel. Ihre Story beginnt im Jahr 1936, sie wurde als Zweite direkt am Pass gegründet – doch vor dem Zweiten Weltkrieg aufgegeben.

1970 wurde wieder eine im Hotel Stilfserjoch eröffnet, sie erhielt den Namen Sommerskischule Cristallo. Der Name Stilfserjoch oder Stelvio war bereits von der Skischule des Hotel Perego unter Veri Confortola und Bruno Alberti aus Cortina belegt. Daher wurde der Name Cristallo gewählt, so heißt der markanten Eisgipfel hinter der Geisterspitze.

Das Ergebnis im ersten Jahr waren ernüchternde 100 Kursteilnehmer. Doch dies änderte sich sofort. Wöchentlich waren bis zu zwölf Skilehrer im Haus beschäftigt. Es waren die Skilehrer Gustav Fahrner aus Prad, die Grödner Otto und Gotthard Stuffer, der Brunecker Hansjörg Weissteiner sowie der Eggentaler Adolf Putzer. Über Jahre wurde die Skischule von einer erfolgreichen Truppe aus Skilehrern geleitet, die aus allen Tälern Südtirols stammten und mehrsprachig waren. Nach der am Joch geradezu obligatorischen Skilehrerprüfung führte der Autor sie mit dem technischen Leiter Emil Hofer bis 1997. Gustl Fahrner war nach vielen Jahren in den verdienten Ruhestand getreten.

Die Sommerskischulen waren bei allen Skilehrern beliebt. So hatten wir am Pass bei schwankenden Gästezahlen auch Skilehrer, die nur kurz im Sommer unterrichteten. Eine Untersuchung ergab, dass in einem Sommer über 500 Skilehrer für kurze oder längere Zeit am Joch Arbeit fanden.

Skischule Cristallo, oben links: Emil Hofer, Elke Fahrner, Eduard Felderer, Bernhard Saurer, Werner Reinstadler, Luciano Carbogno, unten links: Walter Schwienbacher, Reinhard Fabi, Adolf Putzer, Max Kuntner, Arthur Gfrei, Gustav Fahrner. Es fehlen: Hansjörg Weissteiner, Otto und Gotthard Stuffer, Adolf Demetz, Albert Perathoner und viele mehr.

Der Wochenskikurs

Die Sommerfrische am Stilfser Joch war früher ein Paradies für Skibegeisterte, die eine Woche lang die perfekte Mischung aus Sport und Geselligkeit suchten. Über viele Jahre hinweg war der siebentägige Aufenthalt Standard, insbesondere für italienische Gäste, doch auch deutschsprachige Besucher fanden im Herbst ihren Weg nach Trafoi und Santa Maria.

Wie lief eine solche Woche, eine „Settimana Bianca", ab?

Die Anreise – ein Ritual: Samstag und Sonntag waren die traditionellen Anreisetage, mit einem regelrechten Pilgerstrom von Bussen aus Mailand und der Poebene, die die passionierten Sportler auf den Pass brachten. Die Abreise erfolgte ebenso ritualisiert, wenn die neuen Gäste die Heimreisenden der Vorwoche ablösten. Die Hotels, Schutzhütten und Seilbahnen waren belebte Knotenpunkte, die an die geschäftige Atmosphäre eines Flughafens erinnerten. Ein bunt gemischtes Publikum – von jungen Neulingen bis hin zu alten Skipionieren – verlieh dem Ort seine unverwechselbare Lebendigkeit.

Spitzenqualität auf der Piste: Die Skischulen am Stilfser Joch waren bekannt für ihre hohe Qualität. Die Skilehrer genossen einen ausgezeichneten Ruf und jede Schule war stolz darauf, prominente Namen aus dem nationalen und internationalen Skisport vorweisen zu können. Olympiasieger, Weltmeister, Italienmeister und Europacupsieger – sie alle prägten den Unterricht und setzten Maßstäbe.

Der erste Tag nach der Anreise war der Einteilung der Gäste nach Leistungsklassen gewidmet. Anfänger wagten ihre ersten Versuche im flachen Gelände vor der Livrio-Hütte, während die erfahreneren Skifahrer unter den kritischen Augen der Skilehrer ihre Fähigkeiten zeigten. Die Gruppen bestanden meist aus acht bis zwölf Schülern.

Innovative Lehrmethoden und neue Technologien: Der Unterricht selbst umfasste vier Skistunden am Tag, aufgeteilt in Vormittags- und Nachmittagsstunden. Eingesetzt wurden alle verfügbaren Hilfsmittel, um das Lernen zu erleichtern:

Piero Richelda reicht Karim Aga Khan IV den Liftbügel, rechts Pepi Gramshammer und Giuseppe Pirovano

174 Später Trainer von Marc Girardelli.

Rechts Skilehrer Hermann Gilli, daneben Giuseppe Pirovano, 1937

Zeitmessungen bei Abschlussrennen, die ersten Videoaufzeichnungen und das beste Material, das von den Athleten der Nationalmannschaften getestet wurde. Das Stilfser Joch war ein echtes Experimentierfeld für neue Trends, die später in den Winterskischulen Anwendung fanden.

Es gab aber auch Tricks: So verwendete der Skilehrer Nani Anzi zur Zeitmessung keine Uhr, sondern presste geschickt seine Finger zusammen, als hätte er eine – er stoppte nach Augenmaß.

Pionierarbeit mit Videoaufzeichnung: Der Verfasser erinnert sich an die Einführung der Videoaufzeichnung in seiner Skischule. Damals waren solche Geräte schwer zu bekommen, weshalb er mit seinem Freund Hansi Wallnöfer nach München fuhr, um eines zu kaufen. Die Rückreise gestaltete sich abenteuerlich, als das Gerät an der deutsch-österreichischen Grenze beschlagnahmt wurde. Trotz aller Bemühungen blieb es in Verwahrung. Das zweite Gerät, auf dieselbe Art erstanden, war dann wesentlich kleiner und konnte in einem größeren Alukoffer auf die Piste getragen werden.

Sport, Spaß und Gesellschaft: Das Skifahren fand bei jedem Wetter statt, außer bei drohendem Gewitter. Erst wenn dem Skilehrer die Haare zu Berge standen oder anfingen zu jucken, wurde vorsorglich der Rückzug angetreten. Höhepunkt der Woche war das Abschlussrennen mit anschließender Preisverleihung. Dieser Moment war für die Gäste von großer Bedeutung. Bei einem Umtrunk wurden die Fahrkünste auf Erinnerungsfotos noch einmal bestaunt.

Erweiterte Angebote und das Ende einer Ära: Wanderungen zu historischen Kriegsschauplätzen, Tennis in Prad oder Bormio, Grillpartys bei den Drei Brunnen oder auf der Braulio Alm und dergleichen mehr sollten die Woche bereichern. Aber trotz aller Bemühungen erlebte der Sommerskilauf einen ersten Rückgang. Gegen Ende des Jahrhunderts brach er dann schließlich völlig ein.

Die Wiege vieler Athleten: Viele Angestellte der Hotels nutzten den Sommerjob zur Erlangung der Skilehrerprüfung und zum Renntraining. Der Verantwortliche der Skischulausbildung in Italien und langjährige Präsident der internationalen Skilehrervereinigung, Hubert Fink aus Brixen, staunte einmal, dass er den Wirt (Arthur Gfrei), den Sekretär (Karl Thöni), den Koch (Werner Reinstadler[174]) und die Hausmeister (Alois Rungg und Bernhard Saurer), alle aus dem gleichen Hotel, nahezu gleichzeitig ausgebildet hat.

Buckelpisten vor dem Einsatz der Pistenraupen, die Tuckett-Lifte auf der Geisterspitze

Warteschlangen an den Naglerliften

175 † 15. September 1975.

Skilehrer von Pirovano

Ein besonderer Angestellter des Stilfserjoch-Hotels sei hier noch erwähnt, der junge, sehr beliebte, schmissige Kellner Erwin Stricker aus Brixen. Auch er nutzte seine Freizeit zum Skitraining – und wollte auch sonst immer der Erste und Schnellste sein. Dabei geschahen einige Missgeschicke mit den großen Silbertabletts oder Weingläsern. Er konnte sich mit seiner Offenheit aus den verzwicktesten Lagen problemlos lösen. Nur einmal hätte er es fast zu weit getrieben. Der Chef des Hauses hatte hinter einen langen Patisserieschrank sechs lange Strudel auf Backbleche zum Auskühlen gelegt. Erwin kam aus dem Restaurant, sah am Küchenpass andere Kellner anstehen, wollte an diesen vorbei und sprang über den Schrank direkt in die Strudelbleche. Keiner der Strudel überlebte. Erwin streifte die Reste des Strudels von seinen schwarzen Kellnerhosen und meinte beruhigend:

> „Nach dem Tableto-Service helfe ich beim Apfelschälen."

Mitten in der Hochsaison wurde ihm sein Übereifer zum Verhängnis. Er hatte sich einen roten, engen, windschlüpfigen Plastikanzug besorgt, um auf den Skiern schneller zu sein. Damit trainierte er auf der Naglerpiste in einem Torlauf. Er stürzte, konnte sich aufgrund des schlüpfrigen Materials im steilen Gelände nicht mehr halten, rutschte ab und prallte mit hoher Geschwindigkeit direkt an einen Liftmasten. Seine Verletzungen waren schwer, doch seine Willensstärke und athletische Kondition retteten sein Leben. Viele ähnliche Stürze machten ihn in seiner großartigen Rennkarriere weltbekannt. Ein weiterer Kellner unseres Hauses, der Neffe des Skischulleiters Gustav Saurer, Friedrich[175], hatte leider nicht so viel Glück. Bei einem Training während der Zimmerstunde am Nachmittag verirrte er sich im dichten Nebel und stürzte über die Felsen auf den Madatsch-Gletscher. Sein Tod hat alle tief getroffen; fortan wurde das Training für das Hotelpersonal bei schlechtem Wetter verboten.

Das Highlight der Woche: Nachdem die Straße im Frühjahr freigegeben wurde, blickten die Skifahrer ehrfürchtig auf das schier endlose Weiß vor ihnen. Die Weite des Geländes schien unbegrenzt, so groß, dass es spielend mit jedem bekannten Skigebiet hätte konkurrieren können. Doch hier oben, in der Höhe der Berge, war die Natur selbst der wahre Architekt: Die majestätischen Gletscherfelder des Ebenwand- und Vitellifernets erstreckten sich scheinbar endlos, während die beschneiten Hänge bis zum Pass oder hinunter zur IV. Cantoniera einladend glitzerten. Eine unberührte Wildnis, die nur darauf wartete, in Begleitung der Skilehrer erkundet zu werden.

Es waren die besten Abfahrten, die man sich vorstellen konnte. Die Route durch das Val Vitelli/Kälbertal hinunter zum tosenden Braulio-Wasserfall galt als atemberaubend. Die glänzenden Eisflanken des Monte Cristallo funkelten im Sonnenlicht und die Seracs, die steilen Eistürme am Gletscher hinter der Naglerspitze, schienen eine ewige Herausforderung darzustellen. Wer einmal von den Kleinbussen am Joch abgesetzt wurde, wollte nur

Skilehrer vom Livrio

Rechts die Hohe Schneid, Cristallo in der Mitte, die Naglerspitze, dazwischen das Kälbertal/Val dei Vitelli, links der Scorluzzo

noch eins: sofort wieder hinunter, die Freiheit und die Geschwindigkeit ein weiteres Mal spüren. Doch nur wenige bekamen eine zweite Chance. Gegen Mittag wurde der Schnee im unteren Bereich ziemlich matschig.

Auf der anderen Seite, in Trafoi, warteten weitere Abenteuer. Die Abfahrten über den Madatsch-Gletscher zum Glurnser Köpfel oder über den Signalkopf zur Franzenshöhe galten als legendär. Doch musste die Straße rechtzeitig freigegeben werden, damit man zum Ausgangspunkt zurückkehren konnte.

Besonders dramatisch war die Route von der Geisterspitze: Ein steiler, nicht enden wollender Hang führte hinab auf den Madatsch-Gletscher. Hier schlängelte man sich zwischen offenen und verborgenen Gletscherspalten hindurch, bis fast an die Straße über dem Weißen Knott. Die Variante über den Signalkopf endete oft in schmalen Schneezungen, begleitet vom aufgeregten Pfeifen der Murmeltiere, die die Franzenshöhe wie kleine Wächter überwachten. Hier testeten Skifahrer ihre Fertigkeiten in engen Kurzschwüngen – bis spätestens Mitte Juni, manchmal sogar bis Anfang Juli, wenn der Winter ergiebig und das Frühjahr kalt waren.

Doch es war eine sich verändernde Welt: Die Abfahrten vom Trincerone zum Joch wurden zunehmend unberechenbar, abhängig von winterlichen Niederschlägen und sommerlichen Temperaturen. Die Alten erzählten von einer Zeit, in der man noch den ganzen Sommer lang bis zum Pass hinabfahren konnte. Tatsächlich war das jedoch selten der Fall – zwischen 1950 und 2000 war dies gerade dreimal möglich. Oft genug hüpften die Skifahrer von einem Schneefeld zum nächsten, trugen ihre Skier über apere Felsen oder liefen auf ausgelegtem Stroh und alten Teppichen.

HÖHENSPORT

Die Staffetta dello Stelvio

Die Skirennen waren nicht länger exklusiv dem Winter vorbehalten, auch im Sommer erwachten die Gletscher zum Leben. Schnee, der über die Jahrhunderte unverändert blieb, wurde zum Schauplatz verschiedenster Skisportwettkämpfe. Ein Ereignis ragt dabei zweifellos heraus, die Staffetta dello Stelvio. Im Jahr 1927 initiierte die Società Escursionisti Milanesi den ersten Staffellauf, der vom heutigen Hotel Folgore auf 2725 m startete und über 3,6 km bis zur Livrio-Hütte auf 3175 m führte. Ein Wimpel mit ausgeloster Nummer wurde jeweils an den nächsten Läufer übergeben, der dann den flacheren zweiten Teil bis zum Sasso Rotondo auf 3335 m zwischen der Geisterspitze und der Hohen Schneid (Mte. Cristallo) und von dort zurück bis unter den Abhang der Naglerspitze auf 3200 m bewältigte. Der letzte und dritte Abschnitt bestand aus der Abfahrt bis zum Ziel auf dem Joch, wobei der letzte Teil über die kleine Kuppe am Matocin führte und von dort nach einer steilen Abfahrt nach 2,4 km im Ziel endete. Die gesamte Strecke überschritt die Länge von zehn Kilometern und wies eine Höhendifferenz von über 600 Meter auf.

Eine landesweite Werbekampagne begleitete diese spektakuläre Veranstaltung. Busse aus den lombardischen Großstädten, aus Meran, Bozen und Trient brachten Zuschauer zum Pass. Im Jahr 1931 strömten über 400 Automobile und unzählige Busse mit Tausenden von Zuschauern zum Start. Oftmals begann das Rennen um 8.30 Uhr, doch die Schneeverhältnisse im Hochsommer waren nicht immer ideal, weder für den Aufstieg noch für die Abfahrt. Besonders der letzte steile Hang vor dem Ziel war berüchtigt für folgenschwere Stürze. Dennoch war die Schneeauflage stets ausreichend – was heute durch den Gletscherrückgang und den Klimawandel nicht mehr der Fall ist.

Von 1927 bis 1956 fanden 28 fortlaufende Veranstaltungen statt, mit Ausnahme des Jahres 1944, in dem aufgrund des Krieges kein Rennen ausgetragen wurde. Teilnehmer kamen aus allen angrenzenden Ländern, darunter Österreich, die Schweiz, Norwegen und Finnland. Ab 1945 wurde die Staffetta zunehmend zu einer nationalen Veranstaltung. 1956 wurde das letzte Rennen im ursprünglichen Format ausgetragen. Die Skischule Pirovano unternahm von 1971 bis 1976 einen weiteren Versuch, das traditionsreiche Rennen fortzusetzen, jedoch ohne den Erfolg vergangener Jahre. Ein weiterer Versuch wurde ab 1982 vom Skiclub Bormio, Valdisotto und Regina Sport mit einer Zweiermannschaft, einem Bergläufer und einem Abfahrer unternommen. Doch auch dieser Versuch wurde 1987 aufgrund mangelnden Interesses eingestellt.

Ski Staffetta dello Stelvio, 25. Juni 1932

176 Gino Seghi übernahm die Leitung der Skischule und führte die neuesten Techniken ein.

Die Coppa Seghi

Am 25. August 1947 wurde zum ersten Mal die Coppa Claudio Seghi, ein nationales Skirennen auf der Geisterspitze, ausgetragen. Veranstalter war der CAI von Bergamo mit den Skilehrern vom Livrio. Es wurde in Erinnerung des bei einem Bombenangriff verstorbenen Bruders von Gino Seghi veranstaltet, der am Livrio als Skilehrer tätig war. Der erste Sieger war Zeno Colò vom Abetone, zweiter Gino Seghi[176], dritter Stefano Sertorelli. In den folgenden Jahren scheinen unter den Erstgereihten prominente Namen auf wie Gustav und Roland Thöni, Aldo Zulian oder Ivo Malknecht. Dieses Rennen wurde bis in die Neunzigerjahre des 20. Jahrhunderts ausgetragen.

Das Stilfser-Joch-Rennen

Der Skiclub Stilfs wollte auf dem Gletscher auch ein Zeichen setzen: Mitte Juli 1955 veranstaltete er das erste Stilfser-Joch-Skirennen. Erste Sieger waren Italo Pedroncelli und Rita Wyss. Der Start erfolgte bei den ersten Ausgaben auf der Naglerspitze. Das Ziel lag am tief darunterliegenden Gletschersee Laghetto delle Platigliole, später neben dem Thöni-Skilift. Dieser Hang erlaubte es, einen Riesentorlauf mit über 40 Toren auszuflaggen. Die Beteiligten waren zahlreich und von internationalem Renommee. Für die italienischen Topfahrer war das Rennen ein Muss. Österreichische, Schweizer und Liechtensteiner Athleten waren am Start, ebenso deutsche, französische und amerikanische Rennläufer. Nicht selten war die gesamte österreichische Nationalmannschaft vertreten.

Einige Namen: Egon Zimmermann, Otto Glück, Bruno Alberti, Ernst Hinterseer, Pepi Gramshammer, Paride Miliante, Karl Schranz, Jean Claude-Killy, Christian Neureuther und andere, bei den Damen Hilde Hofherr, Penny Pitou, Justine Demetz, Pia Riva, Erika Schinegger sowie die meisten Läuferinnen des italienischen Kaders mit den Aushängeschildern Gustav und Roland Thöni, Piero Gros und den Anzi- und Compagnoni-Brüdern.

Ab 1969 war das Rennen den Jugendklassen vorbehalten. 1969 gewann der Kellner vom Stilfserjoch-Hotel, Erwin Stricker, das Rennen.

Später wurde das Rennen abwechselnd vom Skiclub Stilfs und jenem aus Bormio auf den Hängen der Geisterspitze ausgetragen, ab 1973 vom Ski Club Bormio und Valdisotto. Auch diese Rennen waren den Jugendgruppen vorbehalten. Ab 1970 wurden auch FIS-Punkte vergeben und zwei Läufe ausgeflaggt. Man hoffte, dass das Rennen

Erwin Stricker und Roland Thöni

Die Naglerspitze mit alten Skiliften, **1** Confortola,/Alberti/Thöni, **2** Pirovano, **3** Thöni oder Pirovano, **4** die Spur vom Stilfser-Joch-Rennen

in den FIS-Sommerkalender – zusammen mit den Rennen in Australien und Chile – aufgenommen würde. Was leider nicht der Fall war. Die finanziellen Ausgaben übernahm die Liftgesellschaft S.I.F.A.S. AG. Nach über 40 Veranstaltungen kam es 1996 zur letzten Austragung dieses prestigeträchtigen Gletscherrennens.

Um die Jahrhundertwende organisierten Sponsoren aus dem Skizirkus verschiedene Wettkämpfe wie Parallelslaloms und Skicross-Events. Alle Neuerungen, die der Wintersportkalender für die Athleten bereithält, werden auf dem Gletscher erprobt.

Der Chilometro Lanciato

Eine besondere Veranstaltung war das Hochgeschwindigkeitsrennen KL – Chilometro Lanciato. Bereits um 1930 gab es Versuche, auf Skiern Geschwindigkeitsrekorde aufzustellen. Einer der Ersten war Leo Gasperl, er erreichte 1931 in St. Moritz eine Geschwindigkeit von 136,6 km/h. Dieses damals sagenhafte Tempo blieb bis 1940 bestehen, als Zeno Colò mit 150,292 km/h ins Tal raste. Um 1978 gelang es Steve Mc Kinney in Portillo, Chile, zum ersten Mal die Schallmauer von über 200 km/h zu durchbrechen. Die ersten Austragungsorte für solche waghalsigen Rennen waren in Cervinia auf dem Plateau Rosà, St. Moritz und Frankreich in Alpe d'Huez und in Portillo. Am Stilfser Joch wollte der für alles Außerordentliche zu begeisternde Veri Confortola beweisen, dass es noch schneller gehen kann.

Veri Confortola

Chilometro Lanciato, 1992

KL-Piste vom Scorluzzo

Links der Wanderweg zum Goldsee, Panorama vom Lempruch Lager

Erste Versuche wurden auf den Hängen vom Monte Cristallo gewagt. Doch Veri gelang es, von der FIS für diese Rekordfahrten eine Genehmigung zu erlangen. Anlässlich der Olympischen Winterspiele 1992 wurde diese Sportart als zusätzliche Vorzeigesportart eingeführt und man hoffte auf eine Aufnahme in das offizielle Programm. Die ideale Piste hatte er im steilen Nordhang des Monte Scorluzzo gefunden. Er brachte mit einer Schneekatze eine Seilwinde bis kurz unter die Scorluzzo-Spitze. Damit wurden Helfer hochgezogen, die im Treppenschritt, talwärts die Piste präparierten. Der bekannte KL-Senior und Supervisor Kalevi Hakkinen (172,33 km/h) verlor einen Finger, als es zu einem Seilbruch kam. Anschließend erhielt Veri sogar die Erlaubnis, eine Piste in das Gelände zu planieren. Mit großen Maschinen war er monatelang damit beschäftigt. Besonders der lange Auslauf in der Nähe des Hotels Folgore verlangte den Verschub von Tausenden Kubikmetern Erdreich und Gestein. Am Ende hatte er eine über 75 Grad steile und kilometerlange Piste für das Wagnis geschaffen. Die Geschwindigkeit wurde auf einer Strecke von 100 Metern vor dem Auslauf gemessen. Man wollte den bis dahin bestehenden Rekord von 229,29 km/h von Michael Prüfer verbessern. Auf dieser Strecke kamen aber nur zwei Rennen zur Austragung. Das Wetter und der weiche Schnee hatten nur einen Start aus den untersten Startluken erlaubt. Erreicht wurde die Geschwindigkeit von über 180 km/h. Das erste Rennen mit geringer Beteiligung wurde 1990 ausgetragen. Die Auflagen von Ende Mai 1991 und 1992 waren ein voller Erfolg. Bei der letzten Ausgabe im Mai 1993 kam es zu einem großen Lawinenabgang. Während sich die Pistenraupe am Windenseil hochzog, brach plötzlich ein Schneebrett von über 200 Metern Breite unter der Spitze des Scorluzzo und stürzte über die gesamte Strecke. Die Pistenraupe blieb ohne Schaden im steilen Gelände an ihrem Windenseil hängen. Ein Arbeiter, der weiter unten ausgestiegen war, da ihm die Steilheit des Geländes Probleme bereitete, wurde verschüttet. Er konnte dank der anwesenden Retter sofort gefunden und mit geringen Verletzungen aus dem Schnee

177 Es war jene von der Franzenshöhe zum Goldsee.

gezogen werden. Dies führte zur endgültigen Aufgabe der spektakulärsten Veranstaltung am Joch. Der Zielauslauf der Piste wird jetzt im Herbst, nach den ersten Schneefällen, von den Langläufern als Trainingsgelände benutzt.

Der Acht-Gipfel-Marsch

Neben Automobil- und Motorradrennen oder Wettbewerben im Skilauf und auf dem Rennrad wurde das hoch gelegene Stilfser Joch auch als Austragungsstätte für weitere Disziplinen genützt. Eine besondere Attraktion war der Acht-Gipfel-Marsch von Glurns bis zum Pass. Es war äußerst anstrengend für alle Beteiligten. Die Streckenlänge betrug 25 Kilometer, zu bewältigen waren über 3000 Höhenmeter.

Ein besonderer Vorfall bleibt dem Verfasser in Erinnerung. Am 28. Juli 1979 erfolgte in aller Früh um 4 Uhr der Start in Glurns. Um 6.30 Uhr kam ein älterer Herr im Sonntagskleidung mit Krawatte und Spazierstock an den Start und wollte mitmachen. Einige kannten ihn, es war der 82-jährige Karl Klotz aus Schluderns und Vater des Talschaftspräsidenten Christian Klotz. Man wollte ihn nicht mehr zulassen, weil er so spät dran war, doch es gelang nicht – und so startete er außer Konkurrenz. Jeder war überzeugt, dass er spätestens auf der Köpfel-Alm umkehren wird. Doch dem war nicht so. Als er am späten Abend und am nächsten Morgen nicht nach Hause kam, wurde nach ihm gesucht.

Am Vormittag sah der Autor auf der Terrasse des Stilfserjoch-Hotels einen Herrn sitzen und beim Nähertreten erkannte er seinen Nachbarn aus Schluderns. Karl erzählte die schier unglaubliche Geschichte. Er habe sich wohl etwas spät auf den Weg gemacht, meinte er. Bei der Furkelhütte habe er niemanden angetroffen, daher sei er weitergegangen und am Goldsee, etwa eine Gehstunde vom Joch entfernt, in die Dunkelheit geraten. Er habe sich im Freien hingelegt und recht gut geschlafen. Als es hell wurde, sei er zum Joch weitergewandert. Dann erzählte er weiter, dass er diesen Weg als Soldat im Ersten Weltkrieg einige Male gegangen sei. Er erkannte noch die einzelnen Stellungen und Schützengräben. Nur die Seilbahn von Trafoi[177] zum Goldsee hätte man abgebaut, meinte er, und am Lempruchdorf seien die Mauern der Barackensiedlung eingefallen. Was ihn aber am meisten wunderte, war der Flugplatz, welchen man über der Furkelhütte baute. Anfänglich verstand ich nicht was er mir sagen wollte. Dann wurde mir klar, dass er die neu planierte Skipiste neben dem Schölmental-Lift meinte.

Seine Jugenderinnerungen an die schrecklichen Jahre waren noch sehr klar. Er war damals als junger Soldat mit Boten- und Nachschubgängen unterwegs. Der Marsch war für ihn daher nicht außergewöhnlich. Im Hotel bemühte man sich, so schnell es ging, seine Verwandten in Schluderns zu benachrichtigen. Bis aufs Joch war man bei der Suchaktion nicht vorgestoßen, denn wer hätte geglaubt, dass der 82-Jährige jemals bis dorthin gelangen könnte.

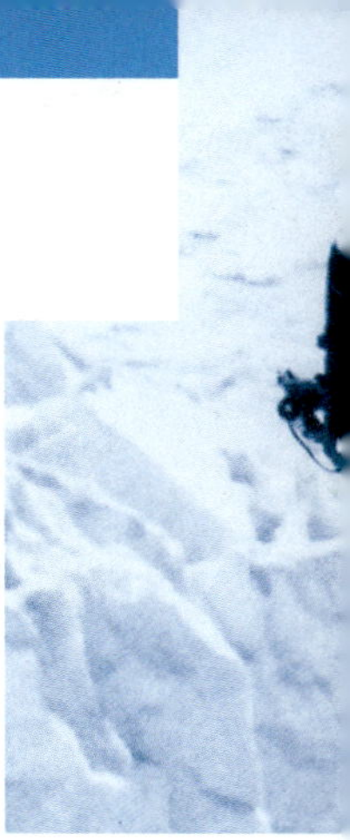

DAS STILI JOCH

im 20. Jahr

Personen

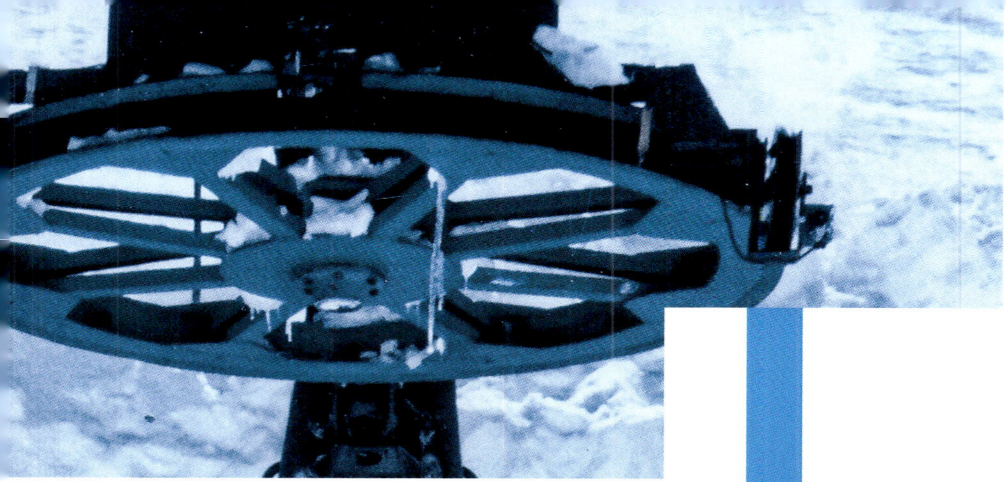

Die Aufstiegsanlagen
am Joch 240

Der Korblift

beförderung

DIE AUFSTIEGSANLAGEN AM JOCH

Seilbahn auf die Dreisprachenspitze

Wer die Geschichte der Seilbahnen am Stilfser Joch verstehen will, muss tief in die Vergangenheit eintauchen – zurück in die düsteren Tage des Ersten Weltkriegs. Was heute als technisches Meisterwerk gilt, begann als lebensnotwendige Infrastruktur in einer der extremsten Bergregionen der Alpen.

Krieg und Innovation – Der Ursprung der Aufstiegsanlagen

Mit der Besetzung der eisigen Gipfel der Ortlergruppe war die Versorgung der Soldaten eine der größten Herausforderungen. Der Schlüssel zum Erfolg: Materialseilbahnen. Diese beeindruckenden Konstruktionen waren für ihre Zeit technologische Wunder, geschaffen unter schwierigsten Bedingungen.

Am 22. September 1915 begann ein Kraftakt, der heute fast unvorstellbar erscheint: 600 Kriegsgefangene schleppten ein 2500 Meter langes, 50 Doppelzentner schweres Drahtseil von Prad nach Trafoi. Damit wurde der Bau der ersten großen Materialseilbahn eingeleitet. Sie führte von den Drei Brunnen zur Franzenshöhe in 2024 m Höhe und überwand dabei 590 Höhenmeter. Der Antriebsmotor befand sich an der Talstation. Nur zwei Monate später, im November, war die Bahn bereits in Betrieb. Von der Franzenshöhe aus setzte sich der Bau der Seilbahnen fort: Eine zweite Strecke führte 2300 Meter ohne Zwischenstütze zur Dreisprachenspitze auf 2830 m – ein Höhenunterschied von 655 Metern. Der Antrieb dieser Bahn, der sich auf der Dreisprachenspitze befand, ermöglichte eine beispiellose Leistung. Durch die Einführung eines zweiten Tragseils konnten pro Fahrt 300 Kilogramm transportiert werden, und mit 22 Fahrten pro Tag erreichte die Bahn eine Kapazität von 20 Tonnen – sowohl für Material als auch für Personen.

Die Franzenshöhe wurde zum zentralen Knotenpunkt für weitere Seilbahnen. Strecken führten zum Goldsee und mit einem Höhenunterschied von 920 Metern zum Livrio. Vom Pass führten sie auf den Scorluzzo und von der Naglerspitze bis zur Hohen Schneid. Flachere Bahnen wurden

Reste der Seilbahn Goldsee–Lempruchlager

Hundeschlitten der italienischen Truppen

sogar mit Handkurbeln an beiden Endpunkten betrieben – eine Methode, die jedoch bei Gewittern streng verboten war, nachdem ein Blitzeinschlag tragische Folgen hatte. Durch den Fund eines Vermerks des verantwortlichen Offiziers ist herausgekommen, dass sich die Zuständigen auf der Naglerspitze nicht mit dem nötigen Einsatz am Kurbeln beteiligten.

Die Bedingungen, unter denen diese Bahnen entstanden, waren brutal. Hundeschlitten und -wagen transportierten Materialien zwischen den Stationen auf der Franzenshöhe. Hunderte Kriegsgefangene und Soldaten arbeiteten unermüdlich am Bau, oft in eisiger Kälte. Dennoch gelang es, ein Netz von Verbindungen zu schaffen, dessen wenige Reste heute noch Bewunderung hervorrufen.

Ein Visionär seiner Zeit

Hinter vielen dieser Pionierleistungen stand Ing. Alois Karl Zuech[178], ein Seilbahnpionier, dessen Name untrennbar mit dem Seilbahnbau verbunden ist. Sein Knowhow legte den Grundstein für diese beeindruckenden Bauwerke, die nicht nur strategische Vorteile boten, sondern auch technologische Maßstäbe setzten.

Ein Wettlauf zwischen den Fronten

Auch die italienische Seite errichtete zahlreiche Seilbahnen – etwa an der Hohen Schneid, der Trafoier Eiswand und weiteren Gipfeln. Fünf Bahnen führten sogar auf den strategisch wichtigen Punkt der Trafoier Eiswand. Diese Anlagen hatten ihren Ausgangspunkt auf den Südhängen des Zebrù- und Furva-Tales. Der Wettlauf um Höhen und Versorgungskapazitäten prägte diese Phase des Krieges und ließ die Region zu einem Schauplatz technischer Innovation werden.

Die Geschichte der ersten Seilbahnen am Stilfser Joch ist mehr als nur eine Erzählung von Krieg und Technik. Sie ist ein Zeugnis menschlicher Anpassungsfähigkeit, Entschlossenheit und Ingenieurskunst – geboren aus Notwendigkeit, aber bis heute bewundert für ihre Vision und ihre Leistung.

178 Ab 1904 Zuegg, * 24. April 1876 in Lana, † 14. Januar 1955 in Bordighera.

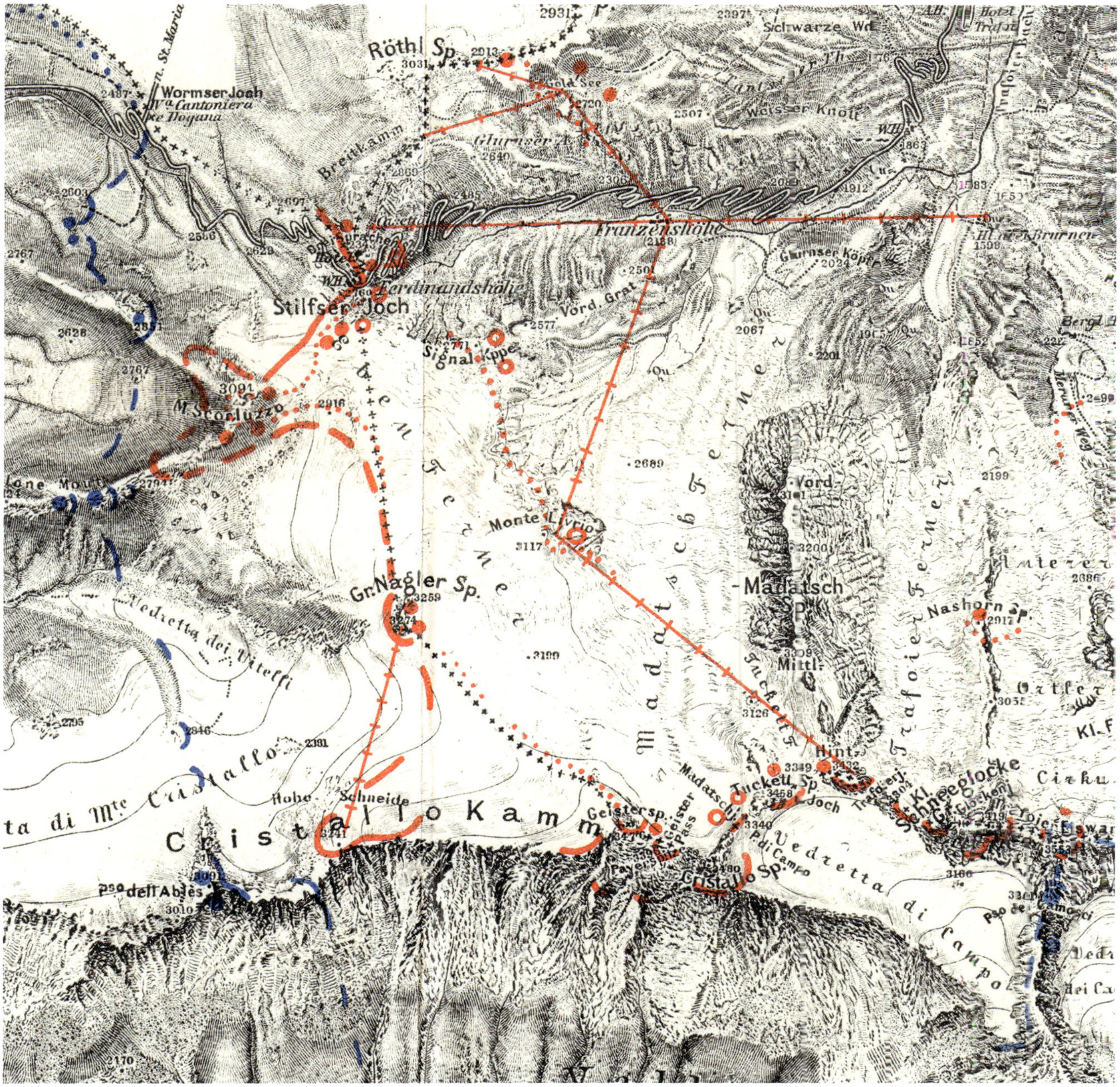

Die österreichischen Seilbahnen im Ersten Weltkrieg

Nach dem Krieg wurden alle Bahnen abgebaut und die Drahtseile eingesammelt. Die Reste versanken im ewigen Eis. Einige kamen beim Gletscherrückgang im 21. Jahrhundert wieder zum Vorschein.

Für den Sommerskilauf wurden andere Aufstiegshilfen benötigt. Die ersten am Joch in Betrieb genommenen Lifte glichen Handseilzügen mit niederer Seilführung. Wann die erste mechanische Aufstiegshilfe gebaut wurde, ist nicht klar. Einige sprechen von 1947, andere wieder von den Jahren 1950 oder 1951. Angetrieben wurden diese im Tal von einem Verbrennungsmotor, der meistens von einem Traktor stammte. Dieser war auf einem starken Holzgerüst fixiert und setzte ein Schwungrad in Bewegung, welches ein Seil zog. Um nach oben zu gelangen, musste der Skifahrer jedes Mal einen Selbstklemmhaken am Seil befestigen. An diesem war eine kurze Stahlschnur mit einem am Ende befestigten Holzbrett angebracht. Dieses Brett hatte die gleiche Funktion wie die heute auch

Skilift mit Dieselantrieb

nur mehr selten verwendeten Tellerbügel. Wenn der Skifahrer den Ausstieg erreichte, wurde der Haken vom Zugseil gelöst, dem Liftwart gegeben oder in den Schnee geworfen. An einem Drahtseil zischte oder glitt er wieder ins Tal zurück, wobei darauf geachtet werden musste, dass er nicht in den Schnee fiel. Das Zugseil konnte bei welligem Terrain nicht immer in der richtigen Höhe gespannt werden. So kam es dazu, dass kleine Kinder regelrecht in der Luft schwebten. Was für die einen ein Jux war, war für andere ein Schreckensmoment.

Die ersten zwei derartigen Aufstiegshilfen wurden vom CAI auf der Geisterspitze errichtet. Dort kamen zwei weitere von Johann Tschenett, Friedrich Thöni und Friedrich Paulmichl dazu. Weitere liefen am Pass: am Scorluzzo einer von Pierino Sertorelli und am Hang hinter der Talstation der Seilbahn einer von Veri Confortola und Bruno Alberti. Dazu kamen drei Lifte am Nagler von Veri Confortola und Georg Thöni sowie von Giuseppe Pirovano. Sertorelli baute noch einen Schlepplift mit hoher Seilführung unter dem Schutzhaus Piccolo Nagler.

Maximal waren acht Anlagen gleichzeitig im Betrieb.

Das Skigebiet am Gletscher vom Trincerone[179] aufwärts war vom Pass aus nur zu Fuß erreichbar. 1949 wurde von Veri Confortola mit großem Aufwand eine Zufahrtsstraße bis zur Baustelle der kleinen Naglerhütte errichtet. Diese führte dann weiter bis zum Trincerone am Beginn des großen Ebenwandferners.

Bevor die Aufstiegsanlagen in Betrieb gingen, beförderten Veri Confortola und einige Bormianer mit ausgedienten kleinen Weltkriegsjeeps bis zu zehn zahlungswillige Skifahrer in die Höhe. Der Fahrer, unter ihnen wurde Mario Colturi „Zaveri“ weitum berühmt, konnte sich nur an dem Seitenrand des Weges orientieren, da die Motorhaube vollbesetzt mit Skifahrern war. Später kamen dann auch größere Geländewagen und sogar Unimogs zum Einsatz. Darauf fanden bis zu 20 Personen Platz. Diese Fahrzeuge leisteten auch nach Inbetriebnahme des Korbliftes große Dienste, da sie die langen Warteschlangen verkürzten.

Am 30. Oktober 1961 wurde die Liftgesellschaft S.I.F.A.S. AG (Società impianti funiviari allo Stelvio) von zehn Mitgliedern gegründet. Das Aktienkapital von einer

179 Großer Schützengraben.

Million Lire war zur Hälfte unter Südtiroler und Veltliner Aktionären aufgeteilt. Am 9. März 1962 wurde die Gesellschaft in die Handelskammer von Bozen eingetragen. Ihr erstes Ansuchen galt einer Liftverbindung vom Pass zur Kuppe des Trincerone, doch die Pirovano-Gesellschaft hatte ebenfalls vor, einen Lift vom Pass zu ihrem Schutzhaus Nagler zu bauen. Es musste also zu einer Kreuzung der zwei Anlagen kommen. Die Talstation der S.I.F.A.S. Anlage war auf Veltliner Gebiet geplant, die Bergstation lag auf Südtiroler Seite. Da die Trasse über zwei Provinzen bzw. Regionen verlief, war für diese Anlage das römische Motorisierungsamt zuständig. Für den geplanten Sessellift von Pirovano war es die Regionalregierung in Trient. Wegen der damals noch nicht geklärten Grenzen zwischen den zwei Regionen konnte Pirovano nicht wie geplant vom Pass aus starten. Er war gezwungen, die Talstation in die Höhe zu verlegen. Die S.I.F.A.S. hatte bereits im Herbst 1961, vor der offiziellen Gründung der Gesellschaft und der Genehmigung aus Rom, den Lift bestellt. Es war ein Korblift mit Stehkörben für zwei Personen der Fa. Graffer aus Trient. Dieser versprach eine höhere Förderleistung als ein Sessellift. Noch im Spätsommer wurde

Mario „Zaveri“ Colturi mit seinem Jeep

mit dem Bau begonnen. Dies stellte für die damalige Zeit keine Ausnahme dar. Da die Anlage den Sessellift von Pirovano kreuzte, musste sie drüber geführt werden. Keine Behörde wollte dafür eine Genehmigung erteilen, eine solche Kreuzung war in Italien nicht vorgesehen.

Die Geisterspitze, links Tuckett, Mitte Geister-SIFAS, rechts stillgelegte Geister-Pirovano, im Vordergrund Campi-Scuola-Lifte, 1985

Im Ausland wurden unzählige Liftquerungen gebaut. Im Jahresabschlussprotokoll der Gesellschaft kann man folgende Ausführung vom Präsidenten Dei Cas lesen:

Wer mit all den Schwierigkeiten vertraut ist, weiß sehr wohl, dass es zu einem bestimmten Zeitpunkt wichtig war, das Werk in Angriff zu nehmen, eine Realität zu schaffen, die es uns ermöglichte, vor anderen zu handeln und die Behörden vor vollendete Tatsachen zu stellen. Dies hatte eine entscheidende Bedeutung, und angesichts dessen glaube ich nicht, dass man das, was wir getan haben, als verwerflich beurteilen kann. Die aufgezeigten und aufgetretenen Unannehmlichkeiten werden behoben. Die Arbeiten werden abgeschlossen und funktionstüchtig gemacht: Wichtig ist, dass wir Ihnen sagen können, dass wir erfolgreich gebaut haben und dass wir auch, wenn auch ein wenig unerlaubt, mit einem guten Gewissen und wirtschaftlichen Ergebnissen dastehen können [...].

Der Lift ging offiziell am 10. Juli 1963 in Betrieb, lief aber schon lange vorher. Die Abnahme erfolgte durch Techniker aus Rom. Dann begann eine jahrzehntelange Kontroverse mit der Gesellschaft Pirovano.

Die Anlage von Pirovano, ein Ein-Mann-Sessellift der Firma Marchisio aus Turin, wurde 1963 fertiggestellt und von Technikern aus Trient abgenommen. Zum Erreichen dieser Anlage wurde eine Zufahrtsstraße gebaut, die ursprünglich auch die neu errichtete Tibet Hütte hätte bedienen sollen. Die Bergstation endete über der Naglerhütte. Dort plante Pirovano ein neues, größeres Hotel.

Nach dem Korblift begann die S.I.F.A.S. mit dem Bau der Gletscherlifte. Einige davon, die alten Handtellerlifte am Nagler und auf der Geisterspitze, waren im Besitz der Gesellschafter und wurden übernommen. Für zwei Lifte auf der Geisterspitze hatte der CAI die Konzession. Die S.I.F.A.S. stellte an deren Stelle neue Gletscherlifte, musste aber jahrelang um die Konzession ringen. Am Ende fand man einen Kompromiss, der CAI musste beispielsweise für die Skipässe nur mehr die Hälfte bezahlen.

Schon bei Eröffnung des Korbliftes wurde an einer Bahn bis zum Livrio gearbeitet. Zuerst waren die Grundfragen zu klären. Der Baugrund für die Tal- und Bergstation war im Besitz des CAI. Langwierige Verhandlungen folgten. Es wurde teuer und kam wieder zu Skipassermäßigungen, aber ohne Grundbesitznachweis konnte die geplante Seilbahn nicht kollaudiert werden.

Auch die kleine Seilbahn vom Trincerone zum Livrio hat ihre eigene Geschichte. Gebaut wurde sie von der Firma Hölzl aus Lana. Die Gesellschafter fuhren mehr als 15-mal nach Meran, um über den Preis zu verhandeln. Dabei bewies der damalige Präsident, Zep Dei Cas, seine hervorragenden Fähigkeiten und eine unbändige Ausdauer. Jedes Mal konnte ein kleiner Nachlass oder eine Zusatzleistung erzielt werden. Die Talstation der Seilbahn konnte nicht neben dem Korblift errichtet werden, da die Seilführung zu tief über den – damals noch vorhandenen – Gletscher geführt hätte. Sie wurde daher auf den höchsten Punkt des Trincerone verlegt. Trotzdem mussten bei Vereisung die tief hängenden Zugseile häufig aus dem überquerten Gletscher befreit werden. Heute ist das Eis fast völlig verschwunden. Die Bahn schwebt 50 Meter über den Resten des weggeschmolzenen Gletschers.

Korblift und Seilbahn, am Gletscher der Torlauf für das Stilfser-Joch-Rennen

Es stellte sich heraus, dass bei starkem Wind der Korblift immer wieder eingestellt werden musste und die Förderleistung nicht genügte. Die S.I.F.A.S. beschloss, neben dem bestehenden Lift eine Seilbahn zu bauen. Am Ende langer Verhandlungen mit verschiedenen Herstellern war es wieder die Firma Hölzl aus Lana, die eine Seilbahn nach denselben Plänen baute, die sie bei weiteren vier Anlagen in den Dolomiten ausgeführt hatte. Pirovano legte wieder Rekurs ein und es gelang dem Unternehmen, den Bau für einige Jahre zu verhindern. Sogar die Bestätigung der positiven Abnahme aus Rom verzögerte sich, da niemand das Protokoll unterzeichnen wollte. Der Autor, damals Präsident der Gesellschaft, ließ die Bahn dennoch in Betrieb setzen, wie dies beim Korblift der Fall war, was ihm einige schlaflose Nächte bereitete. Zur Vorsicht hielt man zu Beginn auch den alten Korblift startbereit.

Ab dem Jahr 1985 war der Streit mit der Pirovano-Gruppe beendet. Die Gesellschaft wurde von der Banca Popolare geführt. Diese schloss mit der S.I.F.A.S. einen Vertrag über die Führung der drei noch übrig gebliebenen Anlagen ab. Es waren dies die Skilifte Nagler, Conca Livrio und Cristallo.

Die Seilbahnen genügten den Anforderungen der Skifahrer sehr bald nicht mehr. Auch größere Revisionen wurden fällig. Zudem gab es immer wieder Ausfälle bei starkem Wind. Man suchte nach neuen Lösungen und zog einen Experten aus Frankreich, Ing. Denis Creissels, hinzu. Er hatte windstabile Anlagen entwickelt. Die Firma Hölzl/Doppelmayr entwickelte auch ein windstabiles System und baute 1999 die erste derartige Bahn zum Livrio.

Alle übrigen Lifte, welche den Charakter von Schleppliften aufweisen, wurden vorzugsweise direkt auf dem

Schneekatzen bringen Gäste vom Trincerone zum Livrio, nach oben sogenannte Snow-Tracs, nach unten Cingoletta

Gletscher gebaut und im Eis verankert. Besonders geeignet waren dazu die leichten Anlagen der Firma Leitner aus Sterzing. Am Nagler stand ein französisches Modell von Pomagalski mit fester Verankerung an der Bergstation. Diese ermöglichte es, sie an die jährlichen Gletscherschwankungen anzupassen. Der Nachteil war, dass sie am Beginn jeder Sommersaison fast gänzlich neu ausgerichtet und aus gewaltigen Schneemassen befreit werden mussten. Dazu standen in den ersten Betriebsjahren nur wenige Hilfsmittel zur Verfügung. Schaufeln war angesagt. Später kamen kleine Raupenschlepper dazu, welche von immer größeren abgelöst wurden. Schaufelbagger und Spinnengreifer vervollständigten die Gerätschaften. Sie dienten neben dem Ausgraben von Liften auch dem Zuschütten oder Auffüllen von Gletscherspalten. Auf der Geisterspitze und am Cristallo hatte man es mit Dimensionen zu tun, dass man Hunderte, ja Tausende Kubikmeter an Schnee zum Auffüllen gebraucht hätte. Einige Male versanken auch Pistenraupen und Bagger in den Spalten, zum Glück ohne Folgen für die Fahrer.

Die ersten Pistenglättungsgeräte waren einfache Holzwalzen, welche mit den Schleppliften nach oben und anschließend von einem oder zwei Liftwarten nach unten gezogen wurden. Diese erwiesen sich aufgrund des nassen oder gefrorenen

180 Snow-Trac mit VW-Käfer-Motoren.
181 Das „Süße Löchl" genannt.

Snow-Trac von Pirovano

Schnees als nicht geeignet. Die ersten Schneemobile erfüllten da schon eine bessere Arbeit. Sie wurden allerdings zum Personen- und Gütertransport, nicht zum Planieren der Pisten angeschafft. Pionierarbeit leisteten die Pächter der Livrio-Hütte, die Familie Dei Cas. Ihre ersten drei Geräte stammten von einer schwedischen Firma[180], ab 1960 wurde jedes Jahr eines davon gekauft. Man brachte damit die Gäste vom Trincerone zum Livrio oder – mit Skiern an einem langen Seil angehängt – zu den untersten Schlepplifte auf der Geisterspitze. Die bereitstehenden Träger hatten damit ihre Arbeit verloren und wurden an den Liften eingesetzt. Auch der bis dahin benutzte Maulesel für den Lebensmitteltransport wurde in den Ruhestand geschickt. Diese Geräte waren anfällig und versanken im nassen Schnee. Etwas Besseres fand der Hotelier Veri Confortola in Modena. Es waren Amphibienfahrzeuge, Überbleibsel der Invasion in der Normandie des Zweiten Weltkrieges. Sie wurden in einer Werkstätte in Modena zu Schneefahrzeugen umgerüstet und erhielten den Namen Cingolette. Davon wurden weitere vier gekauft.

Auch Pirovano hatte mit kleinen Kettenfahrzeugen begonnen. Dann wollte sich das Unternehmen von den anderen abheben. Durch einen englischen Vermittler hatte er ein Fahrzeug erworben, welches von Polarforschern am Südpol eingesetzt war. Es war eine Tucker Snow-Cat mit vier getrennten Antriebsketten und vergrößertem Passagierraum. Eine imposante Maschine. Auf flachem Gelände und hartem Schnee lief das Gerät sehr gut. Im Schneematsch aber nicht.

1961 hatte Fritz Angerer am Joch auf einem markanten Aussichtspunkt die Tibet Hütte fertiggestellt. Da ursprünglich keine Zufahrtsstraße dorthin führte, baute er eine Materialseilbahn, die ihren Ausgangspunkt an der zehnten Kehre[181] hatte. Er wollte sie zum Frühjahrsskilauf öffnen und erwarb dafür eine erste Pistenraupe der Marke Prinoth P 15, welche im Sommer auch auf dem Gletscher zum Einsatz kam. Dieses Fahrzeug war das erste, welches auch für die Pistenpräparierung geeignet war. Durch seine leichte Bauweise, den geringen Aufstandsdruck von 15 g/cm² und die breite Raupenführung erzielte es erstmals Erfolge in der Schneeglättung. Anschließend kamen immer neuere Geräte zum Einsatz. Der Gletscher eignete sich im Sommer hervorragend als Testgelände für die neuen und immer größeren Geräte. Hauptsächlich von den Herstellern Leitner, Prinoth, Ratrac, Kässbohrer und Bombardier. Aber auch kleinere Marken machten ihre ersten Versuche. Die S.I.F.A S. hatte bis zu acht große Geräte im Einsatz, welche Tausende von Stunden in einem Sommer für das Präparieren der Pisten leisteten. Sie waren aber auch beim Freischaufeln der Liftanlagen und Auffüllen der Gletscherspalten und letzthin sogar beim Öffnen der Straße im Einsatz.

Nach dem Tod von Giuliana Pirovano im Jahr 1977 kam ihre Gesellschaft zusehends in Schieflage. Zuerst wurden die drei Häuser am Trincerone geschlossen, dann wollten zwielichtige Unternehmer das Imperium an sich reißen. Da sich kein Käufer fand, wurden die Hotels und die Università dello Sci 1985 von der Banca Popolare di

Oben: Der doppelte Geisterlift vom Livrio bis unter die Geisterspitze ersetzte 1995 alle vorhergehenden Lifte auf der Geisterspitze
Unten: Der Geisterlift, 2022

Südtiroler und Veltliner Angestellte der S.I.F.A.S. AG mit dem Direktor Roberto Zazzi und dem Präsidenten Zep Dei Cas im Vordergrund, 1972

Sondrio übernommen. Die Aufstiegsanlagen wurden der S.I.F.A.S. zur Führung übertragen. In einem Zusammenschluss der Aufstiegsanlagen sah man die einzige Möglichkeit, die bestehenden Schwierigkeiten zu überwinden und die Kosten zu rationalisieren. Nach langen Verhandlungen fand man eine Einigung. Das Verhältnis 50 Prozent Südtiroler und 50 Prozent Veltliner Aktionäre wurde zugunsten der Veltliner verändert. Der Autor war als Präsident für diese Veränderung, dafür wurde er von einigen Südtiroler Aktionären scharf angegriffen. Eine Wiederherstellung der Parität wäre möglich gewesen, fand aber keine Unterstützung bei den Gegnern des Zusammenschlusses. Die Zusammenlegung beendete einen jahrzehntelangen Streit und erweiterte das Skigebiet für die S.I.F.A.S. bis ins Kälbertal unter der Cristallo Spitze. Ein Mehrwert, welcher erst durch den Gletscherschwund seine Bedeutung zeigt.

Die schneereichsten Jahre – 1967, 1975, 1977 und 1979 – brachten noch einmal einen kleinen Zuwachs der Gletscher mit sich, aber ab den späten 1980er-Jahren ging es rapide abwärts. Die Pirovano-Lifte auf der Naglerspitze mussten um 1990 ihren Betrieb einstellen; 2002 folgte der Nagler-Thöni-Lift. Die Lifte unterhalb des Livrio waren nur mehr für wenige Wochen zu Beginn der Saison in Betrieb. Ebenso die Geisterlifte von Pirovano. Von den einst 14 Skiliften liefen schließlich nur mehr vier.

Die Aufstiegsanlagen am Stilfser Joch nahmen meist Ende Mai ihren Betrieb auf. Die Arbeiter reisten drei Wochen vorher über die Straße von Bormio an, die oft viele Wochen früher als die Straße auf der Trafoier Seite freigeräumt wurde. Häufig erreichten sie den Pass mit Pistenraupen, die im Tal bereitstanden. Viele Stützen und Umlenkstationen waren komplett unter dem Schnee begraben, was durch den entstandenen Schneedruck immer wieder zu unvorhersehbaren Schäden an den Gittermasten führte.

Während des gesamten Jahres verschoben sich die Aufstiegslinien durch die Bewegung des Gletschers. Daher mussten die Lifte auch im Sommer regelmäßig ausgerichtet werden. Es kam sogar vor, dass sich der Gletscher innerhalb weniger Tage um mehrere Meter verschob. Besonders auffällig war dies am Cristallo-Lift. Die Bergstation war fest auf dem Felsen verankert, während die Talstation den Bewegungen des Gletschers folgte. Mit langjähriger Erfahrung und viel Geschick gelang es dem Betriebsleiter der Schlepplifte, Otto Angerer aus Stilfs und seinen Mitarbeitern jedes Problem zu lösen.

Im Durchschnitt waren mehr als 50 Personen an den Aufstiegsanlagen beschäftigt. Man bemühte sich, ein ausgewogenes Verhältnis zwischen Südtirolern und Veltlinern zu erreichen. Bei größeren Revisionsarbeiten war ein Teil der Belegschaft auch bis in den Dezember hinein auf dem Gletscher tätig.

Der Winter 1989 war besonders schneearm und die künstliche Beschneiung in den umliegenden Skigebieten stand noch nicht zur Verfügung. In Bormio und Trafoi gab es kaum Schnee, die Straßen waren so gut wie schneefrei. Um die Skisaison im Tal zu retten, wurde die S.I.F.A.S. gebeten, ihre Anlagen am Joch während der

Lifte unter dem Livrio und auf der Geisterspitze, 1987

Cristallo-Lift gegen Nagler und Kälbertal, 1987

Bombenfund am 8. August 1993. Es wurden chemische Kampfmittel vermutet, der Fachmann vom Militär mit dem Verantwortlichen der Skilifte, Otto Angerer

Faschingsferien zu öffnen, was sie auch tat. In den ersten beiden Februarwochen war ein eingeschränkter Betrieb möglich, doch ein plötzlicher Wintereinbruch bereitete dieser Hauruckaktion ein schnelles Ende.

Nach finanziellen Schwierigkeiten der Liftgesellschaft in Trafoi führte die S.I.F.A.S. deren Anlagen, es war der Winter 1992/93. Doch es war ein Verlustgeschäft.

Der Gletscherschwund wurde aufgrund der geringen Schneeauflage und der hohen, feuchten Sommertemperaturen immer deutlicher. Ernsthaft überlegte man den Einsatz von Schneekanonen und testete verschiedene Modelle. Das Ergebnis war jedoch enttäuschend: Es fehlte an ausreichend Wasser, das zudem sehr teuer war. Eine alternative Lösung bestand darin, im Winter Arbeiter per Helikopter hochzufliegen und Schneewälle mit Pistenraupen aufzuschieben, die der Wind mit Neuschnee auffüllte. Auch dieser Versuch zeigte nur mäßigen Erfolg.

Geführt wurde die Gesellschaft von Giuseppe Zep Dei Cas von 1961 bis 1983, von Arthur Gfrei in der Zeit von 1983 bis 1997, Elia Dei Cas von 1997 bis 1998 und Stefano Capitani ab 1998. Die Direktoren hießen Roberto Zazzi, Aldo Del Bo und Rodolfo Ondertoller. Der technische Verantwortliche war über die gesamten Jahre hinweg Ing. Walter Reinstadler, als Revisoren und Berater konnte man Franz Berebenni Gaspare De Maron und Heinrich Müller gewinnen.

Die Liftgesellschaft hatte seit ihrem Bestehen bis ans Ende des Jahrhunderts viele fleißige Mitarbeiter, welche im Winter in den umliegenden Skigebieten arbeiteten. Wertvolle Betriebsleiter bei Seilbahnen und Skiliften sowie der Pistenpräparierung sorgten für ein gutes Betriebsklima. Ihre im Laufe der Jahre gewonnenen Erfahrungen in extremen Situationen trugen zum Erhalt des Sommerskigebietes bei. Der Verfasser will hier keine Namen nennen, es waren sehr viele und er würde bestimmt den einen oder anderen vergessen. Es gab einen Todesfall und einen Schwerverletzten.

Mit dem Schwinden des Eises kam viel Unrat an die Oberfläche des Gletschers. Oft wurden die Verankerungen der Liftstützen mit Strohballen vor dem Ausapern geschützt. Um die Gletscherspalten am Nagler leichter mit Schnee aufzufüllen, warfen die Arbeiter sogar ganze Bäume hinein, die beim Ausholzen der Stelvio-Abfahrtspiste in Bormio gefällt worden waren. Doch auch diese kamen wieder an die Oberfläche. Das galt auch für den Abfall, darunter ausgesonderte Teile der Lifte oder Reste vom Umbau der Livrio-Hütte und der Pirovano-Häuser an der Mittelstation.

Dank eines Sinneswandels und der guten Zusammenarbeit zwischen der Liftgesellschaft und der Südtiroler Forst- und Domänenverwaltung konnte eine großangelegte Reinigung in Gang gesetzt werden. Diese mühsame Arbeit dauerte mehrere Jahre und war nicht ungefährlich. Immer wieder kamen explosive Kriegsrelikte aus dem Ersten Weltkrieg zum Vorschein, die markiert und anschließend vom Heer entsorgt wurden. Diese gründliche Säuberung kann als der größte Beitrag des Landes Südtirol am Stilfser Joch bezeichnet werden.

Lifte am Joch

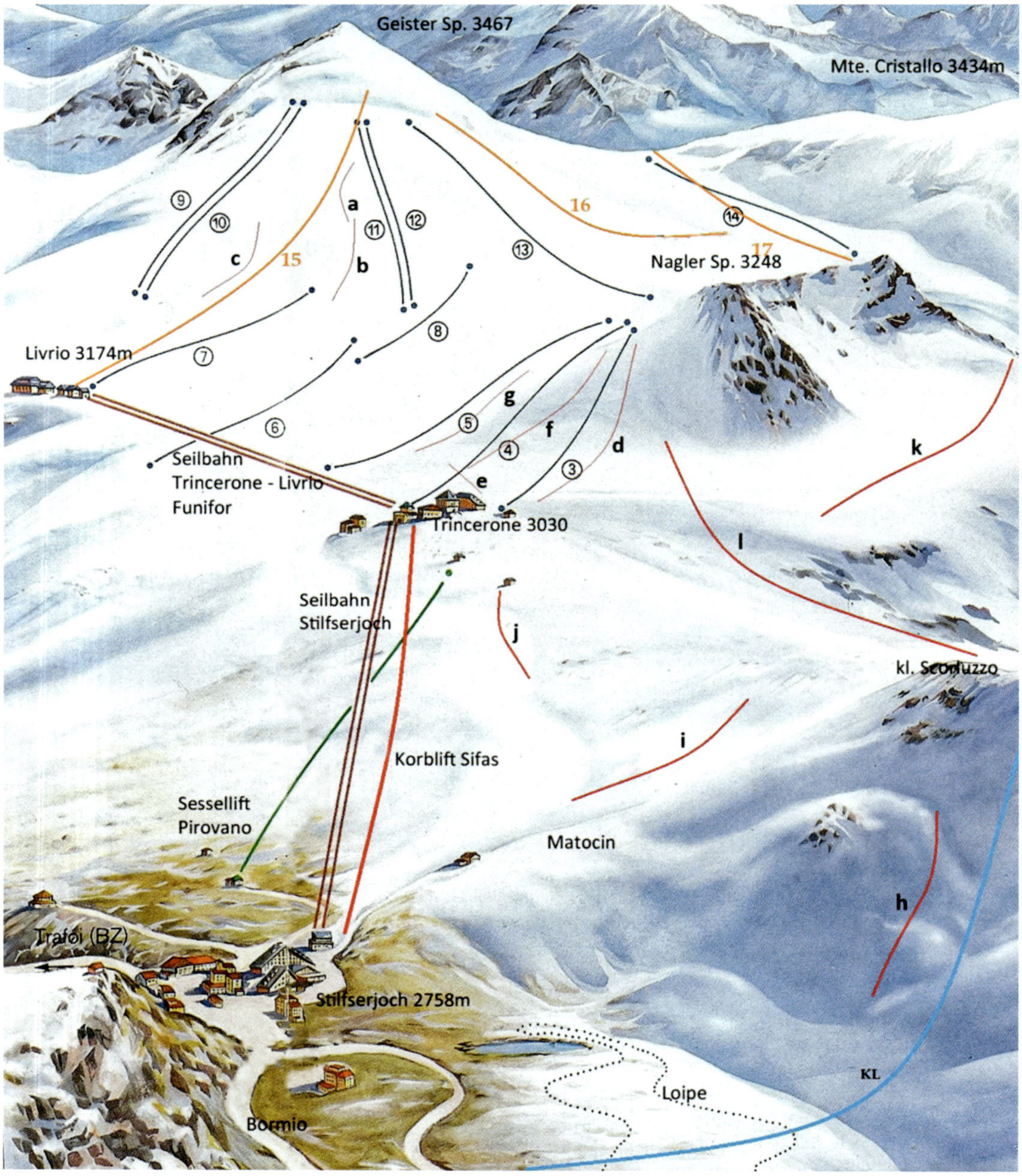

Liste der Aufstiegsanlagen am Stilfser Joch

Handbügellifte mit niederer Seilführung Marke Eigenbau, angetrieben von Dieselmotoren (Traktormotoren)

Nr.	Name	Lage	Eröffnung	Besitzer/Marke
a	Geister 2	Geisterspitze	1953/1956	Z. Dei Cas/CAI, Lanz-Motor, Eigenbau
b	Geister 1	Geisterspitze	1952/1956	Z. Dei Cas/CAI, Lanz-Motor, Eigenbau
c	Tuckett	Geisterspitze	1957	H. Tschenett, F. Thöni, F. Paulmichl, Lanz-Motor
d	Nagler Pirovano	Naglerspitze	1957	Pirovano
e	Nagler Baby	Naglerfuß	1957	Veri Confortola, kurze Betriebszeit
f	Nagler Thöni	Naglerspitze	1956	Veri Confortola, Georg Thöni
g	Conca Livrio	Ebenferner		Pirovano
h	Scorluzzo	Kleiner Scorluzzo Osthang	1952	Sertorelli Pierino, gekauft von Locatelli CAI
i	Passo Stelvio	Stilfserjoch am Talschluss	1964	Veri Confortola, Bruno Alberti, Georg Thöni
j	Sertorelli	Unter der Naglerhütte		Sertorelli Pierino Sacif Buglio, Bügellift

Gletscherschlepplifte, im Eis verankert mit hoher Seilführung und Elektroantrieb

Nr.	Name	Lage	Eröffnung	Länge ca.	Marke
3	Nagler Pirovano	Naglerspitze	1965	600	Leitner Ein-Mann-Bügel
4	Nagler Thöni ersetzt durch ↓	Naglerspitze 3100 m	1966		Pomagalski ersetzt durch ↓
	Nagler Thöni		1991	439	Doppelmayr
5	Conca Livrio Pirovano	Conca L. neben Naglerspitze	1966		Leitner Ein-Mann-Bügel
6	Passo Stelvio Conca Livrio ersetzt durch ↓	Conca Livrio 3168 m	1968	441	Doppelmayr Ankerlift ersetzt durch ↓
	Stelvio	Conca Livrio	1977–2005	500	Ankerlift Leitner
7	Campi Scuola 1	Livrio-Geisterspitze 3212 m	1967	740	Leitner Ein-Mann-Bügel
8	Campi Scuola 2	Livrio-Geisterspitze 3351 m	1971	609	Leitner Ein-Mann-Bügel
9	Tuckett 2	Geisterspitze 3317 m	1970	777	Leitner Ein-Mann-Bügel
10	Tuckett 1	Geisterspitze 3351 m	1967	794	Leitner Ein-Mann-Bügel
11–12	Geister 1 + 2	Geisterspitze 3210 m	1971	584	Leitner Ein-Mann-Bügel
k + l	Conca d'Oro Pirovano, ersetzt durch Skilift Laghetti	Nördl. Bergrücken der Nalgerspitze	1972	445	SACIF Buglio SO Ein-Mann-Bügel Fix Berg-/Talstation
13	Geister lungo Platigliole Pirovano	Nalger Geisterspitze	1967	1158	Leitner Ein-Mann-Bügel
13 a	Geister corto Pirovano	Nagler Geisterspitze			SACIF Ein-Mann-Bügel
14	Cristallo Pirovano Sasso Rotondo ersetzt durch ↓	Cristallo Kälbertal	1971		Fixe Bergstation mit Dieselstrom-aggregat, Ein-Mann-Bügel
15	Geister 1+2 ersetzen alle Geister- und Tuckett-Lifte	Livrio Geisterspitze	1996		1x Ein-Mann-Bügel, 1x Doppelbügel
16	Payer	Kälbertal Geisterspitze	2000		Leitner
17	S.I.F.A.S. AG		2007		Leitner

2-Personen-Stehkorb S.I.F.A.S. AG

Nr.	Name	Lage	Eröffnung	Länge ca.	Marke
	Stilfserjoch Trincerone Korblift S.I.F.A.S. AG	Stilfserjoch Trincerone 3030 m	Bestellt 1959, Eröffnet 10. Juli 1963 bis 1978	1180	Graffer, Trient, 2-Personen-Stehkorb

Die Lifte 15, 16 und 17 sind die einzigen, die noch existieren.

1-Personen-Sessellift Pirovano				
Sessellift Pirovano	Stilfserjoch – Naglerhütte 2980 m	Bestellt 1961, eröffnet 25. September 1963	905	Marchisio TO Ein-Mann-Sessel
Kabinenbahnen S.I.F.A.S. AG				
Livrio ersetzt durch ↓	Trincerone Livrio 3177 m	Baubeginn 5. August 1965, Betrieb 1966	828	Seilbahn Hölzl 25-Personen-Kabine
Livrio	Trincerone 3031 m, Livrio 3176 m	1999	804	Funifor, Doppelmayr 70-Personen-Kabine
Stilfserjoch Trincerone	Stilfserjoch Trincerone 3030 m	Bestellt 1975, in Betrieb 1978	1166	Seilbahn Hölzl 70-Personen-Kabine

Verkaufte Wochenskipässe an die Skischulen am Joch ohne Pirovano				Verkaufte Wochenskipässe an die Skischulen in Bormio, Trafoi, Valfurva und Santa Maria		
Anzahl	**Tagessätze**	**Veränderung**	**Jahr**	**Anzahl**	**Tagessätze**	**Veränderung**
14.875	103.999		1979	22.832	136.997	
13.850	96.963	-6,8	1980	20.785	124.712	-8,9
12.980	90.860	-6,2	1981	19.380	116.284	-6,7
11.198	78.386	-13,7	1982	16.522	99.134	-15,2
9.693	67.851	-13,4	1983	14.263	85.583	-13,6

Von 1979 bis 1983 wurde ein Rückgang von 36,3 % bei den Wochenskipässen (sieben bzw. sechs Tage) verzeichnet. Bei den Nächtigungen am Joch von 21,7 %. Die Statistik zeigt, dass der Sommerskilauf auch für die umliegenden Orte von großer Bedeutung war.

Die gescheiterte Seilbahnverbindung zum Joch

Am Gletscher des Stilfser Jochs lief der einzige reine Sommerskibetrieb der Alpen. Alle anderen Gebiete waren das ganze Jahr über geöffnet und hatten ab dem Herbst den größten Zulauf. Lediglich für Revisionsarbeiten blieben die Anlagen ganz oder teilweise geschlossen. Am Joch bestand diese Möglichkeit nicht, da die Zufahrtsstraßen auf allen drei Abhängen bei den ersten größeren Schneefällen Wintersperre hatten. Dies weckte den Wunsch, in erster Linie bei den Fremdenverkehrstreibenden, eine Verbindung von den tiefer gelegenen Orten zum Gletscher herzustellen, um einen Ganzjahresbetrieb zu erlauben.

Da am Joch mehrere Skilifte standen, wurde 1958 in Trafoi eine Seilbahnverbindung mit dem Gletscher geplant: Ausgangspunkt war Trafoi, von dort wollte man zum Glurnser Köpfl, orografisch rechts über dem Weißen Knott am Ende des Madatschferners, und weiter bis zum Livrio. Eine zweite Variante sah die Franzenshöhe als Zwischenstation vor. Das Projekt beinhaltete eine Seilbahn mit Kabinen zu je 25 Personen. Es war damals die einzige Möglichkeit, mit einer solchen den großen Höhenunterschied und den Bodenabstand zu überwinden. Die Gesamtlänge betrug 4000 Meter. Die Förderleistung wäre demnach sehr gering gewesen. Für die wenigen Gäste, die in Trafoi Unterkunft fanden, war sie für die damalige Zeit wohl ausreichend.

Die Rentabilität dieser Bahn braucht nicht bezweifelt werden, denn das Skigebiet am Joch ist einmalig.[182]

182 Dolomiten, 4. März 1959.

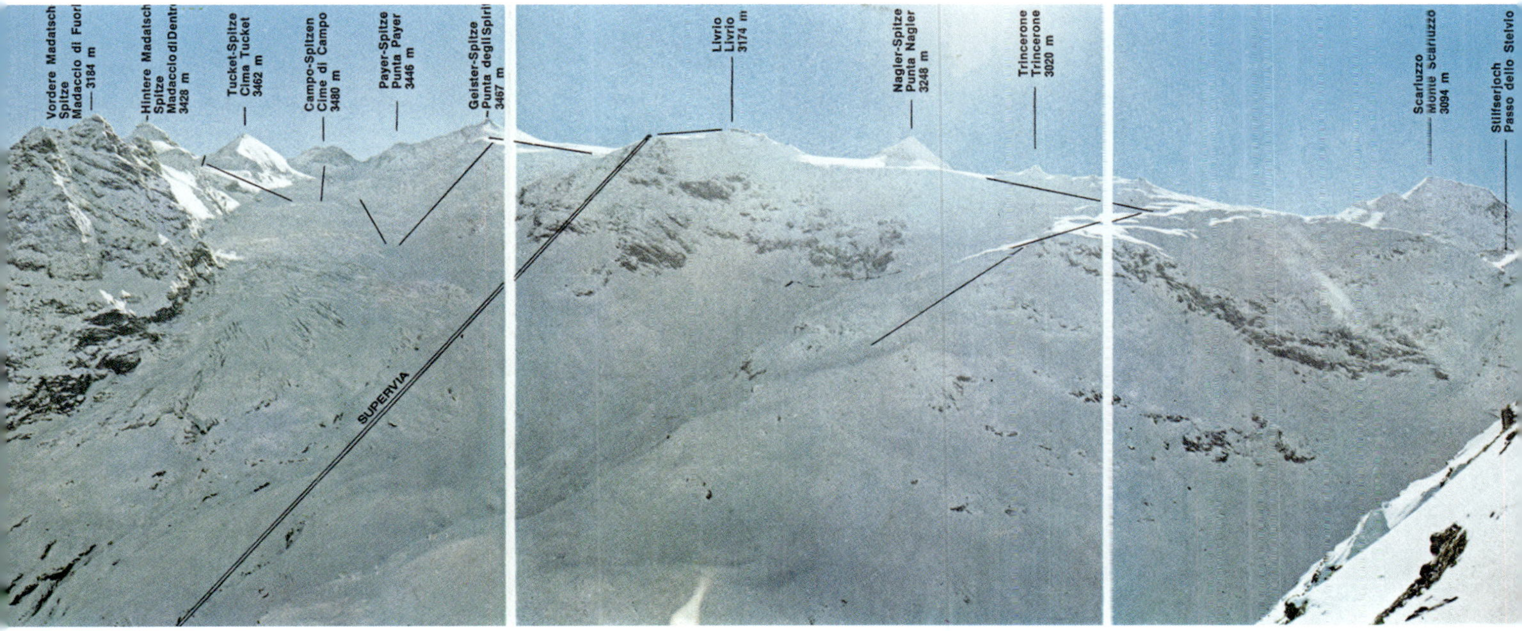

Seilbahnpläne der ersten Ortler Ski AG

Man bemerkte recht bald, dass diese Lösung nicht verwirklicht werden konnte und plante weiter. Am 30. November 1971 wurde die Gesellschaft Ortler Ski AG mit einem Kapital von 2,4 Milliarden Lire unter dem Präsidenten Georg Thöni gegründet. Die Pläne sahen jetzt eine Verbindung vom Glurnser Köpfl (1906 m) zum Livrio (3119 m) vor. Geplant waren eine Großkabinenbahn – Supervia – für je 125 Personen, Parkplätze für 2000 Autos und acht Gletscherskilifte im Bereich der Tuckettspitze und des Madatsch-Gletschers. Auch zwei fest verankerte Lifte vom Trincerone zur Franzenshöhe, Chalets und Erfrischungskioske waren vorgesehen. Die neu hinzukommenden Pisten hatten eine Länge von 40 Kilometern, die längsten erreichten sieben Kilometer. Die lokale Begeisterung für das Projekt war groß. Mehrere Male wurde das Projekt aus der Schublade geholt, man kam aber über eine erste Planung nicht hinaus. Es fehlten die finanziellen Mittel – und der politische Wille.

Mit dem Rückgang des Sommerskilaufes versuchte die S.I.F.A.S. Anfang der 1990er-Jahre, eine Winterverbindung herzustellen. Es gelang, dieses Vorhaben in den landesweiten Skipisten- und Aufstiegsplan einzuführen. Vermessungen, Projekte und Studien durch die Firma Leitner und Waagner Biró wurden erstellt und der Landesregierung vorgelegt. Der Universitätsprofessor Gottfried Tappeiner legte Machbarkeitsstudien vor, Ing. Walter Reinstadler, der technische Leiter der Lifte, zeichnete Pläne mit verschiedensten Varianten, Kostenvoranschläge wurden eingeholt usw. Man war durchaus zuversichtlich, bis man erfuhr, dass ein anderer lokaler Liftbetreiber ein Veto gegen dieses Vorhaben eingelegt hatte und man in der maßgeblichen Instanz dieses einhalten wollte. Daraufhin wurden alle Versuche einer Ganzjahreserschließung begraben.

Bild S. 258/259: Die Kehre 4, „auf der Wendeln", auch „Kurze Ried" genannt

Die Kehre 32, „untere Steinbruch-Ried", mit dem Ortler – kurz darunter geschah der Gattenmord von Tourville.

BLICKEN WIR NACH VORN

Mit diesem Buch habe ich versucht, die Geschehnisse rund um das Stilfser Joch in den beiden vergangenen Jahrhunderten zusammenzufassen. Es ist mein Beitrag zum 200-Jährigen dieses beeindruckenden Bauwerks. Für die ältere Generation soll es eine Gelegenheit sein, Erinnerungen aufzufrischen. Die jüngeren Leser möchte ich dazu anregen, sich mit der Vergangenheit auseinanderzusetzen und die Geschichte dieser Passstraße zu entdecken.

Natürlich kann ein einzelnes Werk nicht alle Aspekte einer derart faszinierenden Geschichte erfassen. Jedes der alten Hotels entlang der Straße von Spondinig bis nach Bormio könnte für sich genommen ein eigenes Buch füllen. Schon lange bevor viele Alpentäler entdeckt wurden, blühte der Tourismus rund ums Stilfser Joch.

Die Ereignisse der Weltkriege streife ich nur am Rande. Es gibt heute engagierte lokale Vereine, die nicht nur die Überreste dieser Zeit sammeln, sondern auch die

Geschichte aufarbeiten und dokumentieren. Ebenso sind die Bau- und Erhaltungsarbeiten an der Straße ein eigener Bereich, der in diesem Buch nur angerissen werden kann. In den Archiven von Bozen und Mailand lagern unzählige Akten über die Baugeschichte, wobei leider das dazugehörige Bildmaterial entwendet wurde oder verschwunden ist.

Ein weiteres spannendes Kapitel wäre die Geschichte der Straße über den Umbrailpass, der seit Jahrtausenden als Übergang dient. Wir sind kurz darauf eingegangen. In jüngerer Zeit stehen die Veränderungen durch Gletscherschwund und Klima im Hochgebirge im Fokus.

Gleichzeitig bleibt das Verhältnis der einheimischen Bevölkerung zum Stilfser Joch ambivalent – wie es schon beim Bau der Straße vor 200 Jahren war. Der zunehmende Verkehr, rücksichtslose Raser, aber auch überhebliche Radfahrer verschärfen die Spannungen. Allerdings ist der Verkehr an nicht allzu vielen Tagen überaus stark. Im Vergleich zu anderen Verkehrswegen bleibt das Aufkommen gering. Doch die kurvenreiche Strecke und die engen Dorfpassagen lassen die Situation oft dramatischer erscheinen, als sie tatsächlich ist. Das Chaos auf dem Pass selbst mit seinen zum Teil vernachlässigten Gebäuden, trägt zusätzlich dazu bei. Bereits in den 1980er-Jahren stauten sich die Autos an den „Kurzen Riedn", den Kehren, Stoßstange an Stoßstange – in der Hoffnung auf eine Überfahrt.

Verbote und Beschränkungen allein werden diese Probleme nicht lösen. Es braucht vielmehr Maßnahmen, die ein respektvolles Miteinander ermöglichen. Nicht nur die grandiose Landschaft und geschichtsträchtige, mitunter morbide Bauten faszinieren die Besucher, es sind auch die zahlreichen Kurven, die viele PS-starke Fahrzeuge anlocken – nicht zuletzt dank der sozialen Medien. Doch ehrlich gesagt: Für viele Fahrer sind diese Kehren, an beiden Seiten des Jochs zählen wir 118, eher eine Plackerei als ein Genuss. Es wäre sinnvoll, Auswüchse zu ordnen – und vielleicht auch eine angemessene Maut zu erheben. So könnte die Strecke entlastet und die Instandhaltung leichter geschultert werden.

Seit Jahren wird über eine Aufwertung der Strecke diskutiert, beispielsweise durch Stellen, die an die große Geschichte der Stilfser-Joch-Straße erinnern und zum Verweilen einladen. Die bisherigen Versuche, etwa beim Straßenstück „Lange Straße" oder der IV. Cantoniera, sind meines Erachtens nicht schlüssig und gelungen. Neue Plätze sollten daher mit Bedacht geplant werden. Die bestehenden Straßenwärterhäuser zu erhalten, ist sinnvoll, doch nicht jedes muss zwanghaft belebt werden.

Dasselbe gilt für die zahlreichen Gedenktafeln und Steinstehlen entlang der Strecke und auf den Anhöhen. Anstatt an die Schrecken der Vergangenheit zu erinnern, dürften viele vor allem daran gedacht haben, sich selbst ein Denkmal zu setzen.

Das Stilfser Joch ist ein Ort der Geschichte, der beeindruckenden Natur – und eine einzigartige Herausforderung. Es verbindet nicht nur zwei, sondern sogar drei Volksgruppen und symbolisiert eine Brücke zwischen Kulturen, die eng miteinander verwoben sind. Dieser besondere Ort verdient unseren Respekt und unsere Weitsicht, unabhängig davon, ob wir ihn bereisen oder ob wir uns für seinen Erhalt einsetzen.

Doch die Reise endet nicht am Pass. Sie führt weiter in die Täler, die auf beiden Seiten liegen. Die Bewohner dieser Regionen mögen durch geografische Grenzen getrennt sein, doch ihre Kulturen sind enger miteinander verbunden, als man auf den ersten Blick denken könnte. Machen wir uns auf, diese Täler und ihre Geschichte zu entdecken. Mit jedem Schritt wird auch der Pass selbst an Bedeutung und Wert gewinnen – nicht nur als Bauwerk, sondern als Ort der Begegnung, des Austauschs und der Verbindung.

Arthur Gfrei

Bild S. 262/263:
Das Stilfser Joch mit der Dreisprachenspitze gegen den Umbrail, 1995

ARCHIVE

Folgende Archive wurden verwendet:
(*) Privatarchiv Arthur Gfrei
ASMi GC. = Archivio di Stato Milano = ASM
GC. = Genio Civile
ASSO = Archivio di Stato di Sondrio
StABz = Staatsarchiv Bozen
LMST = Landesmuseum Schloss Tirol
LSCDSO = Archivio del Liceo Scientifico Carlo Donegani Sondrio
CMAVB = Comunità Montana Alta Valtellina Bormio
CSSAV = Centro Studi Storici Alta Valtellina
TLA = Tiroler Landesarchiv Innsbruck
OeStA/KA = Kriegsarchiv Wien
OeStA/HHStA = Haus-, Hof- und Staatsarchiv Wien
ÖNB = Österreichische Nationalbibliothek Wien
ZB = Zentralbibliothek Zürich
Biblioteca Jaura Val Müstair
und weitere

BILDNACHWEIS

Archive

Archivio di Stato di Milano, fondo Genio Civile (ASMi GC.)
S. 51

Athesia-Tappeiner Verlag
S. 92, 258/259, 260, 262/263, 270/271

Centro Studi Storici Alta Valtellina (CSSAV)
S. 13, 15, 18/19

Gemeinde Schlanders, Gebäudekataster
S. 57

Museo Civico di Bormio
S. 48

Museum 14/18 Santa Maria Val Müstair
S. 155

Nationalpark Stilfserjoch
S. 86

Österreichische Nationalbibliothek (ÖNB)
S. 35 (J. Gerstmeyer)

Österreichisches Staatsarchiv Abteilung Kriegsarchiv Wien (OeStA/KA)
S. 12, 55, Vorsatz vorne, Vorsatz hinten

Staatsarchiv Bozen (StABz)
S. 38, 39, 43, 129 u. (StABz Schlanders)

stock.adobe.com – Pavel
Umschlag vorne

Privatpersonen

M. Dei Cas, Bormio
S. 245 o., 248

Familie Angerer/Thoma, Trafoi
S. 187 u.

Familie Confortola, Bormio
S. 71, 87 u., 89, 107, 208, 210, 211, 215 r., 235 o.l.

Fliri, David, Taufers
S. 77

Gasthof Alpenrose Planttatschas, Santa Maria Val Müstair
S. 66, 144

Gfrei, Arthur, Schlanders
S. 8/9, 11, 20, 21, 23, 25, 27, 28, 30, 32, 33, 34, 37, 40, 42, 45, 46, 50, 52/53, 64, 65, 67, 68, 69, 72/73, 74, 75, 80, 81 r./u., 91 u., 93, 94, 102, 103, 104, 105, 106, 113, 115, 117, 118 u., 120, 120/121, 122, 123, 124, 126, 128, 129 o., 131, 132, 134, 135, 137, 138 u., 140, 142 o., 143, 145, 146, 147, 148 o., 149, 150, 151, 152 u., 154, 156, 157, 158, 159, 160, 162, 163, 164, 167, 168, 169, 170, 172, 173, 174 u.l./u.r., 175, 176, 177, 180, 181, 182, 184, 185, 186 o./m./u.l., 187 o., 188, 189, 191, 192, 193 l., 194, 197, 198, 200 l., 201, 202, 203, 204, 207, 209, 212, 212/213, 215 l., 216 u., 217, 218, 220, 221, 223, 225, 227, 228, 232, 233, 234, 235 o.r./u., 236/237, 238/239 u., 241, 247, 249, 250, 252, 254, 257, 269

Kaserer, Walter, Prad am Stilfser Joch
S. 138 o.

König, Heinz, Wien
S. 148 u. (Künstler M. Poosch), 153 o. (Künstler M. Poosch), 206

Lempruch, Freiherr von
S. 141, 142 u., 152 o, 153 u., 240, 243

Ondertoller, Rodolfo, Bormio
S. 79, 81 l., 88, 127, 174 o., 186 u.r., 195 o., 199, 216 o., 226, 229, 230 o., 238/239 o., 244, 245 u., 251, 253

Peer, Ilse, Spondinig
S. 76

Thöni, Hans, Eyrs
S. 101

Thöni, Karl, Trafoi
S. 8

Zappa, Nino, Bormio
S. 195 u., 219

Zullian, Aldo, Bormio
S. 200 r.

Publikationen

Allgemeine Bauzeitung, Heft 2, 1910
S. 61, 62, 63

Automobile Club di Milano, estate 1932 X
Umschlag hinten

Bollettino CAI Bergamo, 01.1930 und 07.1930
S. 193 r.

Casa editrice d'arte Bestetti e Tumminelli, Milano: Panorami di guerra
S. 230 u.

Das Buch für alle, Heft 2
S. 6

Das Fahrrad Magazin, Allgemeine Automobilzeitung, 21.12.1902
S. 91 o.

Der Tiroler, 03.09.1906
S. 96

Domenica del Corriere, 1953
S. 87 o.

Französische Zeitung, 1902
S. 99

Fremdenzeitung, 1898
S. 82

L'evènèment illustrè, Mai 1915, Nr. 13
S. 72

Magrin, Giuseppe/Peretti, Giovanni: Battaglia per la Trafoier
S. 242

Nevesport
S. 224

Tajani, Filippo: Il nuovo Valico Ferroviario dello Stelvio
S. 109, 110, 111, 116, 118 o.

DER AUTOR

Arthur Gfrei, ehemaliger Eigentümer des ersten am Stilfser Joch erbauten Hotels und einer der besten Kenner der Baugeschichte der Stilfser-Joch-Straße. Nach dem Verkauf des Hotels 1997 machte es sich Gfrei zur Lebensaufgabe, alles über Vorgeschichte, Projekt und Bau der Stilfser-Joch-Straße zu erfahren, zu sammeln und zu sichten. Es folgten Forschungsreisen zu den wichtigsten Archiven. Seine Dokumentation umfasst inzwischen an die 12.000 Seiten, davon 20 Arbeitsordner und 27 Bände zu je 350 Seiten abgelichteter Dokumente. Sie stammen vorwiegend aus den Archiven von Mailand, Sondrio, Bozen, Innsbruck, Wien und verschiedenen Gemeindearchiven.

Bild S. 270/271:
Vom Ortler bis zum Stilfser Joch

Bibliografische Information
der Deutschen Nationalbibliothek
Die Deutsche Nationalbibliothek verzeichnet diese Publikation in der Deutschen Nationalbibliografie; detaillierte bibliografische Daten sind im Internet abrufbar: http://dnb.d-nb.de

1. Auflage 2025

Weinbergweg 7
I-39100 Bozen
buchverlag@athesia.it

Lektorat Markus Perwanger, Bozen
Korrektorat: Kathrin Kötz, Auer
Design: Athesia-Tappeiner Verlag
Druckvorstufe: Typoplus, Frangart
Druck: Florjančič, Maribor
Papier: Innenteil Gardamatt Ultra, Vorsatz Magno Natural

Gesamtkatalog unter
www.athesia-tappeiner.com

ISBN 978-88-6839-861-3

Bildbeschreibung
Umschlag vorne:
Die kurvenreiche Stilfser-Joch-Straße,
Foto: stock.adobe.com – Pavel

Umschlag hinten:
Automobile Club di Milano, estate 1932 X

Vorsatz vorne:
Francesco De Dominici, Längsplan von Bormio
bis Prader Schmelz, 1925

Vorsatz hinten:
Plan erstellt von Hauptmann Leopold von Vitzthum
nach der Winter-Kontrollreise von 1826

FSC
www.fsc.org
MIX
Papier | Fördert gute Waldnutzung
FSC® C106954

Dieses Buch wurde der Umwelt zuliebe nicht mit einer Schutzfolie eingeschweißt.

Strassenzug
von Bormio über das Stilfser-Joch
in das Etschthal.

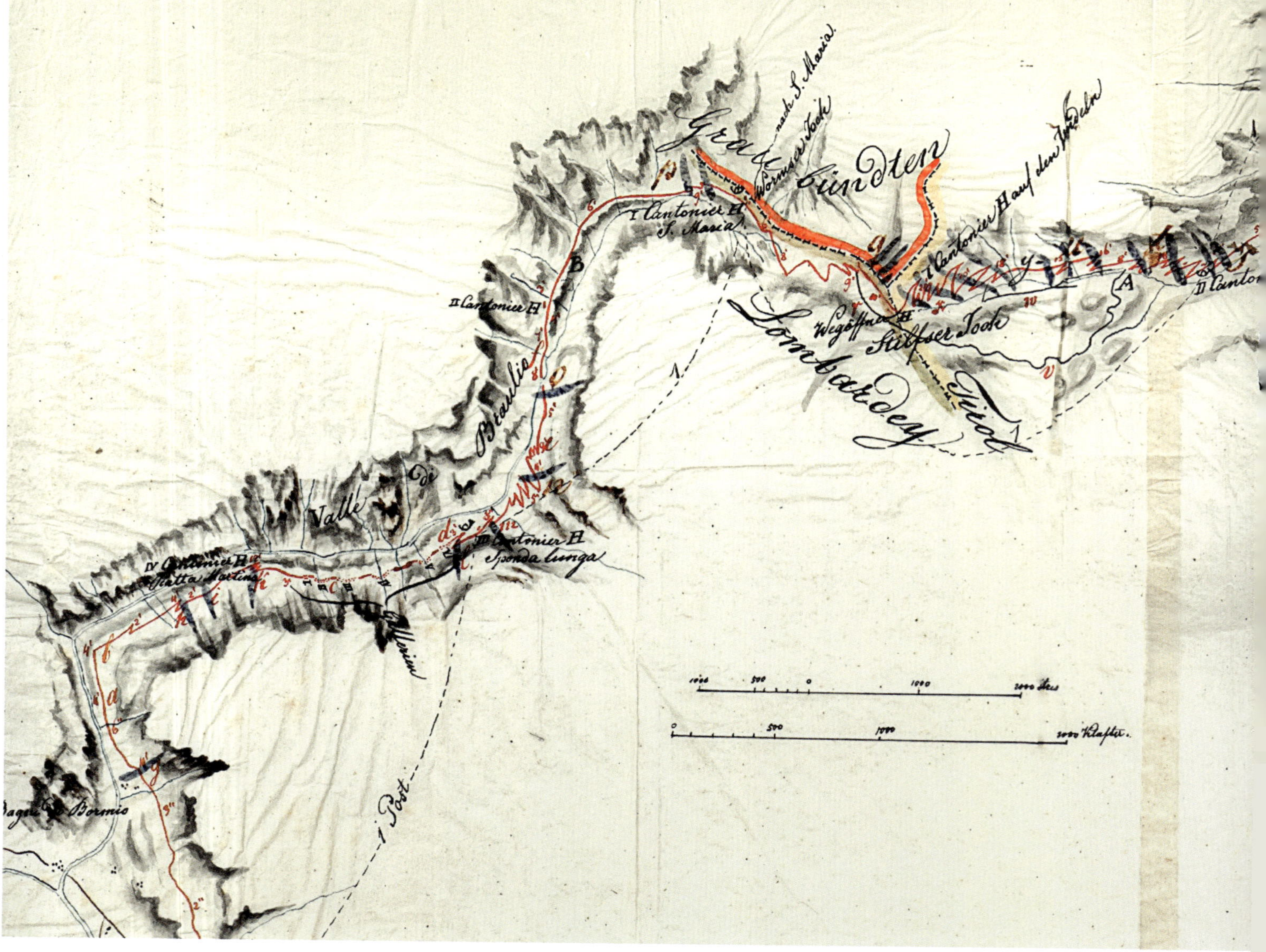